区域发展战略环境评价
理论、方法与实践

李天威　刘　毅　李　巍等　著

科学出版社
北　京

内 容 简 介

本书在系统梳理全国区域发展战略环境评价工作成果的基础上，总结提炼区域发展战略环境评价的理论体系和关键技术方法，集成全国四轮战略环境评价的关键成果，提出我国国土空间重点开发区域的生态环境管控方案。全书共分为理论、方法和实践三篇：理论篇主要介绍区域发展战略环境评价的概念内涵、发展趋势、理论基础框架与核心理论等；方法篇介绍区域发展战略环境评价的技术方法体系框架，以及战略研判、空间分析、资源环境承载力评估和累积性风险评价等关键技术方法；实践篇总结全国四轮区域战略环境评价的主要成果，结合区域发展与保护的重大战略问题分析，提出了我国国土空间重点开发区域生态环境保护的关键对策和管控要求。

本书可作为环境科学与工程等专业本科生和研究生教材和阅读材料，也可作为从事环境影响评价等相关专业技术人员的职业培训教材和参考资料。

图书在版编目（CIP）数据

区域发展战略环境评价理论、方法与实践 / 李天威等著 . —北京：科学出版社，2020.5

ISBN 978-7-03-064736-8

Ⅰ . ①区…　Ⅱ . ①李…　Ⅲ . ①战略环境评价 – 研究 – 中国　Ⅳ . ① X821.2

中国版本图书馆 CIP 数据核字（2020）第 048960 号

责任编辑：刘　冉 / 责任校对：杜子昂
责任印制：肖　兴 / 封面设计：东方人华

科 学 出 版 社 出版
北京东黄城根北街 16 号
邮政编码：100717
http://www.sciencep.com

北京九天鸿程印刷有限责任公司 印刷
科学出版社发行　各地新华书店经销

*

2020 年 5 月第　一　版　开本：720 × 1000 1/16
2020 年 5 月第一次印刷　印张：14
字数：280 000

定价：120.00 元

（如有印装质量问题，我社负责调换）

前　言

党中央、国务院高度重视我国的区域协调发展，统筹推进了东部率先发展、西部大开发、中部崛起和东北振兴等重大战略，区域发展的协调性不断增强。党的十八大以来，国家相继实施了“一带一路”建设、京津冀协同发展、长江经济带发展、粤港澳大湾区建设、长三角一体化等国家战略，进一步推动形成区域发展的新格局。但是，从发展与保护的关系来看，我国仍处于城镇化、工业化和农业现代化快速发展向高质量转型发展的关键时期，区域发展面临的资源环境约束和矛盾突出，当前生态环境质量状况仍不能满足人民对于日益增长的优美生态环境的需要，实现生态环境根本好转的压力依然巨大。

为深入推动生态文明建设，促进经济社会和生态环境保护协调可持续，2008年以来，生态环境部（原环境保护部）先后组织开展了五大区域、西部大开发、中部地区和三大地区等四个轮次的区域发展战略环境评价，涉及全国28个省、自治区和直辖市，评价范围面积超过566万平方公里，占国土面积近60%，覆盖了我国国土空间开发的重点区域。原环境保护部环境工程评估中心、中国环境科学研究院、清华大学、北京师范大学、原环境保护部华南环境科学研究所、原环境保护部环境发展中心、上海环境科学研究院等百余家科研院所先后参与了区域发展战略环境评价的专题研究和总体集成工作，共完成了4本总报告、12本分项目报告和百余本专题研究报告，形成了丰富的实践和应用成果，为促进生态环境保护参与综合决策、推动我国重点区域的绿色转型发展发挥了重大作用。

《区域发展战略环境评价理论、方法与实践》一书在系统梳理四轮区域发展战略环境评价工作成果的基础上，提炼区域发展战略环境评价的理论体系和关键技术方法，集成四轮战略环境评价的关键成果内容，提出我国国土空间重点开发区域的生态环境管控策略方案，是对我国区域发展战略环境评价工作的理论性、系统性总结，总体形成了一套较完整的区域发展战略环境评价的理论框架、方法体系和实践成果。本书共分为理论、方法和实践三篇，共13章。理论篇主要介绍我国区域发展战略和共性问题、区域发展战略环境评价的概念、发展趋势和理论基础、核心内容等；方法篇介绍区域发展战略环境评价的总体框架以及空间分析、承载力评估、累积性风险评价和优化等关键技术方法；实践篇总结四轮区域战略环境评价的工作背景、思路和重点任务，结合区域发展与保护的重大问题分析，介绍我国国土空间开发重点区域发展和生态环境保护的关键对策和环境管控要求。

本书总结和梳理的我国四个轮次区域发展战略环境评价相关研究成果，凝聚了前述众多科研单位和大量专家的心血，在此一并表示感谢。李天威、刘毅、李巍等负责本书总体框架设计，承担基础理论归纳、主要方法提炼和实践成果总结等工作。其中，理论篇由李巍、周思杨、成润禾、黄蕊、陆中桂执笔，方法篇由林绿、刘慧执笔，实践篇由李王锋、汪自书、胡迪、谢丹等执笔编写。

《区域发展战略环境评价理论、方法与实践》集成了我国十余年区域发展战略环境评价的核心理论、关键方法和主要成果，突出理论和实践相结合，包括理论基础和背景介绍、方法解析和结果讨论，文、图、表并重，可读性较强。本书可作为环境科学与工程等相关专业本科生和研究生教材或阅读材料，也可作为从事环境影响评价等相关专业技术人员的职业培训教材或参考资料。

李天威

2019年12月于北京

目　录

前言

第一部分　理　论　篇

第二部分 方 法 篇

第三部分　实　践　篇

第一部分　理　论　篇

区域发展战略是某区域为实现特定的发展目标而在空间与时间层面进行的规划布局。新中国成立以来，我国区域发展战略从早期以发展基础工农业为主的阶段演化为至今以转型升级为核心的阶段，各大区域人民生活质量与经济发展水平有了显著提升。然而，在区域社会经济快速发展的同时，发展战略的目标和定位不当、产业规模与结构不合理、产业布局不协调等，对大气、水、土壤环境及区域生态造成了长期或短期、直接或间接、跨界或累积影响。

在上述背景下，我国区域发展战略环境评价自20世纪80年代后期逐步实施。其通过对特定空间范围内的开发活动及其环境影响进行分析与评价，以整体观点认识和解决环境影响问题，从战略层次评价区域开发活动与其所在区域发展规划的一致性与环境合理性，提出预防或者减轻不良环境影响的对策和措施，并提出区域社会、经济发展的合理规模及结构的建议，为区域开发活动的决策提供依据。本篇介绍区域发展战略环境评价在我国的阶段性发展，并分析其支撑理论，进而提出区域发展战略环境评价共轭梯度理论框架及其核心内容。

第一章　区域发展战略与区域性环境问题

研究区域发展战略环境评价问题，首先应明确区域发展战略的概念内涵。在此基础上，结合新中国成立以来各时期社会经济发展状况，梳理我国区域发展战略的演化过程。由于不同区域发展战略各有侧重，其产生的环境影响特征也存在差异性，本章最后将围绕生态、环境及资源三方面进行归纳与总结。

第一节　区域发展战略概述

一、区域发展战略的概念与要素

（一）区域发展战略的概念

区域（Region）是一个多方面、多层次且相对性极强的概念。美国区域经济学家埃德加·胡佛（1992）认为“区域是基于描述、分析、管理、计划或制定政策等目的而作为一个应用性整体加以考察的一片区域。它可以按照内部的同质性或功能一体化原则加以划分”。我国区域经济学教材把区域定义为“拥有多种类型资源、可以进行多种生产性和非生产性社会经济活动的一片相对较大的空间范围”（孙久文等，2010）。

本书所指区域，指在考虑行政区划基础上，能够在国民经济分工体系中承担特定功能的经济区概念。例如我国的环渤海沿海地区、海峡西岸经济区、北部湾经济区沿海地区等五大经济区域，均是根据一定的目的和原则而划定的具有明确范围的空间，并具有相对完整的结构，能够独立发挥功能的有机整体。按照这一界定，本书中所指的区域包括以下三个特征：

（1）可度量性。每一个区域都是国土空间的一个具体单元，有一定的面积，有明确的范围和边界，可以度量。

（2）整体性。区域的整体性是由区域内部的一致性和联系性决定的，每一个区域都是内部各要素按照一定秩序、方式和比例组合成的有机整体（即系统），而非各要素的简单相加（孟庆红，2003）。

（3）结构性。区域的各构成单元或要素按一定的联系形成某种结构。通常，一个区域拥有多重结构，如区域的资源环境结构、城镇体系结构、空间结构、地缘结构等（邓红兵，2008）。

区域发展战略（Regional Development Strategy）是某区域为实现特定的发展目标而在空间与时间层面进行的规划布局。它是区域经济开发中重大的、带全局性或决定性的谋划，是区域经济的发展观和全局谋划的有机结合。其依据某一地区生产要素的条件和该地区在全国经济体系中的地位和作用，对地区未来发展的目标、方向和总体思路进行谋划，以达到指导区域经济发展，提高人民生活水平的作用，如京津冀协同发展战略、西部大开发战略等。

（二）区域发展战略的要素

较为完整的区域发展战略，一般包含战略目标、战略定位、战略规模、战略结构、战略布局。各要素之间互为条件、相互作用。

（1）战略目标。区域发展战略的核心部分，是对未来区域经济社会发展的总体要求，表明战略期限内的发展方向和希望达到的最佳程度，是制定实施区域发展战略的出发点和归宿点。战略目标的确定必须建立在适应区域情况、符合客观规律的基础上，既要体现一定的超前性，又不能脱离现实的发展条件和发展能力。

（2）战略定位。区域根据自身具有的综合优势和独特优势、所处的经济发展阶段以及各产业的运行特点，合理地进行战略规划，确定主导产业、支柱产业以及基础产业。区域发展战略定位是规范区域经济发展行动的基准，又是对区域发展所面临的各种现实问题的分析和判断，反映着区情、区力的客观要求。

（3）战略规模。战略实施带动区域发展的经济规模，可用生产总值或产出量表示，是制定战略时需要考虑的重要方面。区域发展战略需要一个适度规模，规模过大会导致产能过剩，造成资源浪费；规模过小，不易形成规模效应，在完全竞争环境中不易形成竞争优势。

（4）战略结构。支撑区域发展的产业结构。战略规模和战略结构有一定的关系，规模是绝对量，而结构是内部比例关系。战略结构是否合理，具体反映在各部门之间产值、就业人员、国民收入比例变动等过程上。

（5）战略布局。区域产业在一定范围内的空间分布和组合。静态层面上，战略布局是指形成产业的各部门、各要素、各链环在空间上的分布态势和地域上的组合（杨丽莉，2011）。动态层面上，产业布局则表现为各种资源及生产要素为选择最佳区位，而形成的在空间上的流动、转移或重新组合的过程。

二、区域发展战略的制定与实施

（一）区域发展战略的制定

我国区域发展战略的制定一般由国家发展和改革委员会（简称发改委）负责。跨省级行政区区域发展战略，由国家发改委会同有关部门负责编制，并报国务院批准后实施。省域内区域发展战略，原则上由省级人民政府自行组织编制，国家发改委会同有关部门进行指导，省政府编制完成后报备国家发改委。

区域发展战略的制定过程中，需结合地方实际，将以下七方面作为重点关注领域：

（1）明确区域空间范围和发展定位。科学评价自然地理格局、资源环境承载能力、经济交通联系和未来发展趋势，明确区域空间范围，确定区域在国际国内格局中的发展定位和未来发展目标。

（2）优化区域空间格局和城市功能分工。对区域空间进行开发建设适应性评价，提出优化区域空间格局和开发方向的总体思路。根据区域空间格局、城市发展基础和潜力，确定区域内主要地区的功能定位。

（3）促进区域产业转型升级。掌握国内外产业发展趋势和区域发展定位，着眼提高产业整体创新能力和国际竞争力，提出产业转型升级的方向和区域城市产业分工的总体思路，明确产业结构调整和空间布局优化的重点。

（4）统筹区域重大基础设施布局。着眼提高综合保障和支撑能力，针对跨省重大基础设施建设的薄弱环节，统筹研究提出区域对内对外的交通基础设施和信息网络布局方案。

（5）提升区域对外开放水平。全面把握全球化趋势和我国对外开放新格局，研究提出培育区域对外开放新优势的总体思路，明确提升对外开放水平和国际竞争力的主要路径和对策。

（6）强化区域生态环境保护。着眼推动生态文明建设和提升可持续发展能力，针对突出环境问题，研究提出区域生态空间格局和重大环保设施的布局，要明确资源集约节约利用、发展循环经济、强化节能减排、实现绿色低碳发展的重点任务和具体举措，并研究提出区域内生态文明制度建设的具体内容。

专栏1-1 全国生态功能区划

生态功能区划是根据区域生态系统格局、生态环境敏感性与生态系统服务功能空间分异规律，划分成不同生态功能的地区。2008年环境保护部印发了《全国生态功能区划》，2015年对区划进行了修编。新修编的《全国生态功能区划》包括3大类、9个类型和242个生态功能区，确定63个重要生态功能区，覆盖我国陆地国土面积的49.4%。全国生态功能区划是实施区域生态分区管理、构建国家和区域生态安全格局的基础，为全国生态保护与建设规划、维护区域生态安全、促进社会经济可持续发展与生态文明建设提供科学依据。

（7）**创新区域一体化发展体制机制**。充分梳理阻碍区域一体化发展主要瓶颈和突出矛盾，提出促进区域市场体系、生态环境、重大基础设施等一体化建设和发展的体制机制，提出跨区域发展协调机制和管理协调模式。

两类区域发展战略均需成立专门工作小组，明确各项工作牵头部门。工作组组织有关部门及相关专家对区域社会经济发展、产业规模结构等情况进行实地调研，收集基础资料，反复研讨论证。在广泛征求意见的基础上，组织相关专家学者对初步制定的区域发展战略进行评审，并根据评审意见修改完善，最终制定完成区域发展战略，见图1-1。

（二）区域发展战略的实施

区域发展战略通过完成主要任务和重点工作（工程）促进战略实施。以《长江三角洲城市群发展规划》为例，该规划制定了构建适应资源环境承载力的空间格局、创新驱动经济转型升级、健全互联互通的基础设施网络、推动生态共建环境共治等六项主要任务。每项任务中设定多项重点工作。规划还以加强组织领导、推动重点工作、营造良好舆论环境作为保障手段推动规划的顺利实施。

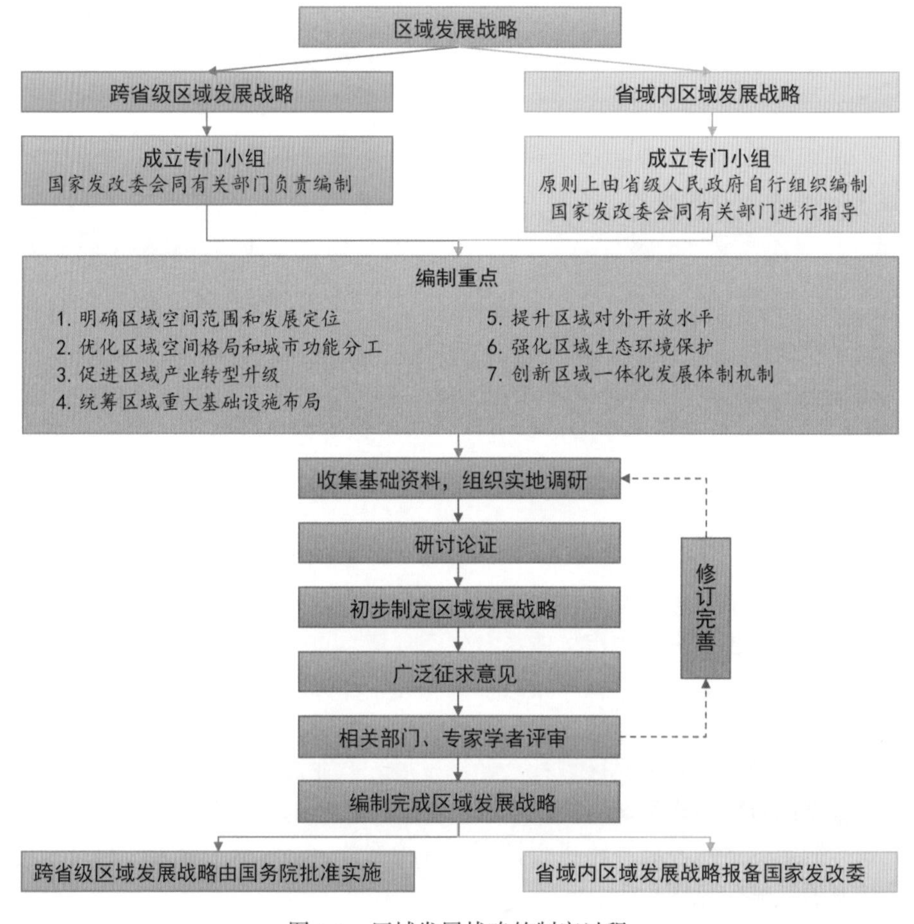

图 1-1　区域发展战略的制定过程

三、区域发展战略的演变

（一）以发展基础工农业为主的阶段

新中国成立初期区域发展战略的选择，与当时的国际环境和国防安全形势密切相关。20世纪50~60年代，我国周边局势严峻，面临来自多方面的军事威胁，处于国际敌对势力的包围之中。能否避开战争威胁，是衡量地缘优势的首要标准。我国东部处于海防前沿，遭受战争危害的可能性较大，处于劣势地带，而内地则成为新中国初期区域建设的重点区域。

同时，新中国成立初期经济格局呈现生产力水平低下，区域经济发展不平衡、工业布局分布分散且缺乏有机联系的特点。近代工业主要集中于东北三省和东南沿海地区。为了加快国防建设、改变原有的生产力布局，同时也迫于当时的国际政治和经济格局，我国集中有限的物力、财力、人力加快对内地的工业建设。这种以中西部作为重点区域的战略思想在当时发挥了重要作用，既在一定程度上满足了国防安全需要，又适应工农业发展的需求，缩小了东西部区域差距。

然而，这种夯实基础工农业为主的区域均衡发展模式，对于各个区域自身发展优势和区域之间经济关系的考虑相对较少（高新才，2008）。由于中西部地区自然环境和经济基础薄弱，投资回报率明显低于沿海地区，不顾区域客观差异而人为推进的区域发展，虽然能够在一定程度上缩小区域差距，但将导致国家整体发展速度迟缓和总体经济效率降低。另外，由于我国当时资金短缺、基础设施落后及能源供应紧张等因素制约，该发展模式自身也难以为继。

（二）以效率优先为导向的阶段

新中国成立后的30年间，我国地缘政治、军事形势趋缓，但仍未摆脱贫穷和落后的状况。同时，我国周边经济格局发生重大变化，以“亚洲四小龙”为代表的国家或地区，加快调整产业结构，大幅提高了经济增速，而我国在国际市场中的比较劣势日益凸显。内外因的双重刺激，使决策者更清晰地认识到了发展战略转型的必要性和紧迫性。

1978年12月，党的十一届三中全会把效率原则或效率目标放到第一优先的地位。我国对资源配置和区域经济发展战略进行了重大调整，重视国民经济整体发展和宏观经济效益，强调充分发挥和利用各区域自身优势，尤其是东部沿海区域的区位优势和经济技术优势。邓小平指出，“让一部分人、一部分地区先富起来，大原则是共同富裕”，标志着以效率优先为导向的区域不均衡发展战略思想形成。该思想主要经历了以下两个阶段：

1.“六五”时期（1981~1985年）

“六五”计划提出，要充分发挥沿海地区在区位条件、技术水平、科研能力和管理水平等方面的优势，调整产业结构，积极发展对外贸易，并通过内陆地区发展能源、交通和原材料产业来缓解沿海地区的交通和能源紧张问题。“六五”计划充分考虑了利用区域比较优势，通过进行产业的区域分工来加速整体经济增长速度，明确提出了优先发展沿海地区，并通过沿海地区的发展带动内地发展的区域发展方向。

设立经济特区是“六五”时期区域非均衡发展的重要措施。特别是深圳特区的巨大成就，在实践上证明了区域非均衡发展在促进特定区域经济实现跨越式发展的显著效果，从而衍生出各类经济开发区和各种非均衡发展具体模式的出台。

2.“七五”时期（1986~1990年）

“七五”计划继承了“六五”计划中通过优先发展沿海地区带动内地发展的战略思想，并进一步根据区域发展水平差异，将我国划分为东部、中部和西部三大区域。东部继续作为经济发展重点；中部作为能源和原材料的开发重点；西部作为战略后方，为东部、中部地区发展做好准备。

“沿海地区发展战略”成为该时期区域经济发展战略的主要特征。在该战略推动下，沿海经济开放区原有的长江三角洲、珠江三角洲和闽南金三角范围扩大，并把辽东半岛、山东半岛、环渤海地区的一些市、县和沿海开放城市的所辖县列为沿海经济开放区。开放的区域共293个市县（占全国12%），约42.6万平方公里（占全国4.4%），2.2亿人口（占全国20%）。我国初步形成“经济特区—沿海开放城市—沿海经济开放区—内地”这样一个逐步推进式的格局。

总体而言，以经济效率为目标、以发挥各区域比较优势为出发点的区域非均衡发展战略思想，符合当时国家社会经济发展的需求，造就了能够带动国民经济整体增长的经济核心区和增长极，扭转了改革开放前的低效率发展局面。然而，依靠自然资源和传统产业的中西部地区，在国家经济整体持续发展和东部地区较快发展的环境下，必然面临比较优势逐步弱化的问题，这不但限制了本地区经济结构的优化升级，也阻碍了国民经济整体发展。

（三）以缩小差距为重点的阶段

进入20世纪90年代，我国区域差距特别是东西部差距凸显，地区间的矛盾和摩擦加剧，区域经济发展呈现失衡状态，给国民经济和社会发展带来一系列问题，“控制发展差距”被置于区域发展战略思想的突出位置。在继承与创新的基础上，以缩小差距为重点的区域战略思想应运而生。

区域协调发展战略思想的基本出发点，就是要处理好东部与中西部地区之间的关系，具体包括两方面内容：一是加快中西部地区经济发展的速度；二是加强对中西部地区支持的力度。从20世纪90年代起开始实行的区域经济协调发展主要经历了以下两个阶段：

1.“八五”时期（1991~1995年）

该时期我国区域经济发展按照统筹规划、合理分工、优势互补、协调发展、利益兼顾、共同富裕的原则，逐步实现生产力的合理布局。东部沿海地区大力发展外向型经济，重点发展高新技术产业，多利用外国资金，推动经济发展取得更高速度和更好收益。中西部地区资源丰富，沿边地区还有对外开放的地缘优势，发展潜力很大，国家在统筹规划下给予支持。

2.“九五”时期（1996~2000年）

“九五”时期继续坚持区域经济协调发展，并重点提出了西部大开发的战略措施，为缩小东西部地区经济发展差距指明了切实的发展方向。《国民经济和社会发展“九五”计划和2010年远景目标纲要》（1996年3月）把“坚持区域经济协调发展，逐步缩小地区发展差距”作为一项基本指导方针；进一步提出要按照市场经济规律和经济内在联系及地理自然特点，突破行政界限，在已有经济布局的基础上，以中心城市和交通要道为依托，逐步形成长江三角洲及沿江地区、环渤海地区、东南沿海地区、西南和华南分布省区、东北地区、中部五省区和西北地区七个跨省区市的经济区域。各经济区重点发展适合本地条件的重点和优势产业，促进区域经济在更高起点上向前发展。

（四）以科学发展观为指导的阶段

党的十六届三中全会提出“统筹城乡发展、统筹区域发展、统筹经济社会发展、统筹人与自然和谐发展、统筹国内发展和对外开放”的要求。党的十七大指出，科学发展观第一要义是发展，核心是以人为本，基本要求是全面协调可持续性，根本方法是统筹兼顾，指明了我国进一步推动区域发展战略的思路。

“协调”关注部分与部分之间的关系，强调彼此间的比例是否合适，“统筹”关注总体与部分的关系，更加强调范围的总括性、全面性和内容上的不遗漏。此外，“协调”是一种状态，强调结果；“统筹”强调过程，更加凸显主体在改造客体过程中的主观愿望和主观努力。

区域统筹发展思想，是指将中国经济看成一个资源配置的有机整体，将各种层次的区域纳入国民经济与社会发展全局之中进行通盘筹划、综合考虑，通过宏观调控，使生产要素在区域间自由流动，实现各区域间经济的高度良性互动与融合，有重点、分阶段地全面解决各种类型的区域问题，逐步协调区域关系并促进各种类型区域的经济社会发展。它涵盖了区域协调发展的基本内涵，是对区域协调发展的进一步深化。

自“十一五”规划起，促进区域协调发展均成为我国“国民经济和社会发展规划纲要”的单独篇章，我国区域发展战略思想自此在各时期均有明确表述。同时，以资源环境承载力为依据，注重人与自然和谐相处，成为区域统筹发展的进程中的重要部分。

“十一五”规划纲要提出“根据资源环境承载能力、发展基础和潜力、按照发挥比较优势、加强薄弱环节、享受均等化基本公共服务的要求，逐步形成主体功能定位清晰，东中西良性互动，公共服务和人民生活水平差距趋向缩小的区域协调发展格局”，并将我国区域总体发展战略界定为“坚持实施推进西部大开发，振兴东北老工业基地，促进中部地区崛起，鼓励东部地区率先发展的区域发展总体格局，健全区域协调互动机制，形成合理的区域发展格局”。

（五）以转型升级为核心的阶段

新中国成立以来，我国区域发展战略思想在传承与创新的基础上调整演变，经济飞速发展，人民生活质量显著改善。然而，不同类型的区域性问题也逐渐显现。例如，东部沿海地区出现人口急剧膨胀、产业结构老化、环境污染严重等现象；中西部地区为了在短时间实现快速发展，片面依托自然资源优势，着重发展初级资源型产业，致使生态受到破坏，发展方式不可持续。

为避免上述问题进一步恶化，同时为新时期区域发展注入新的活力，党的十八届五中全会确立了创新、协调、绿色、开放、共享的发展理念。绿色发展是实施可持续发展战略的具体行动。当前区域发展战略思路是扭转区域传统发展方式，促进产业升级，实现社会、经济与生态环境的全面发展，既包括空间上的协调，又包括时间上的可持续。

“十二五”规划纲要提出“实施区域发展总体战略和主体功能区战略，构筑区域经济优势互补、主体功能定位清晰、国土空间高效利用、人与自然和谐相处的区域发展格局，逐步实现不同区域基本公共服务均等化”。将我国区域总体发展战略调整为“推进新一轮西部大开发，全面振兴东北地区等老工业基地，大力促进中部地区崛起，积极支持东部地区率先发展，加大对革命老区、民族地区、边疆地区和贫困地区扶持力度。充分发挥不同地区比较优势，促进生产要素合理流动，深化区域合作，推进区域良性互动发展，逐步缩小区域发展差距”。

专栏1-2　全国主体功能区规划

2010年，国务院正式印发了《全国主体功能区规划》（国发〔2010〕46号），以加强国土规划，完善区域政策，调整经济布局。《全国主体功能区规划》在国家层面将国土空间划分为优化开发、重点开发、限制开发和禁止开发四类区域，根据不同地区的自然环境、资源禀赋、产业基础、发展阶段、社会环境等因素，明确其战略布局、功能定位及发展重点。主体功能区规划是我国国土空间开发的战略性、基础性和约束性规划，对于推进形成人口、经济和资源环境相协调的国土空间开发格局，加快转变经济发展方式，促进经济长期平稳较快发展和社会和谐稳定，实现全面建设小康社会目标和社会主义现代化建设长远目标，具有重要战略意义。

在经济发展步入新常态的背景下，原有的西部、东北、中部、东部“四大板块”主要是以地理位置与行政区划对我国区域进行的划分，一定程度上割裂了板块之间的经济联系，因此“十三五”规划确定在原有四个区域板块上，增添“京津冀”“一带一路”“长江经济带”发展规划，打造“4+3”格局，联通四方城市群、城市带为主的区域发展线路图。

“十三五”规划要求“以区域发展总体战略为基础，以‘一带一路’建设、京津冀协同发展、长江经济带发展、粤港澳大湾区为引领，形成沿海沿江沿线经济带为主的纵向横向经济轴带，塑造要素有序自由流动、主体功能约束有效、基本公共服务均等、资源环境可承载的区域协调发展新格局”。

在三大战略引领下，我国以沿海沿江沿线经济带为主的纵向横向经济轴带正在全面形成。“一带一路”建设扎实推进，形成了一批双多边合作规划纲要，国际共识不断凝聚。京津冀协同发展战略着眼于解决“大城市病”和同质发展竞争，明确协同发展的方向和路径；设立雄安新区是深入推进京津冀协同发展的一项重大部署。长江经济带发展战略坚持生态优先、绿色发展的战略定位，将进一步培育形成一批带动区域协同发展的增长极。

同时，我国积极引导培育了十余个城市群，截至2017年3月，国务院共先后批复了长江中游城市群、哈长城市群、成渝城市群、长江三角洲城市群、中原城市群、北部湾城市群等6个国家级城市群。城市群已经成为今后区域经济发展战略的主要抓手，是我国生产力布局的增长极点和核心支点，具有将各种生产要素流动汇聚与扩散的功能。

第二节 发展战略对区域生态环境影响的方式和特征

一、发展战略对区域生态环境影响的方式和过程

（一）区域发展战略影响生态环境的方式

区域发展战略影响生态环境的方式主要表现为由于战略目标定位不当，区域产业规模、结构、布局不合理对生态环境造成的负面影响。

1. 区域战略目标、定位不当造成的生态环境影响

战略目标与定位不当，是指区域发展战略在制定过程中没有适应考虑区域情况，对未来发展研判不足，而导致的产业设定不合理，难以匹配实际发展条件和

能力。

2. 区域产业规模不合理造成的生态环境影响

区域产业规模不合理，主要是指区域发展战略确定的重点产业发展超出适度规模，导致产能过剩，造成资源浪费。

专栏1-3　典型案例

“九五”时期，我国政府为支持中西部地区发展，优先在中西部地区安排资源开发和基础设施项目，有步骤地引导东部某些资源初级加工和劳动密集型产业转移到中西部地区。中西部地区的资源开采量逐年升高，采掘业规模持续扩大。以内蒙古自治区为例，2015年全区原煤开采量约为9.1亿吨，是西部大开发初期（2000年）开采量的12.1倍，由此带来的地表植被挖损、地面塌陷等生态破坏现象较为严重（周思杨等，2019）。

3. 区域产业结构不可持续造成的生态环境影响

产业结构不可持续，主要表现在区域为加快经济增长速度，重点发展以利用自然资源进行生产加工的采掘业、制造业等行业，弱化第一产业，忽视第三产业。从而导致区域内资源过度消耗，生态环境受到不同程度影响。

土地资源过度占用。我国普遍存在土地资源利用总量大、强度低的问题。区域发展进程中，域内主要行政区的土地利用由于各自为政、四面扩张、开发粗放等原因，加剧了区域土地资源的供需矛盾。

专栏1-4　典型案例

以长株潭城市群为例，该区域中心城市及其周边地区一直是湖南省重点建设和发展的地区，省内大量农村人口转移压力和区域经济快速发展带来的城市化和工业化扩张占用土地的需求越来越大，城市建成区面积扩张明显，“十一五”期间增长30.83%。已利用土地资源中，以传统重化工业和大规模农业生产用地为主体，局部土地生态环境恶化，耕地退化、待开发土地量少质劣等问题普遍存在。

4. 区域产业布局不协调对生态环境造成的影响

产业布局的不协调，主要指区域内形成产业的各部门及要素在局部地区过于集中或简单均衡。

专栏1-5 典型案例

以长江经济带为例，沿江各城市群在一定程度上将长江分割成不同片段，鱼类生境的片段化和破碎化导致形成大小不同的异质种群，种群间基因交流和遗传多样性受到不同程度的影响。在中华鲟产卵繁殖期（10月、11月），下游年均径流量减少24%左右，年均含沙量下降94%；在四大家鱼（鲢鱼、草鱼、青鱼、鳙鱼）产卵繁殖高峰期（5月、6月），下游年均径流量减少4%~10%，年均含沙量下降95%。葛洲坝枢纽建成后，阻隔了中华鲟洄游通道，新的产卵场面积只有原来天然场地的5%左右（孙宏亮等，2017）；此外，中华鲟和四大家鱼产卵时间平均推迟10天左右，产卵规模也大幅降低。

（二）区域发展战略影响生态环境的过程

区域发展战略对生态环境的影响过程主要体现在空间和时间两个维度：

（1）空间维度影响过程。区域发展的过程中同时存在着空间溢出效应和拥挤效应（齐亚伟等，2013；肖文等，2011），产业聚集而引发的溢出效应会带动相邻空间从事相邻产业。随着时间推移，区域产业进一步集中，企业数量上升，区域污染物排放强度提升，造成产业的空间拥挤与环境的负荷增大。

（2）时间维度影响过程。短期来看，区域发展对生态环境的影响通常停留在直接不利影响方面，如植被损毁、水体污染等。长期来看，直接不利影响演化为复合、累积等生态环境效应，其产生机理更加复杂，对生态环境影响也更加持久。

二、发展战略对区域生态环境影响的特征

（一）区域发展战略影响生态环境的规模性特征

产业规模是指一类产业的产出规模或经营规模。规模效应的概念来源于规模经济，指随着生产和经营规模的扩大而出现的产品成本下降、收益递增的现象。

规模的横向扩展，即生产、经营同类产品的规模的扩大；规模的纵向扩展，即从研发、技术成果转化等自上而下的产学研延伸。我国区域产业规模多注重横向扩展，致使同类产品生产规模上升，对区域内资源消耗、生态环境造成压力。

以黄河中上游能源化工区为例。该区域是我国的主要的煤炭生产区和输出区，有5个我国大型煤炭基地，煤炭生产约占全国总量的23%。煤基产业是该区域的支柱性产业，产业规模大、分布广，煤炭开采带来的生态破坏长期存在（陈佳璇等，2018a）。煤炭开采过程带来众多的生态环境问题，如对地下水的破坏问题、地面下沉的问题、固体废弃物问题、煤矿安全问题、生产和运输过程中的粉尘污染问题等，这些问题随着大型现代化矿井的实施将有一定程度的改善，但总体来讲，这些问题在短期内难以有效缓解（周能福，2013）。

火力发电和煤焦化是该区域煤炭加工利用的重要途径。火力发电和煤焦化是研究区的主要耗煤产业，目前该区域煤焦化产量占全国产量的1/4，未来该区域的焦化产业地位不会动摇。该区域内的产业结构中冶金、电石等高载能产业所占比重较大，需要较大规模的电力生产加以支撑，未来随着产业结构调整的步伐加快，新技术的逐步使用，能耗有望逐步降低，但该过程的成效显见将需要时间。此外，该区域承担着我国西电东送的重要任务，随着我国经济的稳定增长，外输电量将进一步增长，因此，火力发电的产业地位也将继续保持。综上所述，焦化、电力仍将是该区域内的煤炭加工利用的重要途径，因此电厂和焦化过程中的SO_2减排是大气污染治理的重要环节。

大型煤化工产业为该区域带来新的资源环境问题。水资源是大型煤化工项目的重要支撑性资源，区域内的大型煤化工项目的竞争态势已经凸显，主要体现在对水资源的竞争上。而这些项目又相对集中在鄂尔多斯、榆林和银川等地，为这些区域的水资源供给带来了较大压力。

（二）区域发展战略影响生态环境的结构性特征

区域产业结构是区域内具有不同发展功能的产业部门之间的比例关系。在特定区域内，之所以拥有某种类型的产业结构，是由该特定区域的优势和全国经济空间布局的总体要求所决定的。由于区域产业结构具有一定的趋同性、互补性或呈现上下游关系，其对周边生态环境的影响也存在明显区域性特征。

2017年三产增加值占GDP比重较高的区域大致分为两类，一类是黑龙江、西藏等省（自治区），经济发展水平较低，第二产业所占比重较低，导致第三产业的比重略高；另一类是北京、上海、广东等经济较发达地区，区域经济以商业、服务业等第三产业为支柱，第三产业的比重较高。各省城镇人口比重呈现由东部沿海地区向西部地区逐渐降低的趋势。

以北部湾经济区为例。该区域已形成相对协调的产业结构，2007年，三次产业结构为19.54 ： 39.68 ： 40.78，第二产业比重较高，第三产业比重更高。区域已具备相对完整的工业结构，初步形成石化、农副食品加工和能源等主导产业（韩保新，2013）。区域规模以上工业产值为4335.58亿元，居于前三位的是石化产业、农副食品加工产业、能源产业，其工业产值分别为1964.2亿元、672.5亿元和24.4亿元，占区域的比重分别为45.3%、14.8%和5.6%，上述产业成为支撑区域发展的主要产业。

区域性、累积性风险主要体现在火电、炼油、钢铁产业的发展，将导致区域酸雨污染加重及灰霾天气发生率增加；区域石化产业的发展将造成海洋生物生物量的减少，排污口附近海域的水体含有遗传毒性的化学物质增加；集聚区与港口岸线滩涂开发，将导致沿海生境退化、破碎、生物多样性减少；沿海重化工产业布局同时加大了赤潮、溢油等突发性生态风险事故的发生概率；浆纸速生林和木薯的大规模种植导致植被类型减少、林下生物量有所降低、涵养水源功能减弱、土壤退化、局部陡坡种植引发的水土流失等生态问题；高耗水重点产业石油化工、钢铁、林浆纸一体化、天然气化工业和能源工业（火电和核电）等产业发展将导致部分区域供需矛盾突出，地下水超采和跨行政区水质污染问题突出等水资源风险。

（三）区域发展战略影响生态环境的布局性特征

产业布局是指产业在区域内的空间分布和组合的经济现象。产业布局在静态上看是指形成产业的各部门、各要素、各链环在空间上的分布态势和地域上的组合。在动态上，产业布局则表现为各种资源、各生产要素甚至各产业和各企业为选择最佳区位而形成的在空间地域上的流动、转移或重新组合的配置与再配置过程，而其产生的生态环境影响，也因为其布局特点产生一定的空间特性。

以成渝经济区为例。经过数十年发展，该经济区已经形成了完整的工业体系，产业门类齐全，既有属于技术密集型、环境友好型的装备制造业，以电子信息产业为代表的高新技术产业和军工产业，又有属于资源密集型、劳动密集型的冶金、造纸、基础原料化工等高耗能、高污染、高排放的产业（舒俭民，2013）。

水污染较重的产业过度集中在成德绵地区，是导致岷江中游、沱江流域水环境污染的重要原因。岷江干流中游上段、沱江干流下游水质氨氮超标，如大规模布局发展化工、食品等项目，需要以区域氨氮削减为前提。

岷江、沱江流域大规模化工产业布局，将使流域水污染呈现由传统水污染向有机复合污染转变的趋势（夏威夷，2019；李书飞，2006）；三峡库区水生态系统仍处于急剧演替阶段，水生态系统抵御外部环境压力和自我调节能力相对脆弱（吴晓，2014）。沿岸高密度地布局化工园区对长江上游干流和三峡库区水环境产生直接的长期累积影响，化工产业水环境风险将迅速增加，生态安全形势相当严峻。

从这些产业的现状分布来看，2017年化工产业47%分布于岷沱江流域，其中上游成德乐分布占2/3，41.6%分布于长江流域；农副产品51%分布在长江流域的宜宾、泸州、涪陵、万州和重庆主城区等地，其中位于长江上游的宜宾和泸州，占40%以上；造纸和纺织业42.2%分布在嘉陵江沿线的铜梁、南充和遂宁等地，还有37.7%分布在岷沱江流域。

成都平原经济社会的历史发展，形成了沿岷江中游、沱江流域布局的格局。成渝经济区（四川部分）2007年工业的38%布局于岷江中游和沱江上游的成德绵地区。其中主要水污染产业中37.7%的造纸、纺织，46%的化工行业集中分布在岷江中游和沱江流域，主要水污染物化学需氧量（COD）排放占全区工业部门的24%。水污染较重的产业过度集中在成德绵地区，是导致岷江中游、沱江流域水环境污染的重要原因。水污染物排放负荷已导致岷江中游水质下降约一个类别。

化工行业集中分布在沱江流域的源头区域，其中相当部分规模较小，技术水平较低，加上污染控制措施不到位，是导致沱江全流域水环境恢复困难的重要原因。

第三节　区域性生态环境问题及其效应

一、区域性生态环境问题

改革开放以来，我国经济持续快速发展，发达国家上百年工业化过程中分阶段出现的生态环境问题在我国集中出现，环境与发展的矛盾日益突出，集中表现在以下方面。

（一）环境空气质量下降

（1）区域性灰霾天气日益严重。1950~1980年中国的霾日较少，1980年以后，霾日明显增加，2000年以后急剧增长，2010年霾年均日数（29.8天）几乎是1971年（6.7天）的4倍。近年来，京津冀、长三角、珠三角等区域每年出现灰霾污染的天数达到100天以上，广州、南京、杭州、深圳、东莞等城市灰霾污染更为严重（Guo et al., 2014；Huang et al., 2014）。

专栏1-6 库兹涅茨曲线

1991年美国经济学家首次提出了环境库兹涅茨曲线理论，认为环境质量并不随着经济增长而持续恶化，在经济增长初期，环境质量会下降，但当经济增长超过某一水平后，环境质量将会出现一定程度的改善（Dinda, 2004；Stern, 2004）。

通过计算我国各省区发展和资源环境生态指标的总分，并基于区域发展和资源环境生态总体评价进行分析。可以看出区域发展水平与资源环境生态状况之间存在着一种倒“U”形的曲线关系，符合环境库兹涅茨曲线经典理论。

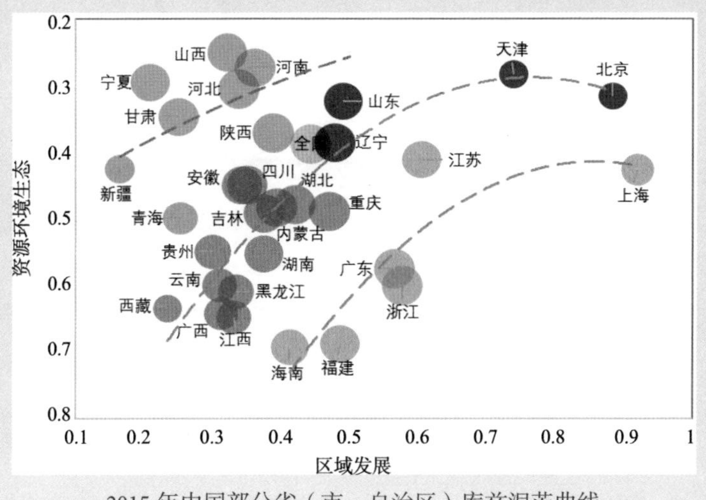

2015 年中国部分省（市、自治区）库兹涅茨曲线

（2）光化学烟雾污染日益凸现，发生的频率将增加。光化学烟雾污染和高浓度臭氧污染频繁出现在北京地区、珠三角和长三角地区。从2012年到2018年，中国机动车保有量从2.23亿辆增加到3.17亿辆。2018年，全国机动车四项污染物排放总量初步核算为4065.3万吨。其中, CO排放3089.4万吨，碳氢化合物（HC）排放368.8万吨，氮氧化物（NO_x）排放562.9万吨，PM_{10}排放44.2万吨。汽车是机动车大气污染排放的主要贡献者，其CO、NO_x和PM_{10}超过90%，HC排放量超过80%（中华人民共和国生态环境部，2019）。

（3）城市间大气污染相互影响显著，农村大气污染问题日益凸现。随着城市规模的不断扩张，区域内城市连片发展，城市间大气污染相互影响明显，相邻城市间污染传输影响极为突出。《重点区域大气污染防治“十二五”规划》表明，在京津冀、长三角和珠三角等区域，部分城市二氧化硫浓度受外来源的贡献率达30%~40%，氮氧化物为12%~20%，可吸入颗粒物为16%~26%。区域内城市大气污染变化过程呈现明显的同步性，重污染天气一般在一天内先后出现。随着城市规模不断扩大和工业企业从主城区外迁，大气污染由城市向农村地区扩散的态势日益凸现。

（二）水体污染程度加剧

随着重点产业在沿海地区的布局以及人口的集聚效应，工业废水及生活污水的集中排放，将会进一步加大污染物向海城和流城的排放，有限的水环境容量会被大量占用，水环境压力将进一步加剧。20世纪90年代末期，中国重点流域40%以上的断面水质没有达到治理规划的要求，一些地区“有河皆干，有水皆污”；全国各大城市群浅层地下水不同程度地遭受污染，约一半的城市市区地下水污染较为严重。此外，部分流域水资源开发利用程度过高、水污染事故频繁发生等问题，也严重影响着区域水环境。

专栏1-7　典型案例

环渤海沿海地区已基本形成了以滨海新区、大连、唐山、烟台为发展极点的三个沿海产业带。三个产业带以钢铁、石油、化工、电子等重化工业为主，污染物的排放量较大。预计到2020年，环渤海沿海地区工业污染排放COD将增加46%~93%，超出整个区域河流水体环境容量的40%~110%；氨氮排放量有所减少，但由于污染排放基数较大，河流水体氨氮容量仍超载，超载倍数在0.4~0.8；陆源排放TN入海量降低，近岸海域污染总体上有所缓解，但重点海湾污染仍然严重，全海域污染物浓度分布与现状基本一致，辽东湾顶部、渤海湾和莱州湾沿岸以及黄河口附近水域的污染仍为高值区。

（三）固体废物增多

固体废物是指在生产、生活和其他活动中产生的丧失原有利用价值或者虽未丧失利用价值但被抛弃或者放弃的固态、半固态和置于容器中的气态物品、物质以及法律、行政法规规定纳入固废管理的物品、物质。根据固体废物产生的源头和对环境的危害程度，通常可将固体废物分为生活垃圾、一般工业固体废物、危险废物和建筑垃圾四大类。一般情况下，建筑垃圾经过简单分类即可回收再次循环利用；生活垃圾、一般工业固体废物、危险废物这三类均需要经过处理，并安全处置，方能消除环境生态风险。

目前，我国固体废物污染防治管理的重点是城市生活垃圾、一般工业固体废物和危险废物。固体废物对环境可能造成的污染危害是多方面的，它不仅会造成水体、土壤和大气的直接污染，还会造成生态环境的破坏，威胁人体健康。目前我国固体废物产生量持续增长，2014年，中国城市垃圾清运量已经达到17860万吨，县城垃圾清运量也已达到6657万吨，另外，村镇垃圾也与城市垃圾总量相当，从2004年起，中国超过美国成为世界上最大的生活垃圾产生国。

工业化速度的不断加快，也增加了大量工业固体废物。2014年，全国一般工业固体废物产生量32.6亿吨，约为2000年的4.3倍，综合利用量20.4亿吨，贮存量4.5亿吨，处置量8.0亿吨，倾倒丢弃量59.4万吨，全国一般工业固体废物综合利用率为62.1%。

专栏1-8 典型案例

北京市人口约2154万人（2018年），属于超大城市，其产生的固体废物种类主要以城市生活垃圾和工业固体废物为主，且近年来呈现“工业固体废物减少，城市生活垃圾增加”的特点。

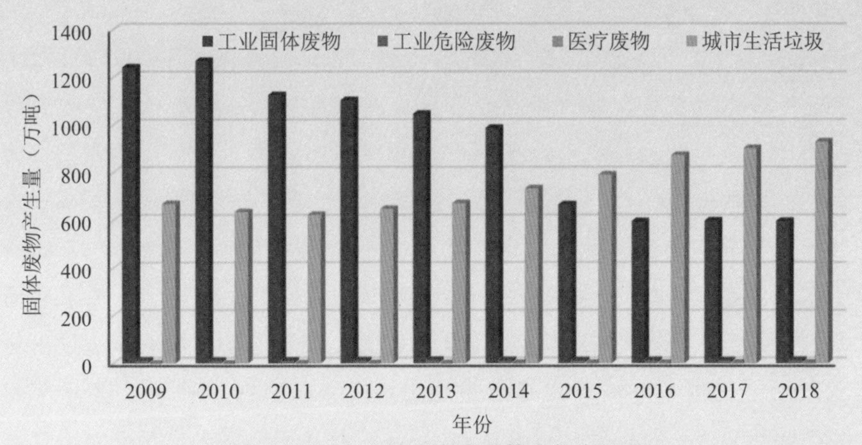

2009~2018 年北京市各类固体废物产生量

数据来源：2009~2018 年北京市固体废物污染环境防治信息，北京市生态环境局

2009~2018年，北京市生活垃圾年产生量增加约38.83%，年均增速约为3.81%。特别是2014~2016年，增速在7.69%~10.41%。根据《北京市生态环境局关于发布北京市2018年固体废物污染环境防治信息的公告》，全市工业固体废物处置利用率可达100%，城区生活垃圾无害化处理率达到100%，郊区生活垃圾无害化处理率99.85%，工业危险废物和医疗废物基本得到安全处置。

2009~2018年北京市生活垃圾产生及处理情况

年份	年产生量（万吨）	日产生量（万吨）	垃圾处理设施设计处理能力（万吨/日）	城区无害化处理率（%）	郊区无害化处理率（%）
2009	669.46	1.83	1.27	100	87.36
2010	635.73	1.74	1.67	100	90.32
2011	634.35	1.74	1.69	100	94.56
2012	648.31	1.78	1.75	100	97.06
2013	671.69	1.84	1.75	100	97.86
2014	733.84	2.01	2.04	100	98.80
2015	790.33	2.17	2.73	100	99.43
2016	872.61	2.38	2.43	100	99.56
2017	901.75	2.47	2.43	100	99.69
2018	929.42	2.55	2.86	100	99.85

数据来源：2009~2018年北京市固体废物污染环境防治信息，北京市生态环境局

（四）土地资源过度利用

随着我国改革开放的深入，城市化进程的加速，建设项目不断增多，建设用地规模扩张明显。城镇建设用地面积逐年增加，耕地面积有较大变化，易于开垦的大量后备耕地资源转化为农用地，未利用地面积逐年减少。

专栏1-9　典型案例

随着经济的发展，海峡西岸经济区自然生态用地不断降低，多转变为农业用地和建设用地。森林及天然林面积所占比例不断下降，林业用地面积由1980年的8.9万平方公里降至2007年的8.8万平方公里，降幅为1%；人工林面积增加，天然林面积减少，森林质量在不断降低。草地面积不断减少，从1980年的2.2万平方公里降至2007年的2.0万平方公里，天然草地面积减少显著，人工草地面积增加，草地呈现人工化趋势。耕地和建设用地面积及所占比例不断增加，建设用地由1980年的3119.14平方公里增加到2007年的3833.2平方公里，增幅达到22.9%；耕地面积从2.66万平方公里增至2.79万平方公里。耕地和建设用地的分布及变化趋势存在显著的区域差异，浙南、粤东以及福州—九龙江口沿海地带、富屯溪流域、沙溪流域的耕地、建设用地的面积和占比较高，特别是建设用地。其中，沿海地区的建设用地增长较明显，主要受城市发展和经济发展的影响，内陆地区则主要受农业生产的影响，未利用地面积减少。随着我国永久基本农田的划定，建设可利用地面积逐渐减少，人地矛盾较为突出。

（五）生态风险突出

我国各区域内主要工业集聚区周边生物体和土壤、部分河流底质、主要河口地区和大部分海城的生物累积效应开始显现，且由局部地区、单一污染物超标逐步向多种重金属和持久性有机物在区域内普遍检出演变。

环渤海沿海、海峡西岸沿海、北部湾沿海贝类体内的石油烃、总汞残留水平总体上均呈现出上升态势。除莱州湾外，环渤海沿海近岸生物累积性影响总体呈加重态势。

成渝经济区内河流沉积物中各重金属呈现出不同的富集特征，其中汞富集最严重，为平均土壤背景值的3.0倍；其次为铬，为平均土壤背景值的2.5倍；其余重金属（砷除外）基本超出了平均土壤背景值（舒俭民，2013）。不同区城河流沉积物中重金属累积程度迥异，长江干流以铬和汞累积较为严重，沱江和岷江流域以铬、汞和锌的累积较为严重。

二、区域性生态环境问题的效应

（一）区域发展战略影响生态环境的复合效应

在过去三十年中，随着中国工业化城镇化的快速发展，主要污染源已由燃煤、工业转变为燃煤、工业、机动车、扬尘等。在主要大气污染物中，细颗粒物（$PM_{2.5}$）、氮氧化物（NO_x）、挥发性有机物（VOCs）、氨氮（NH_3-N）等排放量显著上升，大气污染的范围也不断扩大。可吸入颗粒物已经成为影响城市空气质量的首要污染物。中国城市群大气污染正从煤烟型污染向机动车尾气型过渡，出现了煤烟型和机动车尾气型污染共存的大气复合污染。其特征是多污染物共存、多污染源叠加、多尺度关联、多过程耦合、多介质影响（中国科学技术协会，2016）。区域性大气灰霾、光化学烟雾和酸沉降成为新的大气污染形式（表1-1）。

表1-1 中国大气污染变化历程

项目	1980~1990年	1991~2000年	2001年至今
主要污染源	燃煤、工业	燃煤、工业、扬尘	燃煤、工业、机动车、扬尘
主要污染物	SO_2、TSP、PM_{10}	SO_2、NO_x、TSP、PM_{10}	SO_2、PM_{10}、$PM_{2.5}$、NO_x、VOCs、NH_3
主要大气问题	煤烟	煤烟、酸雨、颗粒物	煤烟、酸雨、光化学污染、灰霾/细颗粒物、有毒有害物质
大气污染尺度	局地	局地+区域	区域+半球

（二）区域发展战略影响生态环境的累积效应

累积效应指开发活动的影响与预见的将来的各种影响互相合成时对环境所造成的影响或后果。它应该包括能影响各种资源、各类生态系统和人类社区的所有行为和活动。

美国《国家环境政策法》（National Environmental Policy Act, NEPA）将累积效应描述为，当一项活动与过去、现在以及可合理预见的未来的活动结合在一起时，对环境所产生的增加的影响。累积效应包括时间上和空间上的累积，具有协同性、潜伏性、滞后性、后果严重性、难以恢复性等特点（侯保灯等, 2010）。例如，流域开发是一种高度干预河流生态的活动，它从根本上改变河流和流域的生态系统、资源形式和社会结构, 其环境影响亦具有累积性等特征（李英等，2010）。同时，生态环境因子的变化，不仅受到一个工程的影响，而且还受到其他工程的影响，这些影响不是简单的叠加。不同工程间的相互影响、叠加作用、连锁反应都十分复杂，一个流域是一个完整的生态系统，流域开发破坏了系统的平衡。

专栏1-10　典型案例

红水河梯级开发对水温的影响。红水河共分10级开发，从上游到下游为:天生桥一级、天生桥二级、平班、龙滩、岩滩、大化、百龙滩、恶滩、桥巩、大藤峡。其中库容最大、水库最深、回水长度最长的为龙滩。研究表明天生桥一级库区河段，多年平均水温为19.8℃，8月最高为23℃左右，12月至次年1月、2月，水温在14℃左右。龙滩水库河段，多年平均水温为21℃，8月最高为26℃左右，最低水温的1月为14℃左右。天生桥一级和龙滩，水库水温都具有稳定分层的特性。各水库间水温的变化不是简单的关系，天生桥一级水库下泄水流可使龙滩水库（正常蓄水位375米）入库年平均水温降低3.9℃，3月份降低最大达6.3℃，说明龙滩水库不仅受本身建库的影响，而且还受天生桥下泄水流水温的影响。而岩滩水库则同时受龙滩和天生桥水库下泄低温水的影响。水温的变化不能简单地由水库水温的分布关系来判断，而是各水库工程累积因素的复杂关系造成的（陈庆伟等，2003）。

（三）区域发展战略影响生态环境的协同效应

协同效应原本为一种物理化学现象，又称增效作用，简单地说即“1+1>2”效应，是指两种或两种以上的组分相加或调配在一起，所产生的作用大于各种组分单独应用时作用的总和。

京津冀地区$PM_{2.5}$和雾霾天气的形成机制十分复杂，综合现有研究成果，我国雾霾频发的原因大致可归纳为若干方面，除不利气象条件因素外，高强度区域污染排放是重污染过程形成的根本原因（孟晓艳等，2014；缪育聪等，2015）。全国每年向大气中排入超过2000万吨的二氧化硫、氮氧化物和挥发性有机物，以及1000万吨以上的$PM_{2.5}$。其次，排放到大气中的气态或颗粒态污染物发生化学反应形成高浓度二次无机气溶胶，这是重污染过程形成的内在动力。随着大气氧化性增强，二次无机气溶胶在$PM_{2.5}$中的比例在增加，成为导致雾霾频繁的主要因素。

在大范围低温高湿、近地逆温等不利气象条件下，化学转化过程活跃，$PM_{2.5}$爆发式增长，很容易诱发雾霾天气。除上述成因之外，导致大气重污染和雾霾天气的因素还有很多，总体来说，雾霾是内外因叠加的结果，气象因素是诱因，污染物高排放是根源，污染物在大气中产生协同效应，发生二次转化是关键。

思考题

1. 通过查阅相关资料，简述不同阶段区域发展战略产生的生态环境问题。
2. 了解家乡所属区域的发展战略，分析家乡存在哪些生态环境问题及效应。

第二章　区域发展战略环境评价的发展与趋势

区域发展战略对生态环境的影响是长期的且具有复合性、累积性与协同性，不合理的发展战略对生态环境的负面影响无疑是巨大的，因此有必要在区域发展战略实施之前评价其环境影响，为战略决策提供有效信息，以确保区域发展的可持续性。本章将介绍区域发展战略环境评价的发展与趋势，具体包括总结区域发展战略环境评价的概念与总体框架，梳理区域发展战略环境评价在我国的阶段性发展与其理论研究进展，最后分析我国区域发展战略环境评价面临的形势和挑战。

第一节　区域发展战略环境评价概念与总体框架

环境影响评价于20世纪60年代开始出现在国外一些发达国家，70年代得到蓬勃发展。由于传统建设项目环境评价不能及时有效地开展规划和政策等层次上的评价，具有战略视角的战略环境评价应运而生，并逐步得到世界范围内的广泛接受。战略环境评价将环境和其他可持续要素更好地纳入政策、规划和计划的制定过程。

一、概念及目标

（一）区域发展战略环境评价的概念

区域发展战略环境评价自20世纪80年代后期开始实施，是在制定区域战略规划的同时甚至之前，通过对特定空间范围内的开发活动及其环境影响进行分析与评价，以整体观点认识和解决环境影响问题，从战略层次评价区域开发活动与其所在区域发展规划的一致性与环境合理性，提出预防或者减轻不良环境影响的对策和措施，并提出区域社会、经济发展的合理规模及结构的建议，为区域开发活动的决策提供依据（方降龙，2007）。区域发展战略环境评价的评价对象是在一定时期内某个区域的所有开发建设行为或者活动。

区域发展战略环境评价是连接抽象、宏观的可持续发展战略和具体、可操作的项目之间的桥梁，是从系统角度协调好区域环境与发展的重要手段，是实现区域可持续发展的重要保证和中心环节。

（二）区域发展战略环境评价的目标

开展区域发展战略环境评价的意义在于把区域环境保护的各个目标渗透到区域经济发展的战略中去，使区域环境保护从战略酝酿阶段就参与区域国民经济综合平衡，体现环境保护的要求，为战略实施和环境管理提供依据，帮助建立一种具有可持续改进功能的环境管理体制，以确保区域发展的可持续性（苏维等，2007）。

开展区域发展战略环境评价目标是使环境保护和社会发展相协调，实现区域环境质量和环境承载力的可持续性，最终实现区域经济、社会和环境综合可持续发展。

二、一般程序和重点任务

区域发展战略环境评价是评价规划情景和战略目标下区域内存在的主要环境问题和中长期生态环境风险，同时评估区域发展战略规划的环境合理性，对于规划不合理的部分要能够指出并给出更合理的建议。即要对区域发展的不确定性、中长期累积环境风险、布局风险以及经济发展规模适宜度和发展方式的可行性做出评价，并给出环境保护优化区域发展的合理建议，其一般程序如图2-1所示。

区域发展战略环境评价的重点任务包括以下几方面。

1. 战略分析与情景设定

通过研究区域发展战略、区域规划、重点产业规划等规划与战略，分析区域在全国区域发展格局中的战略地位和战略目标、重点产业发展战略目标；通过分析国家主体功能区战略、全国生态功能区划、全国环境保护规划等国家战略对区域的生态环境定位和要求，梳理区域内各类生态环境保护规划、生态文明规划、污染防治规划等规划，分析区域在全国生态环境保护和建设中的战略地位和目标。

借鉴国际国内经验，考虑国家和地方发展战略和行业发展政策、生态环境承载和瓶颈要素约束等因素，对区域社会经济发展趋势进行情景预测，构建涵盖规模结构布局的区域发展战略情景，作为环境影响评价和生态风险评估的基础。

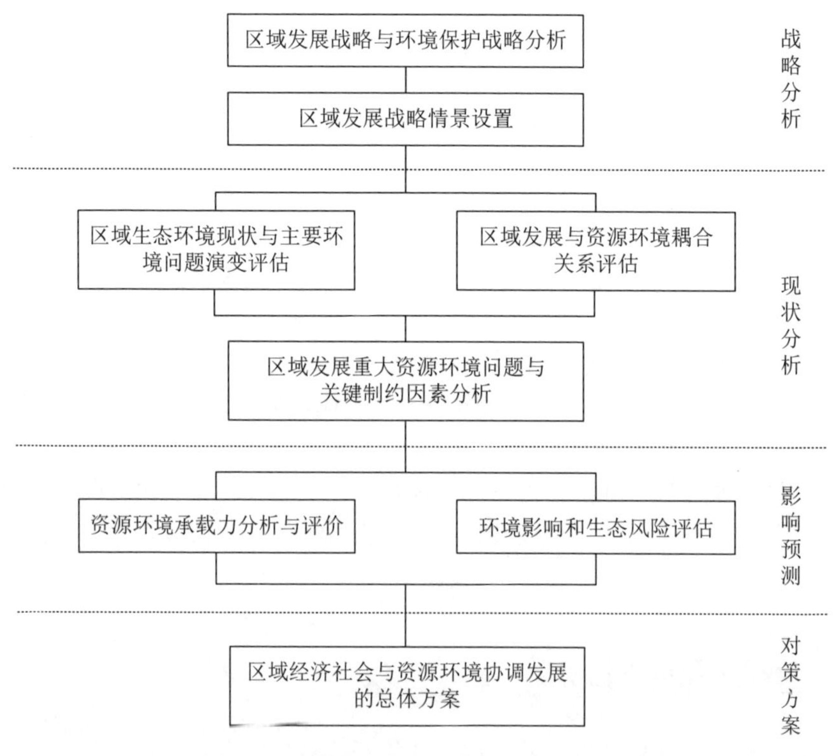

图 2-1　区域发展战略环境评价的一般程序

2. 现状评价与重大生态环境问题分析

调查评价区域自然地理概况、环境变迁历程、环境质量状况、生态环境状况、社会经济状况，结合国家区域发展总体战略和主体功能区战略，阐明环境特点与现状。包括对水资源与能源的开发利用状况及趋势的分析，水环境、大气环境、土壤环境、生态环境等的现状及演变趋势分析。

在资源环境各个要素现状分析和趋势评价的基础上，筛选并归纳形成体现要素现状特征、主要问题和未来发展趋势的重要指标，辨识环境质量、生态安全和公众健康存在的主要问题和重点区域，总结经济社会发展导致的区域性、累积性、复合性资源环境问题及其演变规律，得出区域发展重大资源环境问题与关键制约因素。

3. 评估区域资源环境承载力

根据区域生态环境本底状况，评估区域生态承载力；根据区域经济社会发展特征和资源环境禀赋，分析区域水资源承载力与土地资源承载力；结合区域主要污染物减排现状，分析重点流域水环境、城市群大气环境容量利用水平及减排潜力，评估区域水环境承载力与大气环境承载力。

4. 生态环境影响预测

基于区域经济社会发展态势与战略情景，评估关键生态功能单元演变趋势和生态风险，分析预测区域和发展的中长期环境影响与生态风险，提出生态风险防范措施和预警策略。

综合考虑区域污染输送、能源利用结构和效率变化、污染物协同减排和技术进步等因素，考虑区域污染物累积效应，预测区域环境质量变化趋势与中长期环境影响的时空分布，评估区域中长期大气风险；分析污染物排放所造成的流域上下游污染，预测主要水体的水环境质量变化趋势，识别区域发展可能带来的潜在的水环境风险；识别区域发展的生态影响特征与关键影响因子，评估其对区域生态系统格局、功能、结构等方面的影响，评价各类生态影响的性质、范围和影响强度，判断区域关键生态问题的发展趋势。

5. 区域经济社会与生态环境协调发展的总体方案

依据资源环境承载力分析、生态环境影响预测和中长期生态环境风险评价结果（陈佳璇等，2018b），提出以改善环境质量、维护生态安全、保障公众健康为目标，促进区域经济社会与资源环境协调发展的总体思路、模式和路径。

三、相关法规和技术要求

在环境影响评价制度建立之初，仅对建设项目进行环境影响评价纳入了法律要求，随后作为战略环境影响评价在中国的雏形，区域的环境影响评价也在相关法律法规中有了明确的规定，2002年10月28日，《中华人民共和国环境影响评价法》由第九届全国人民代表大会常务委员会第三十次会议修订通过，规划环境影响评价自此成为我国环境影响评价制度的重要方面。

（一）区域战略环境评价的相关法规

1986年原国家环境保护局发布的部门规章《对外经济开发地区环境管理暂行规定》第四条规定："对外经济开放地区进行新区建设必须做出环境影响评

价，全面规范、布局合理”，这是我国关于区域发展环境评价最早的规定；1993年原国家环境保护局发布《关于进一步做好建设项目环境保护管理工作的几点意见》(环监〔1993〕015号)，提出了区域环境评价基本原则和管理程序；1995年原国家环境保护局在《中国环境保护21世纪议程》中指出，进行区域环境影响评价势在必行，并提出将通过国际合作，在一些地区开展区域环境影响评价；1998年国务院通过《建设项目环境保护管理条例》，在附则的第31条中规定“流域开发、开发区建设、城市新区建设和旧区改建等区域性开发，编制建设规划时，应当进行环境影响评价”，进一步明确了区域环境影响评价的要求；2002年原国家环境保护总局下发《关于加强开发区区域环境影响评价有关问题的通知》(环发〔2002〕174号)，要求开发区在编制开发建设规划时必须进行环境影响评价，编制环境影响报告书；2003年原国家环境保护总局制订了《开发区区域环境影响评价技术导则》，规定了开发区区域环境影响评价的工作程序、内容和方法；2003年《中华人民共和国环境影响评价法》(简称《环评法》)的实施,将“一地三域”(即土地、流域、海域、区域)、“十个专项”等一系列规划纳入了环境影响评价范围，可以说是将国民经济的主要规划活动都纳入到了规划环境影响评价管理体系之中。

继《环评法》颁布后，原国家环境保护总局又出台了若干配套的规章：2003年颁布了《规划环境影响评价技术导则(试行)》和《专项规划环境影响报告书审查办法》;2004年颁布《编制环境影响报告书的规划的具体范围(试行)》和编制《环境影响篇章或说明的规划的具体范围(试行)》，补充和规范了环境影响评价的程序，逐步形成环境影响评价法律体系。2006年实施了《环境影响评价公众参与暂行办法》，对环评制度中的公众参与制度作了一定细化；2009年《规划环境影响评价条例》颁布实施，以行政法规的形式细化了规划环境影响评价制度，对我国的区域发展战略环境影响评价制度的具体程序做了进一步的细化规定，标志着环境保护参与综合决策进入了新的阶段，开创了规划环评事业的新纪元(方冰，2014)。随后，2014年制定实施了《规划环境影响评价技术导则　总纲》，规范和指导规划环境影响评价工作；2016年修订的《中华人民共和国环境影响评价法》，新增将环境影响报告书结论以及审查意见作为决策的重要依据等内容，进一步完善区域发展战略环境评价制度。

随着国家层面相关战略环境影响评价法律法规的不断深入，关于规划环境影响评价的地方性法规和地方政府规章也相继出台。上海市政府于2004年5月15日发布《上海市实施〈中华人民共和国环境影响评价法〉办法》，明确规定市政府及其有关行政管理部门审批的规划应在规划上报审批的同时提交环境影响评价文件，由市环保局组织专家审查，并规定了审查专家的选取原则，这是我国第一部地方性规划环评规定。河北、陕西、山东、吉林、四川等地区也分别制订了《实施〈中华人民共和国环境影响评价法〉办法》，从而使我国的战略环境影响评价制度又往前迈进了坚实的一步。

近年来，我国在不断探索环评制度新的方法思路。2016年2月24日原环境保护部印发了《关于规划环境影响评价加强空间管制、总量管控和环境准入的指导意见》（环办环评〔2016〕14号），指出要充分发挥规划环评优化空间开发布局，推进区域（流域）环境质量改善以及推动产业转型升级的作用，加强规划环评空间管制、总量管控和环境准入的框架性要求；2016年7月15日原环境保护部印发了《"十三五"环境影响评价改革实施方案》（环环评〔2016〕95号），提出以"生态保护红线、环境质量底线、资源利用上线和生态环境准入清单"（以下简称"三线一单"）为手段，强化空间、总量、准入环境管理的要求；2016年10月26日原环境保护部印发了《关于以改善环境质量为核心加强环境影响评价管理的通知》（环环评〔2016〕150号），提出加强环境影响评价管理，落实"三线一单"约束，建立项目环评审批与规划环评、现有项目环境管理、区域环境质量联动机制。

（二）区域战略环境评价的技术要求

目前战略环境评价尚未形成统一、完整的理论技术方法体系。在如何处理决策中所造成的模糊性、不确定性以及大尺度、长时间的环境影响以达到综合决策仍然缺乏足够的知识、经验和技术手段。另外，针对各种政策、规划的具体工作程序和分析方法也在不断探索当中。目前战略环评技术方法有两个基本流派：基于项目环境影响评价的方法和基于政策分析的理论方法。前者是将传统的项目环评的理论技术方法应用到战略环评中，主要有定性分析方法、数学模型方法、系统模型方法，其基本理论基础是资源环境承载力；后者是将规划、政策的理论技术方法引进到战略环境影响评价中，包括政策分析、预测和效果评估三类方法，其主要理论基础是政策分析和决策科学。国内规划环评的研究方面着重于规划环评法律机制、程序框架、与可持续发展的关系等方面。我国由原环境保护部印发的《规划环境影响评价技术导则 总纲》（HJ 130—2014）对规划环境影响评价提供了技术规范和指导。

《规划环境影响评价技术导则 总纲》（HJ 130—2014）中明确要求环境影响报告书应包括：总则、规划分析、环境现状调查与评价、环境影响识别与评价指标体系构建、环境影响预测与评价、规划方案综合论证和优化调整建议、环境影响减缓措施、环境影响跟踪评价、公众参与、评价结论及附必要的图表与文件。主要评价环境的常用方法如表2-1所示。

表2-1　规划环境影响评价的常用方法

评价环节	可采用的主要方式和方法
规划分析	核查表、叠图分析、矩阵分析、专家咨询（如智暴法、德尔斐法等）、情景分析、类比分析、系统分析、博弈论
环境现状调查与评价	现状调查：资料收集、现场踏勘、环境监测、生态调查、问卷调查、访谈、座谈会 现状分析与评价：专家咨询、指数法（单指数、综合指数）、类比分析、叠图分析、生态学分析法（生态系统健康评价法、生物多样性评价法、生态机理分析法、生态系统服务功能评价方法、生态环境敏感性评价方法、景观生态学法等，以下同）、灰色系统分析法
环境影响识别与评价指标确定	核查表、矩阵分析、网络分析、系统流图、叠图分析、灰色系统分析法、层次分析、情景分析、专家咨询、类比分析、压力-状态-响应分析
规划开发强度估算	专家咨询、情景分析、负荷分析（估算单位国内生产总值物耗、能耗和污染物排放量等）、趋势分析、弹性系数法、类比分析、对比分析、投入产出分析、供需平衡分析
环境要素影响预测与评价	类比分析、对比分析、负荷分析（估算单位国内生产总值物耗、能耗和污染物排放量等）、弹性系数法、趋势分析、系统动力学法、投入产出分析、供需平衡分析、数值模拟、环境经济学分析（影子价格、支付意愿、费用效益分析等）、综合指数法、生态学分析法、灰色系统分析法、叠图分析、情景分析、相关性分析、剂量-反应关系评价
环境风险评价	灰色系统分析法、模糊数学法、数值模拟、风险概率统计、事件树分析、生态学分析法、类比分析
累积影响评价	矩阵分析、网络分析、系统流图、叠图分析、情景分析、数值模拟、生态学分析法、灰色系统分析法、类比分析
资源与环境承载力评估	情景分析、类比分析、供需平衡分析、系统动力学法、生态学分析法

第二节　区域发展战略环境评价的阶段性发展

我国区域发展环境评价自20世纪80年代后期开始实施，在《环评法》实施之前，我国开展区域环境评价的领域主要是区域开发项目、少数旧城改造和流域开发项目，其可视为战略环境评价发展的雏形。经过二十多年的发展，我国区域发展环境评价不断推进和成熟，逐渐向规划层次的战略环境评价转变。

一、区域开发环境影响评价阶段（1989~2003年）

从20世纪80年代末开始实施的区域开发环境影响评价（Regional Development Environmental Impact Assessment，RDEIA）是我国最早的SEA实践。20世纪80年代初期，我国开展了山西能源开发和煤化工基地、京津唐地区发展和深圳经济特区开发的区域开发环境影响评价，但它们并不是独立的环境影响评价，而是为区域环境规划提供环境质量评估和对策措施（牟忠霞，2006）。1986年3月和1987年6月，中国环境学会环境质量评价专业委员会先后在石家庄和北戴河召开了两次有关环境影响评价和区域环境研究的学术讨论会，提出为了有效地控制区域性的环境污染，应该把建设项目环境影响评价与区域环境规划、区域环境影响评价结合起来。

1989年由原国家环境保护局和安徽省城乡建设环境保护厅正式组织的“马鞍山市区域环境影响评价”被列为国家环境保护局的“区域环境影响评价”试点项目。同期进行了甘肃省白银市、福建省湄州湾和云南省开远市区域环境影响评价试点工作（张琳悦，2008）。

1993年，原国家环境保护局下发《关于进一步做好建设项目环境保护管理工作的几点意见》（环监〔1993〕015号），对开发区区域环境影响评价、污染物总量控制等提出了具体要求。1998年起实施的《建设项目环境保护管理条例》在附则的第31条中规定“流域开发、开发区建设、城市新区建设和旧区改建等区域性开发，编制建设规划时，应当进行环境影响评价”，进一步明确了RDEIA的要求。2002年原国家环境保护总局下发《关于加强开发区区域环境影响评价有关问题的通知》（环发〔2002〕174号），要求开发区在编制开发建设规划时必须进行环境影响评价，编制环境影响报告书。20世纪90年代初以来，RDEIA不断推进，区域性开发建设活动的环境管理得到了明显加强。其中，马鞍山市钢铁工业区、海南洋浦开发区、浙江大榭岛开发区、上海化学工业区、“西电东送”北部、南部通道火电规划项目、江苏省沿长江地区火电规划建设项目等的RDEIA取得了重要成果（中国社会科学院环境与发展研究中心，2007）。

因此，从我国环评制度的发展历程来看，该阶段环境评价是以区域开发环境评价为主，并且由于多年的实践积累以及环境保护部门直接管理，使得区域性开发建设活动成为战略环境评价实践最丰富的领域，其无论是在实践进展还是研究进展上，都是战略环境发展中浓墨重彩的一笔。

二、区域性规划环境影响评价阶段（2003~2008年）

随着国家和地方法律、法规相继出台，战略环境评价快速发展，以综合考虑环境和发展，实现统筹协调为主要思想。2003年颁布实施的《中华人民共和国环境影响评价法》，明确将规划环境影响评价列入法定范围；《开发区区域环境影响评价技术导则》规定了开发区区域环境影响评价的工作程序、内容和方法，极大地推动了战略环境评价在中国的实施。

五年间中国在战略环境评价的制度建设、技术方法研究、人才培养等方面都取得了显著进展，尤其在规划环境影响评价方面积累了大量案例和实践经验，并且逐步具有区域特征。

原国家环境保护总局从2005年开始全国范围内启动了包括内蒙古、山东、广西、新疆、江苏、大连、武汉、宁波、无锡、临汾等十个典型行政区的规划环评试点工作，其中一些城市主动申请成为规划环评试点城市，如安徽芜湖、浙江宁波和广州广东等。此外，原环境保护部和政府综合部门牵头组织，多部门参与开展了内蒙古自治区、山西省临汾市、湖北省武汉市、浙江省宁波市“十一五”规划纲要战略环评，综合协调多个专项规划环评，探索了区域发展战略环评政策层次和政府宏观社会和经济发展规划层次的发展思路，为国家环评法制建设、管理提供了模式（徐鹤等，2010）。

截止到2008年，我国针对典型行政区、重点行业和专项规划等开展的环评试点达100多个。这些项目积累的宝贵经验，不仅有利于综合考量经济发展与环境保护协调机制，也在大尺度区域内提出生产合理布局、资源优化配置、产业结构调整等对策机制，为逐步扩展我国区域战略环评的应用范围，实现统筹协调发展提供了有力的实践支持。

三、区域发展战略环境评价阶段（2008 年至今）

为进一步推动区域发展战略环境评价的发展，我国相继进行了几轮大区域战略环境评价工作。

2009年2月，原国家环境保护部正式启动了五大区域（环渤海沿海地区、海峡西岸经济区、北部湾经济区沿海地区、成渝经济区和黄河中上游能源化工区）重点产业发展战略环评工作，2010年我国完成五大区域战略环境评价验收工作，对我国区域发展战略环境评价的研究有着深刻影响，五大区战略环评涉及15个省（自治区、直辖市），地跨111万平方公里国土，覆盖石化、能源、冶金、装备制造等10多个行业，突破了“一地、三域、十专项”的法定战略环评评价范围，是我国首次跨多个行政区、覆盖多个行业、高层次、大尺度的区域战略环评（黄丽华等，2011）。

2011年西部大开发重点区域和行业发展战略环境评价启动，弥补了此前五大区域战略环评在西南的云南、贵州两省和西北的甘肃、青海、新疆三省区的空白，对大尺度区域性战略环境评价进行了全面拓展和深化，在理论和技术方法研究上实现了重要突破和创新，为从源头防范布局性环境风险构建了重要平台，探索了破解区域资源环境约束的有效途径，继续推进我国战略环境影响评价研究的快速发展（Li et al., 2012）。

2013年中部地区发展战略环境评价启动，以转型升级中的城市群为重点研究对象，探索保障粮食生产安全、流域生态安全和人居环境安全的发展模式与对策。将党的十八大建设生态文明的重大战略部署融入初期设计思想中，全面分析了工业化、城镇化、农业现代化与生态环境的重大问题及相互影响制约，探索提出区域优化发展、经济社会与资源环境协调发展的调控方案和对策，推动中部地区经济绿色崛起。此次评价中，基于空间单元的环境管控思想已经萌生，并且在工作中作出尝试。

针对我国区域发展水平最高的京津冀、长三角、珠三角三大地区经济发展转型和资源环境面临的压力，2015年原环境保护部根据严守空间红线、总量红线、准入红线的要求，启动三大地区的战略环评，并于2017年通过验收。三大地区战略环境评价紧密结合经济社会发展需求，进一步推进了大区域战略环境评价的深化和创新；紧密结合区域特点，为破解三大地区重大资源环境矛盾提出了各自解决路径；紧密结合环评改革，为区域发展战略规划环境评价落地做出了积极的探索。

从2008年至今，我国区域经济战略发展布局从沿海到沿江、内陆、从东到西、从南到北将呈现“全面开花”态势，区域发展战略环境评价工作也在我国全面推进。区域发展战略环境评价工作紧密结合形势发展和环境管理的需求，不断深化创新工作的思路、方法，取得了开创性的进展。

第三节 区域发展战略环境评价面临的需求

（1）绿色发展。2018年国务院政府工作报告提出中国经济由高速增长阶段转向高质量发展阶段。所谓高质量发展，就是能够较好地满足人民日益增长的美好生活需要的发展，是体现新发展理念的发展，是创新成为第一动力、协调成为内生特点、绿色成为普遍形态、开放成为必由之路、共享成为根本目的的发展（王永昌等，2016）。

高质量发展需正确把握生态环境保护和经济发展的辩证统一关系。绿色发展是建设现代化经济体系的必然要求，要坚持在发展中保护、在保护中发展，构建绿色产业体系和空间格局，引导形成绿色生产方式和生活方式。

（2）区域发展战略。“十三五”时期深入实施区域发展总体战略，推动区域协调发展，需要深入把握区域协调发展的新内涵，进一步创新促进区域协调发展的思路和机制。更加注重区域合作、公平与可持续发展。在持续多年的经济快速增长之后，我国部分地区资源环境承载力下降，环境污染、生态退化问题越来越突出，区域性环境风险显现，对人们的生产生活产生了严重影响（王永昌等，2016）。区域协调发展必须重视区域发展的可持续性，让经济发展和环境保护、生态建设相得益彰。

（3）生态文明建设。基于此发展要求，国家相继出台了《关于加快推进生态文明建设的意见》，生态文明体制改革总体方案，提出树立尊重、顺应、保护自然，发展与保护相统一，绿水青山就是金山银山、自然价值和自然的理念，树立发展和保护相统一的理念，坚持发展是硬道理的战略思想，发展必须是绿色发展、循环发展、低碳发展，平衡好发展和保护的关系，按照主体功能定位控制开发强度，调整空间结构，创造天蓝、地绿、水净的美好家园，实现发展与保护的内在统一、相互促进。必须保护森林、草原、河流、湖泊、湿地、海洋等自然生态。把握人口、经济、资源环境的平衡点推动发展，人口规模、产业结构、增长速度不能超出当地水土资源承载能力和环境容量。

（4）以环境质量为核心。生态环境部发布实施大气污染防治行动计划、水污染防治行动计划、土壤污染防治行动计划和环境保护督察等一系列改革方案，颁布实施新修订的环境保护法、大气污染防治法，用硬措施应对硬挑战，以改善环境质量为核心推动绿色发展。《中华人民共和国国民经济和社会发展第十三个五年规划纲要》明确提出，“十三五”期间，要以提高环境质量为核心，以解决生态环境领域突出问题为重点，加大生态环境保护力度，提高资源利用效率，为人民提供更多优质生态产品，协同推进人民富裕、国家富强、中国美丽。标志着我国的环境管理模式已经从以污染控制为目标导向的环境管理逐步转化为以环境质量改善为目标导向的环境管理。其特征是实施更加严格的环境质量标准，以环境质量目标“倒逼”经济结构调整，实现环境友好型的经济增长。

生态环境部依据这一形势，发布《关于以改善环境质量为核心加强环境影响评价管理的通知》（环环评〔2016〕150号），对区域发展战略环境影响评价提出了新的要求，以适应新的经济发展与环境保护形势下产生的新需求，切实加强环评管理，落实“生态保护红线、环境质量底线、资源利用上线和生态环境准入清单”（以下简称“三线一单”）约束，建立项目环评审批与规划环评、现有项目环境管理、区域环境质量联动的“三挂钩”机制，更好地发挥环评制度从源头防范环境污染和生态破坏的作用，加快推进改善环境质量（李天威等，2018；成润禾等，2018）。

思考题

1. 简述区域发展战略环境评价主要流程对应的重点任务。
2. 总结区域发展战略环境评价各发展阶段的主要特征。
3. 概括新时期区域发展战略环境评价面临的形势与挑战。

第三章　区域发展战略环境评价共轭梯度理论基础与核心内容

第一节　区域发展战略环境评价支撑理论

一、可持续发展理论

可持续发展理论的出现大致可以追溯到20世纪60年代。美国海洋生物学家蕾切尔·卡逊出版的《寂静的春天》一书提出了人类应该与大自然的其他生物和谐共处,共同分享地球的思想。1972年,一个由学者组成的非正式国际学术组织“罗马俱乐部”发表了题为《增长的极限》的报告，这份报告深刻地阐述了自然环境的重要性以及人口和资源之间的关系，并提出了“增长的极限”的危机，由此可持续发展在20世纪80年代逐渐成为社会发展的主流思想（Meadows et al., 1972）。1984年美国学者爱迪·布朗·维思在塔尔博特·佩奇所提出的社会选择和分配公平理论基础上，系统地论述了代际公平理论，该理论成为可持续发展的理论基石。1987年，世界环境与发展委员会（World Commission on Environment and Development, WCED）在题为《我们共同的未来》的报告中正式提出了可持续发展模式，并且明确阐述了“可持续发展”的概念及定义。进入20世纪90年代以后，可持续发展问题正式进入国际社会议程（Colglazier, 2015；Pedercini et al., 2019；Sachs, 2004）。

纵观三十多年来国外对可持续发展的研究。目前，可持续发展正由一个口号性的概念变成各国政府和国际组织的发展战略，其最主要的表现是将衡量可持续性或是否符合可持续发展要求作为重大战略决策和实施的主要依据（徐朋波，2007）。城乡总体规划强调立足于可持续发展的可能性和必要性，即为城乡进一步发展留有空间，包括社会的发展和保持、建设良好的生态环境，对区域资源的永续利用及在制定城乡人口与城镇化发展战略时应考虑资源环境的容量问题。从环境角度衡量战略可持续性，并提出符合可持续发展要求的减缓、补救措施或替代方案，为最终的战略决策和实施提供环境依据；同时，战略环境评价还被看作是联系可持续发展与具体项目的桥梁，是将抽象的可持续发展战略具体落实到行动的重要工具。

面向可持续发展的战略环境评价产生的一个重要原因就是可持续发展的要求。可持续发展具体包括三方面的内涵：①可持续发展的公平性：一是代内的公平，即可持续发展应满足全体人民的基本需求，给予全体人民均等的机会以满足他们要求较好生活的愿望，把消除贫困作为发展进程中的重要问题来考虑；二是代际间的公平。当代人不要为自己的发展与需求而损害下一代乃至世世代代满足需求的条件。②可持续发展的持续性：可持续发展不应损害支持地球生命的自然系统（大气、水、土地等），不能超越资源与环境的承载能力。③可持续发展的共同性：可持续发展作为全球发展的总目标，所体现的公平性原则、持续性原则是共同的（李伟，2008）。

二、环境经济学理论

环境经济学在西方形成于20世纪60年代，并于80年代进入成熟期，是一门研究环境与社会经济协调发展理论、方法和政策手段的综合性学科。

环境经济学的核心理论主要有：

（1）外部性指的是个人（包括自然人与法人）经济活动对他人造成了影响而又未将这些影响计入市场交易的成本与价格中（王晓宁，2008；Hassan and Mertens, 2011）。在分析环境问题的成因时，西方经济学界普遍认为（负）外部性是导致环境污染和生态破坏的根源,诠释环境问题的经典论述“公地悲剧”（Tragedy of the Commons）的经济学释义就是外部性（陈新岗，2005；Hardin, 1998）。

（2）效率理论：在完全竞争的市场经济条件下，要使资源达到最优配置，基本上有三个必要条件：①商品在消费者之间达到最优分配，即要求任何两种商品的替代率对于每一个消费者来说都相等，而且等于相应两种商品的价格之比；②生产要素在生产者之间达到最佳分配，即要求任何两种生产要素的边际产品转换率对于第一个生产者都相等，且等于两种生产要素的价格之比；③上述两个条件必须同时实现（Pasquariello, 2014）。

（3）市场缺陷理论：市场缺陷的根源在于个体与群体或私人与社会、当代与后代、局部与整体之间在利益上的差别或矛盾。导致市场缺陷的主要原因有公共物品性、外部性、垄断竞争的存在以及非对称性（Stiglitz, 1989；Williamson, 1971）。城乡总体规划战略具有强制性，战略环境影响也具有公共物品性；外部性不能为市场所涵盖，外部性的存在必然导致市场机制在资源配置领域中产生种种扭曲，从而影响资源的最优配置，即出现市场缺陷（周国华，2008）。

（4）环境资源价值论：环境资源是指人体以外的一切资源，一方面作为人类生存和活动环境的基本因素，另一方面是人类生存和发展的物质基础（李建荣，2006）。环境资源价值理论可以从环境资源价值观、环境资源价值的类型及其对于国民经济核算的意义三个方面进行探讨。环境资源具有效用性和稀缺性，因此它就具有了价值，可持续发展必须保持资源总量的稳定，对资源价值的确定以此为核心（李巍等，2019；Essington et al., 2018）。

环境问题的实质是如何取得与社会经济之间的协调，并最终实现社会、经济、环境的可持续发展。战略环境评价的核心工作就是为战略方案的优化决策提供环境论据，并提出环境影响减缓措施，消除和降低战略失效造成的环境影响，从战略源头上控制环境问题的产生（楚春礼，2007）。而方案优选的基础性工作之一就是进行环境影响的经济分析，因此，环境经济学理论对战略环境评价工作的开展具有理论指导作用。

战略环境评价的工作目标是实现战略实施区域的环境可持续发展，其具体内容涵盖了人口的可持续发展、生态环境质量的持续良好和资源的可持续利用。而战略环境评价的工作目标是否最终实现，其决定因素是资源是否达到最优配置，它也是战略环境评价的一个评价依据。

三、循环经济理论

循环经济理论起源于20世纪60年代，20世纪末被系统地引入中国学术界，经过数十年发展，循环经济在理论和实践方面均取得了丰富的成果（Stahel, 2016）。循环经济思想萌芽于Boulding的“宇宙飞船经济”，其概念最早由Pearce等（1990）提出。此后循环经济在中国迅速发展，目前其理论研究与实践领域已经从废物回收利用逐步扩展到生产生活的各个方面。

循环经济是针对传统经济发展导致资源过度消耗和环境恶性污染而提出的可持续发展的具体实现形式，是运用生态学原理及其基本规律来指导人们的社会经济活动，倡导一种与地球资源和自然环境相协调、互为依存的社会经济发展模式（张燕等，2008）。传统线性经济是一种“资源—产品—污染排放”的单项线性开放式经济过程，以“高开采、高投入、低利用、高排放”为基本特征，依靠高强度的开采和消耗资源，同时也高强度地破坏生态环境。循环经济是可持续发展主导理念之一，它结合生态学及经济学的思维，倡导一种与环境和谐共存的经济发展模式，对区域发展和城乡规划决策有着重要意义（王璐等，2009）。它具有生态学、伦理学和经济学等多学科理论基础，其发展遵循“减量化、再利用、再循环、再重组、再思考”等“5R”原则，从企业、产业、社会等三个层面展开。

循环经济是以生态规律为指导、以工业循环为核心、以使用价值为基础的市场经济模式，以环境友好的方式来利用自然资源和环境容量，实现经济活动的生态化转向，是落实科学发展观，构建资源节约型、环境友好型色社会的必然选择（关军等，2009）。

循环经济模式是一个“资源—产品—再生资源”的环状反馈式循环过程。它要求把经济活动建立在物质财富的丰度、经济数量的增长、文化水平的提高、产业结构的优化、人口的规模等社会环境指标与生物多样性、土地承载力、环境质量、可供使用的资源数量等自然环境指标综合分析、合理规划的基础上，实现协调发展作为追求人类社会进步的极致，以实现生产和消费的资源使用减量化、污染排放最小化、产品反复使用和废弃物再生资源化为目标，从而能够有效地利用资源和保护环境，促进人与自然的协调与和谐（刘军，2014; Geng et al., 2013）。循环经济是可持续发展战略的经济体现，只有当人类的经济发展由“高消耗、高浪费、低产出”的粗放型增长方式转变为“高效率、低排放”的循环经济模式时，可持续发展才有可能实现。

“减量、再用、循环”（即“3R”）是循环经济最重要的实际操作原则，其中减量原则属于输入端方法，旨在减少进入生产和消费过程的物质量；再用原则属于过程性方法，目的是提高产品和服务的利用效率；循环原则是输出端方法，通过把废物再次变成资源以减少末端处理负荷（高丽峰等，2004）。按照“3R”原则的要求，所有的原料和能源都能在这个不断进行的经济循环中得到最合理的利用，从而使经济活动对自然环境的影响减少到尽可能小的程度。

四、战略经济环境复合系统理论

我国著名生态学家马世骏和王如松（1984）提出了社会-经济-自然复合生态系统。由于当代粮食、能源、人口、资源、环境等重大社会问题都直接或间接地关系到社会体制、经济发展状况和人类赖以生存的自然环境，又由于随着城市化的发展，城市与郊区环境的协调问题也很突出，从而促使一些学者提出将社会、经济和自然三个不同性质的系统综合起来考虑，提出了社会-经济-自然复合生态系统的概念。战略环境影响是通过人类经济行为来实现的，作为一项具体战略及其替代方案环境影响的评价过程，战略环境评价涉及因素包括社会、经济、环境等诸多方面。这些方面形成一系列系统——战略系统、经济系统、环境系统，这些系统形成一个复杂的战略经济环境复合系统，也可以说战略环境评价研究的对象是战略经济环境复合系统。城乡总体规划战略环境评价研究是战略经济环境复合系统这样一个多目标的决策过程，是在经济生态学原则指导下，拟定具体的社会目标、经济目标和生态目标，使系统的复合效益最高、风险最小、存活机会最大。系统学的有关理论和方法，具体包括系统学一般理论、灰色系统论、模糊系统论、非线性系统论以及开放的复杂巨系统论对于战略环境评价理论研究和工作开展具有指导意义。

战略经济复合系统理论的核心主要包括：

（1）系统学的一般理论。系统一般被定义为“具有特定功能、相互间具有有机联系的许多要素所构成的一个整体”（袁鸾，2005）。任何系统都是物质、能量和信息相互作用和有序运动的产物。战略环境评价研究对象——战略经济环境复合系统的子系统战略系统的基本要素中信息占主导地位，经济和环境子系统则是以物质和能量为主要基本要素。就系统的共同属性和整体运动规律而言，系统的基本原理包括整体性、相关性、结构性、层次性、动态性、目的性、适应性等，在战略环境评价中，对于系统的“环境”可以理解为：一是把战略、经济、环境三个子系统相对来看，任何两个都可以看作是第三者的“环境”；二是任何一项战略的实施区域是明确的，受其影响的区域范围也是可以确定的，战略环境评价研究对象战略经济环境复合系统的边界是明确而具体的，边界之外的任何相关要素都可以看作是这一复合系统的“环境”。系统方法是一般科学方法，主要有系统最优化方法、模型化方法、系统分析方法、系统预测方法、系统决策方法以及系统评价方法等，战略环境评价研究是以系统方法为其工具，或在系统方法基础上发展起来的其他方法进行的。

（2）耗散结构理论。耗散结构理论是研究远离平衡态的开放系统从无序到有序的演化规律的一种理论。耗散结构是指处在远离平衡态的复杂系统在外界能量流或物质流的维持下，通过自组织形成的一种新的有序结构，耗散结构理论把复杂系统的自组织问题当作一个新方向来研究。在复杂系统的自组织问题上，人们发现有序程度的增加随着所研究对象的进化过程而变得复杂起来，会产生各种变异。针对进化过程时间方向不可逆问题，借助于热力学和统计物理学用耗散结构理论研究一般复杂系统，提出非平衡是有序的起源，并以此作为基本出发点，在决定性和随机性两方面建立了相应的理论。耗散结构理论的出现在全世界引起巨大的反响。在自然科学和社会科学等各个领域都有着广泛的应用。城市是一个典型的开放系统，它与外界环境存在着人员、物质、能量、信息以及资金等各方面的交流，耗散结构理论阐述的城市开放系统包括两个方面：一是城市必须保持开放，与外部广泛联系，不断地从系统外引入负熵流（人员、物质、能量、信息以及资金等），保持自身结构的有序（健康发展），城市从低级向高级的发展过程中，城市的开放度不断增大，城市向更高层次有序发展；二是城市的开放是相对的开放，即保持“开放度”，城市的开放度不能一味地扩大，否则会成为环境和其他系统的附庸，给环境及其他系统造成一定的影响。

（3）综合集成方法。开放的复杂巨系统是由马宾最先提出，并在钱学森先生积极倡导及亲自参与研究而发展起来，并成为系统科学中的一个“很大的新领域”

（钱学森等，1990）。城市系统是一个复杂的开放系统，它具有开放性、非平衡性、非线性及内部涨落等耗散结构特征（Wu, 2005）。战略经济环境复合系统就是一个开放的复杂巨系统，它也同样具有耗散结构特征，是耗散结构理论应用的典型系统。因此综合集成方法可以作为其研究方法之一，综合集成战略环境评价方法学包括三大部分：①定性与定量相结合的系统研究方法；②“要素”与“整体”相结合的综合研究方法；③“环境、经济、社会”三效益相结合的集成研究方法。

第二节　区域发展战略环境评价共轭梯度理论框架

一、理论基础

针对区域发展宏观战略（政策、规划）的模糊性及实施过程中的不确定性，以经济社会-环境复杂系统分析和调控为核心，建立区域尺度战略环境评价的共轭梯度理论框架（图3-1）。

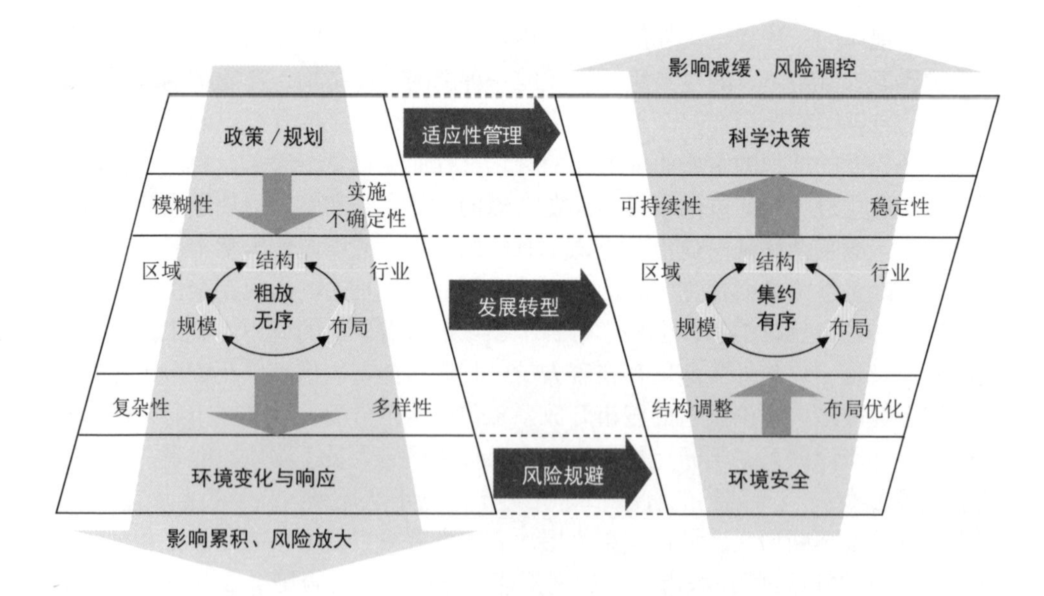

图 3-1　区域尺度战略环境评价的共轭梯度理论

以区域和行业为评价对象，围绕重点产业发展的规模、结构、布局这三大核心问题，系统模拟和评估社会经济复杂系统驱动下，环境系统可能的变化响应，以及各种潜在环境影响的传递和累积；以生态环境安全为底线，识别可接受的环境影响底线和生态风险阈值，以此为约束目标研究产业系统结构调整和布局优化的调控方案，促进产业发展由粗放式增长、无序扩张向集约化发展、有序布局的转变，面向影响减缓和风险规避并综合考虑经济可持续性和社会稳定性，提出科学决策对策和建议。

二、评估体系

以产业规模、产业结构、产业布局三个基本要素构成评价对象产业三角形，以资源效率、工程技术、土地利用三个维度构成影响因素三角形，以资源承载力、环境容量、生态空间构成约束三角形，构建了区域产业系统影响辨识的三角形评估框架（图3-2），明确了“产业布局—土地利用格局—生态空间约束”，“产业结构—工艺技术—环境容量约束”，“产业规模—资源开发效率—水土资源禀赋”的产业系统评价三个重点，以及空间准入、效率准入、环境准入三项产业环境监管要求，建立了产业经济与资源环境耦合关系研究的基本方法学路径。

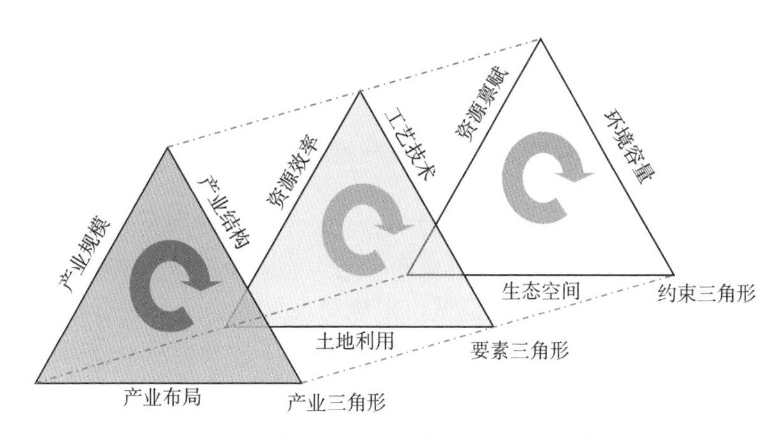

图 3-2 区域产业系统影响辨识的三角形评估框架

三、评价模式

围绕区域绿色发展战略环评促进城市可持续发展的主要任务和协调经济发展与资源环境底线的关系的根本目的，以“环境质量底线、生态保护红线、资源利用上线和生态环境准入清单”为约束，通过确定污染物排放总量上限、空间管控面积和资源利用效率目标，形成区域发展生态环境准入清单，框定发展规模控制线、布局优化线和产业结构调控线。从而解决区域开发布局与生态安全格局、产业发展结构规模与资源环境承载两大矛盾，形成在生态环境保护目标指导下的区域发展优化调整方案，推动各部门在决策源头充分考虑资源环境因素（图3-3）。

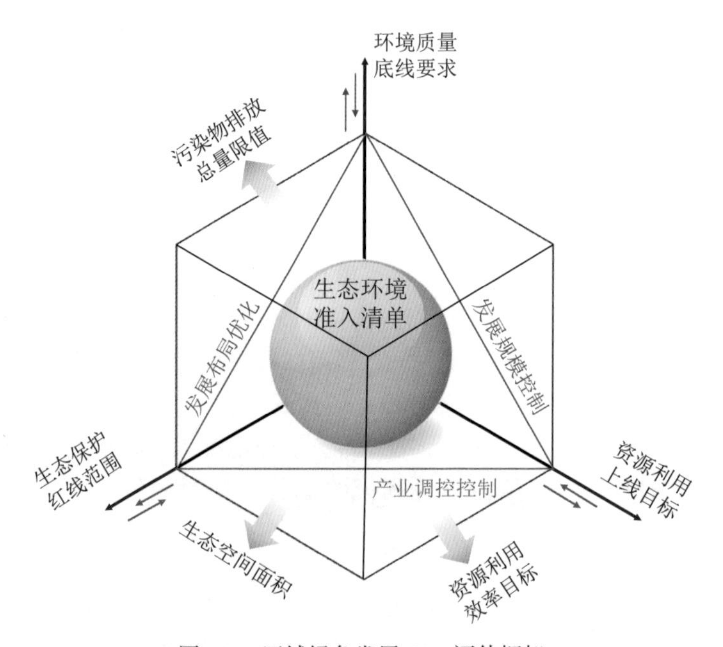

图 3-3 区域绿色发展 SEA 评估框架

结合区域发展战略的核心内容包括城市功能定位、空间布局、产业发展规模和结构目标等，SEA通过研判区域开发布局与生态安全格局、结构规模与资源环境承载两大矛盾的演变态势，论证城市定位与发展方向的环境合理性和生态适宜性，评估和预测战略实施带来的城市环境承载压力和影响，进而根据“三线一单”要求，通过划定空间控制单元，明确工业化、城镇化与生态保护矛盾最突出的单元，从保障生态功能和生态安全的角度框定城市及产业发展的空间边界；通过环境质量目标倒推排放总量，使SEA中环境承载力和压力预测成果落地为可监测的环境控制指标，从而形成SEA优化城市和产业发展规模结构对策建议（图3-4）。

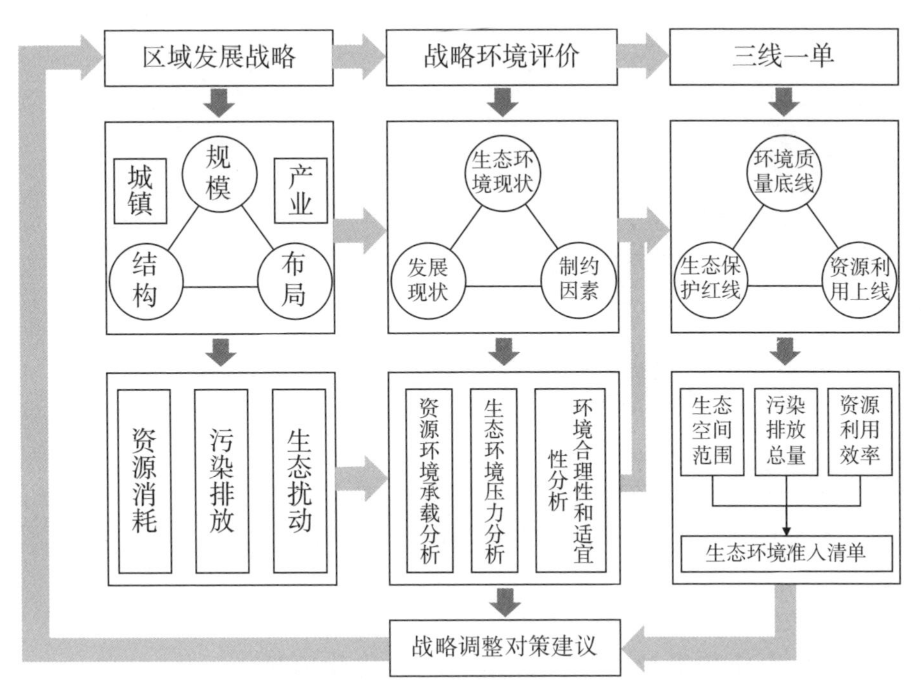

图 3-4 以“三线一单”为约束的 SEA 优化发展评价思路

第三节 区域发展战略环境评价共轭梯度理论核心内容

一、总体原则

以发展定位、发展水平、发展空间、发展路径、发展转型为评价主轴，以社会经济与生态环境定位互补、水平相宜、空间有序、路径可行、转型支撑为评估原则，以区域发展战略和环境保护战略分析、重点产业发展与生态环境演变耦合分析、区域和产业发展关键性资源环境约束识别、重大环境影响和生态风险评估、产业优化发展与环境保护对策为研究内容，建立大区域尺度上战略评价的总体思路，明确了以环境保护优化发展为导向的战略环境评价研究内涵（图3-5）。

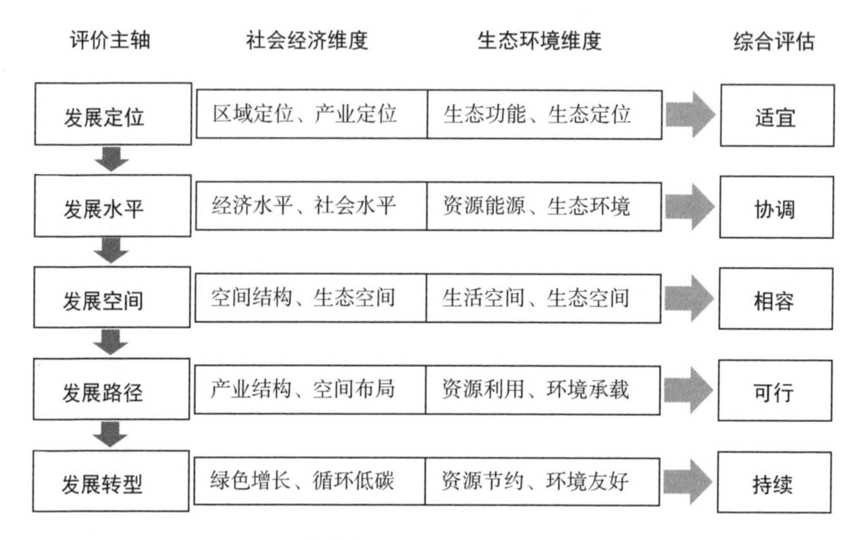

图 3-5　以环境优化发展为导向的战略环境评价思路

二、基于生态功能维护的空间评价与布局优化理论

生态系统服务功能维系和支持了地球的生命系统与环境动态平衡。然而，随着区域人口的增长、资源消耗和生态环境恶化，生态系统服务功能及其对人类福祉有所衰退，甚至威胁到人类可持续发展的生态基础。联合国《千年生态环境评估报告》研究表明，全球生态系统服务功能的60%已经退化，同时预计今后50年，生态系统服务功能的退化可能还会加剧。为了满足生态系统健康恢复、生态系统管理改善以及生态系统资源持续利用的战略新需求，因此，作为维护生态功能的重要手段，开展合理的生态空间评价，并优化其布局，已成为区域可持续发展的重要任务之一。

（一）功能分区与协调

生态功能分区是在分析研究区域生态环境特征与生态环境问题、生态环境敏感性和生态服务功能空间分异规律的基础上，根据生态环境特征、生态环境敏感性和生态服务功能在不同地域的差异性和相似性，将区域空间划分为不同生态功能区的研究过程（潘竟虎等，2009）。生态功能分区的本质就是生态系统服务功能区划。换言之，生态功能分区是一种以生态系统健康为目标，针对一定区域内自然地理环境分异性、生态系统多样性以及经济与社会发展不均衡性的现状，结合自然资源保护和可持续开发利用的思想，整合与分异生态系统服务功能对区域人类活动影响的不同敏感程度，构建的具有空间尺度的生态系统管理框架。

生态功能分区及其相互协调，需考虑如下方面。

1. 生态系统服务功能

生态系统服务功能是指人们从生态系统获取的效益（Costanza et al., 1997; De Groot et al., 2002）。由于受气候、地形等自然条件的影响，生态系统类型多种多样，其服务功能在种类、数量和重要性上存在很大的空间异质性。因此，区域生态系统服务功能的研究就必须建立在生态功能分区的基础上。同时，生态系统服务功能是随时间发展变化的，生态系统的演替过程反映了其受人为干扰影响而发生的相应变化，因而生态功能分区就必须考虑其动态性特征。

2. 区域生态规划

区域生态规划与生态规划相比，其内涵更强调区域性、协调性和层次性。通过识别区域复合生态系统的组成与结构特征，明确区域内社会、经济及自然亚系统各组分在地域上的组合状况和分异规律，调控人类活动与自然生态过程的关系，从而实现资源综合利用、环境保护与经济增长的良性循环。因此，区域生态规划为生态功能分区研究提供了直接依据。

3. 环境功能区划

环境功能区划是从整体空间观点出发，以人类生产和生活需要为目标，根据自然环境特点、环境质量现状以及经济社会发展趋势，把规划区分为不同功能的环境单元。环境功能区划立足划分单元的环境承载力，突出了区域与类型相结合的区划原则，即表现在环境功能区划图上，既有完整的环境区域，又有不连续的生态系统类型存在。从生态系统生态学的角度而言，生态系统服务功能体现了系统在外界扰动下演替和发展的整体性和耗散性，以及通过与外界物质和能量交换来维持自身平衡的动态过程。因此，环境功能区划是研究生态功能区划原则的重要基础。

4. 景观生态分区

景观生态分区是基于对景观生态系统的认识，通过景观异质性分析确立分区单元，结合景观发生背景特征与动态的景观过程，依据景观功能的相似性和差异性，对景观单元划分及归并。景观生态分区重视空间属性的研究，强调景观生态系统的空间结构、过程以及功能的异质性。相比生态系统服务功能，景观生态分区着眼于协调资源开发与生态环境保护之间的关系，更注重发挥和保育自然资源作为生态要素和生态系统的生态环境服务功能。因此，景观生态分区为生态功能分区，尤其是流域生态功能分区，研究水陆生态系统的耦合关系提供了关键的理论指导，同时也为生态功能分区的应用提供了强有力的技术支持。

5. 生态系统健康与生态系统管理

生态系统健康是用一种综合的、多尺度的、动态的和有层级的方法来度量系统的恢复力、组织和活力。相比生态系统完整性，生态系统健康更强调生态系统被人类干扰后所希望达到的状态，不具备进化意义上的完整性。刘永和郭怀成（2008）认为，对于生物多样性非常重要的区域，可以利用生态系统完整性评价，来反映人为活动对生态系统的干扰程度，但由于很多人为活动的影响已经无法改变，因此无法以生物系统完整性作为生态系统管理的目标。更多地，应该将生态系统健康评价以及在此基础上的生态系统综合评价的结果，作为生态功能分区制定生态系统管理策略的重要基础。

（二）红线划定与保护

按照“生态功能不降低、面积不减少，性质不改变”的原则，根据《关于划定并严守生态保护红线的若干意见》《生态保护红线划定指南》要求，识别并划定区域内生态空间，明确生态保护红线。

生态空间指具有自然属性、以提供生态服务或生态产品为主体功能的国土空间，包括森林、草原、湿地、河流、湖泊、滩涂、岸线、海洋、荒地、荒漠、戈壁、冰川、高山冻原、无居民海岛等区域，是保障区域生态系统稳定性、完整性，提供生态服务功能的主要区域。

生态保护红线指在生态空间范围内具有特殊重要生态功能、必须强制性严格保护的区域，是保障和维护国家生态安全的底线和生命线，通常包括具有重要水源涵养、生物多样性维护、水土保持、防风固沙、海岸生态稳定等功能的生态功能重要区域，以及水土流失、土地沙化、石漠化、盐渍化等生态环境敏感脆弱区域。按照“生态功能不降低、面积不减少、性质不改变”的基本要求，实施严格管控。

生态红线划定与保护通常包括以下三方面内容。

1. 区域生态评价

利用区域内地理国情普查、土地调查及变更数据，提取森林、湿地、草地等具有自然属性的国土空间。按照《生态保护红线划定指南》，开展区域生态功能重要性评估（水源涵养、水土保持、防风固沙、生物多样性保护）和生态环境敏感性评估（水土流失、土地沙化、石漠化、盐渍化），按照生态功能重要性依次划分为一般重要、重要和极重要三个等级，按照生态环境敏感性依次划分为一般敏感、敏感和极敏感三个等级，识别生态功能重要、生态环境敏感脆弱区域分布。

2. 生态空间识别

综合考虑维护区域生态系统完整性、稳定性的要求，结合构建区域生态安全格局的需要，基于重要生态功能区、保护区和其他有必要实施保护的陆域、水域和海域，考虑农业空间和城镇空间，衔接土地利用和城市建设边界，识别生态空间。生态空间原则上按限制开发区域管理。

3. 明确生态保护红线

按照《生态保护红线划定指南》划定生态保护红线。生态保护红线原则上按照禁止开发区域的要求进行管理，严禁不符合主体功能定位的各类开发活动，严禁任意改变用途。

（三）退化诊断与修复

生态系统从一个稳定状态演替到脆弱的不稳定的退化状态，它在系统组成、结构、能量和物质循环总量与效率、生物多样性等方面均会发生质的变化（表3-1）。与成熟生态系统相比，退化生态系统表现出如下特征：①在系统结构方面，退化生态系统的物种多样性、生化物质多样性、结构多样性和空间异质性低。②在能量学方面，退化生态系统的生产量低，系统储存的能量低，食物链多为直线状。③在物质循环方面，退化生态系统中总有机质存储少，矿质元素较为开放，无机营养物质多储存在环境库中，而较少地储于生物库中。④在稳定性方面，由于退化生态系统的组成和结构单一，生态联系和生态学过程简化，退化生态系统对外界干扰显得较为脆弱和敏感，系统的抗逆能力和自我恢复能力较低。

表3-1 退化生态系统与成熟生态系统特征比较

特征	退化生态系统	成熟生态系统
总生产量/总呼吸量（P/R）	<1	>1
生物量/单位能流值	低	高
食物链	直线状、简化	网状、以碎食物链为主
矿质营养物质	开放或封闭	封闭
生态联系	单一	复杂
敏感性和脆弱性	高	低
抗逆能力	弱	强
信息量	低	高
熵值	高	低
多样性（包括生态系统、物种、基因和生化物质多样性）	低	高
景观异质性	低	高

生态退化诊断过程是一个综合性的评估，反映某一时间内生态系统退化空间分布格局。生态恢复最终的目标是生态系统功能的有效发挥，生态功能恢复强调退化系统整体功能的提升，这个系统既包括自然系统，也包括社会经济系统，因此生态退化诊断需要按照与生态功能提升有关的影响因素来构建指标进行分析。生态退化诊断内容包括自身生态服务功能维持力大小状况、生态系统面临的压力状况以及对抗压力的自我活力、组织力和恢复力状况。

国际上一般认为生态修复是原生生态系统的多样性及动态过程，对生态修复的定义各有侧重点，包括使生态系统修复到历史上自然或非自然的状态；维持生态系统健康及更新，帮助退化生态受损生态修复和管理过程；以生物修复为基础，结合物理修复、化学修复或者优化组合，达到高效低耗的综合的污染修复。欧美等发达国家或地区的生态修复活动涉及河流、海岛、湿地、煤矿等污染场地，通过制定各级法律法规、设立行业监测标准、修复工程的资金投入与技术创新，取得了较大的成效，如德国创立的修复河流的“近自然河道治理工程学”，美国联邦政府强制实施的《露天矿管理及生态恢复法》等。

生态修复涉及河流、岸线湿地、污染场地等类型，其修复技术也多种多样。我国实施的风蚀水蚀交错区的生态治理、金沙江河谷生态植被恢复、干旱区受损生态环境恢复等修复工程取得一定的成效，但是对于海岛湿地、土壤及地下水等场地的修复技术与法律体系还不够完善。2004年“关于切实做好企业搬迁过程中环境污染防治工作的通知”（环办〔2004〕47号）下发后，国家才要求对搬迁遗留的污染场地必须进行监测和修复后方可再使用。同欧美等发达国家或地区相比，我国对于污染场地的调查分析、生态修复技术、法律法规体系以及修复工程的实践经验上还存在差距。

三、基于环境质量保障的承载力评价与规模调控理论

（一）资源承载评估与利用强度调控

所谓资源环境承载力是指在一定时期和一定区域范围内，在确保资源合理开发利用和生态环境良性循环的条件下，区域资源环境能够承载的人口数量及其相应的经济和社会总量的能力。进而按照自然资源资产“只能增值、不能贬值”的原则，以保障生态安全和改善环境质量为目的，利用自然资源资产负债表，结合自然资源开发管控，提出的分区域分阶段的资源开发利用总量、强度、效率等上线管控要求。

资源承载力把经济、社会、资源和环境作为一个系统进行研究。从外延上讲，

资源环境承载力的功能主要包括对环境系统的保护和恢复。从内涵上讲，主要包括服务、制约、维护、净化、调节等多种功能。

经济社会的发展必须有序、有节制地进行，要不断提高环境资源的利用效率，在资源环境承载能力的基础上做到可持续发展，资源环境承载力制约着区域的社会进步、经济发展和对生态环境的保护。战略环评就是在资源环境单要素承载力评价的基础上，对资源环境对经济社会发展的支撑能力进行综合评价，对资源、环境、经济社会等相互之间的协调性进行评价，并根据承载力评价结果进行分区，提出区域空间开发与分区管理策略。资源环境承载力理论是传统项目环评的主要理论基础，由此衍生的一些评价方法也是战略环评中一个重要方法学流派。

根据资源承载力评估结果，调控土地、水、能源、近岸海域等资源消耗的总量与强度调控，合理确定资源万元国内生产总值、万元工业增加值消耗量和农田灌溉水有效利用系数等指标，促进人口经济与资源环境相均衡，以资源利用效率和效益的提升推动区域经济增长和产业转型升级。

（二）环境承载评价与开发规模调控

环境承载力源于生态学中的承载力与土地承载力，以及环境容量的概念。1974年Bishop的《环境管理中的承载力》一书中指出:“环境承载力表明在维持一个可以接受的生活水平前提下，一个区域所能永久地承载的人类活动的强烈程度”。环境承载力具有如下特点：

1. 资源性

环境是由物质组成的，环境对经济开发的承载能力是通过物质的作用而发生的。因此，从物质的特性而言，环境承载力是表征环境的资源属性。人类对环境的开发，从某种意义上说就是对环境资源（包括环境容量）所作的消耗，当资源消耗超过环境承载力，即导致环境经济协调发展的破坏。

2. 客观性

环境系统通过与外界交换物质、能量、信息，保持着其结构和功能的相对稳定，而环境承载力是这种在一定时期内不发生质的变化的区域环境系统对区域社会经济活动的承受能力的一种表征（实质上就是区域环境结构和功能的一种表征）。因此，在环境系统不发生本质变化的前提下，其“质”和“量”这两种规定性方面是客观的，是可以把握的。对于某个区域而言，在一定的区域环境承载力的评价指标体系下，总是有一个确定的区域环境承载力的量的存在。

3. 相对变异性

作为一个开放系统，由于区域自然条件和社会经济发展规模、环境系统本身的结构和功能随着区域发展处于不停的变动之中。这些变化一方面是由于环境系统自身的运动演变而引起，另一方面与人类有关的对环境的开发活动紧密相连。反映到环境承载力上就是环境承载力由使用功能变化引起的在“质”和“量”这两方面的变异，“质”的变化表现为环境承载力评价指标体系的变化；而“量”的变化则表现为环境承载力评价指标值大小上的变动。

4. 可调控性

人类在掌握了环境系统运动变化规律和经济-环境辩证关系的基础上，可以根据自身的需求对环境系统进行有目的的改造，使环境承载力在“量”和“质”两方面发生变化，从而提高环境承载力。例如城市通过保持适度的人口和适度的社会经济增长速度从而提高环境承载力。但人类对环境所施加的作用必须要在一定范围内。因此，环境承载力的可调控性是有限的。

专栏3-1　环境承载力量化方法

环境承载力的研究是以其量化为基础的。目前，环境承载力分析常常以识别限制因子作为出发点，用模型定量描述各限制因子所允许的最大行动水平，最后综合各限制因子，得出最终的承载力。量化方法主要有指数评价法、承载率评价法、系统动力学方法和多目标模型最优方法等。

区域开发建设与环境承载力存在动态相互作用关系。自然资源禀赋与生态环境本底是区域开发的基础支撑，而区域开发建设是资源环境演化的重要推动力。区域开发与资源环境演化作为一个整体具有系统性特征，人类利用、改造所依赖的自然资源和生态环境，而资源环境系统通过不断与人类活动系统进行着物质、能量和信息的交换，构成了一个典型的开放系统。在开放系统中，区域开发规模增长与资源环境水平变化是系统演化的最重要特征之一。从动态视角看，区域开发规模增长与资源环境水平演化的关系就是区域人口增长、经济扩张及土地开发与自然资源和生态环境水平在相互作用、相互制约中发展变化。

总体来看，区域开发规模与环境承载力相互作用系统中，人类活动处于主导地位。如果人类不合理利用资源环境，且不采取积极措施应对资源环境水平下降，将会给资源环境系统造成不可逆的破坏，区域发展将变得不可持续。如果人类根据区域水、大气、土地等环境承载状态合理控制区域开发规模，将促进区域开发强度与资源环境水平相互作用不断向高级化、协调化演进。

四、基于复合系统安全的风险评价与防控预警理论

（一）污染超载预警与总量管控

所谓污染超载预警评价，是指就区域开发等人类活动的污染排放影响进行预测、分析与评价；确定环境质量受影响变化的趋势、速度以及达到某一变化限度的时间等，按需要适时地给出恶化和危害变化的各种警戒信息及相应对策的综合性评价（图3-6）。

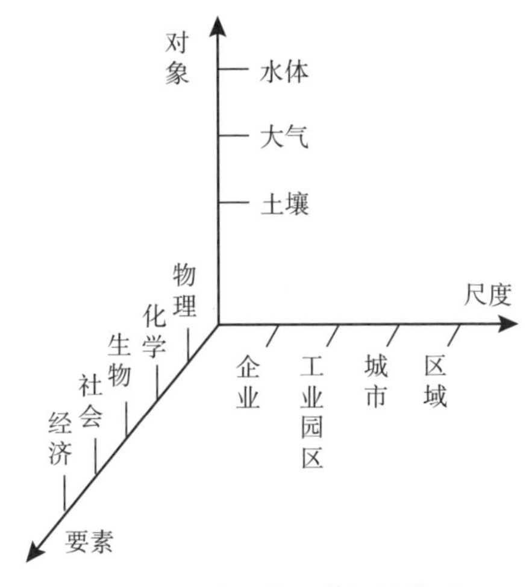

图 3-6 污染超载预警评价体系

预警评价与一般影响预断评价有如下区别：①一般影响预断评价，重点是影响程度，即区域发展对环境因素或系统所产生作用的强弱；预警评价，重点在工程建设或区域开发引起的环境质量变化的分析与评价。②一般影响预断评价通常只满足于对未来的一次性评价，即比较笼统地给出影响的未来后果，时间概念不强，影响程度取值一般是静态的；预警评价，侧重对不同时间、时段的动态变化的分析，重点不仅在于环境质量属于哪一级，而且在于与现状比较，其质量是向好处发展还是向坏处发展，以及受影响后的趋势变化和速度。对于影响变化的全过程都有客观的反映和描述，能对恶化或可能造成危害的变化进行报警。可见环境影响预警评价既以传统的影响评价为基础，又在某些观念和思维上进行更新，关键是突出了影响随时间变化的动态评价。

污染超载预警评价应满足影响评价的普遍原则。应遵循以下原则：①整体性原则。环境系统内部有复杂的关系，一个污染排放因子的变化往往引起关联因子的变化，一个子系统的变化也往往引起关联子系统甚至大系统的变化，必须从整体、系统的角度去开展预警评价。②层次性原则。预警应区分大系统、子系统和污染因子的不同层次性，理顺关系，突出重点，使对策具有针对性。③应用性原则。预警的问题应是可采取对策措施减免影响、弥补、恢复或重建的问题，这样的预警才具有现实意义。同时，预警应保证对策措施有效实施的时间。工程建设或区域开发对生态与环境的影响类型多样，系统状态变化各异，为进行综合定量分析与评价，可用环境质量指标制定预警标准。环境质量指标综合表征了环境状态的好坏。当污染排放超载导致环境质量下降，达到某一质量变化限度（预警线）时，就可报警。这样，根据环境质量指标及其变化，一方面可以确定区域战略对环境影响的大小和正负；另一方面，可以把握不同时期内各环境因素或系统所处的状态及其变化趋势和速度，为预警提供了综合和全面的信息，使预警类型的划分和预警模式的建立直观和简明，便于实际应用。

总量管控是建立在环境承载力的基础上，根据区域环境质量现状、环境保护目标和环境管理目标计算出实际的环境容量和目标控制总量并进行合理分配，保证人类的行为活动对环境的污染影响逐渐减小，直至达到相对平衡状态，是提升和改善区域环境质量的根本措施之一。利用控制理论、系统论、社会学、经济学、环境科学、模型学等多学科的思想，明确区域污染源排放现状，核实区域环境各污染物本底值，根据区域社会经济的发展对环境要求的提高，调整区域环境功能区划分测算区域的环境容量，提出适于区域环境保护的总量控制方案及综合整治方案，以保障区域环境质量的稳定达标和持续改善。

（二）功能退化预警与生态空间管控

生态系统的基本功能包括物质循环和能量流动，在战略环境影响评价中讨论的一般指生态系统的服务功能，是指生态系统与生态过程所形成及所维持的人类赖以生存的自然环境条件与效用，它给人类提供赖以生存和发展的生命支持系统。生态系统的服务功能是生态系统功能中对人类社会直接贡献的部分，也是人类发展最需要关注的部分。

生态功能退化，是指生态系统的一种逆向演替过程。主要指在人为因素干扰下，生态系统处于一种不稳或失衡状态，对干扰的较低抗性、较弱的缓冲能力以及较强的敏感性和脆弱性，部分或全部丧失维持人类生存发展的条件与效用。

19世纪末西方经济学家对经济预警和区域综合预警进行了研究，我国在20世纪末才逐渐进入这一领域，并延伸至生态功能预警领域。21世纪初，伴随着生态安全研究的发展，生态功能退化预警也飞速发展。生态功能退化预警是在自然生态变化规律和人类活动对生态环境的作用基础上，演变出对可能出现的各种退化警情的预防和纠正功能，并对同质性警源导致的事故具有免疫功能的自组织体制，从而达到自然生态功能优化与恢复的目的。

生态功能退化预警具有如下特征：

（1）动态性。区域内整体的生态功能随着区域内环境的变化而呈现出动态的变化，功能退化预警就是要在预测基础上，对未来区域一段时间的生态功能进行监测，使区域生态功能朝着良性方向发展。

（2）调控性。导致生态安全问题的原因有人为和自然因素，其中人为因素是内因。生态功能退化是随着人类的活动而逐渐出现的，并由于人为干扰强度的加大而突出恶化。生态功能一方面通过生态系统自我调节和自组织能力进行自我恢复，另一方面也能通过改变人类活动使生态系统恢复到原来的状态。通过预测评价实现防患于未然。

（3）长期性。生态功能退化一旦出现，对社会经济及环境的危害往往持续多年，治理需要花费很大的经济成本，且区域生态环境系统的各子系统都是长期变化的，对生态安全的预警同样具有长期性，并且预测警情之后，还要以可持续发展理念来分析、调控，从而实现区域的生态绿色发展。

在警情分析之前首先要建立预警评价指标标准和划定预警警戒线，为决策者确定生态安全的发展定位和手段提供依据。参考国家环境安全评估报告及相关研究，区域生态功能退化预警评价标准可划分为五个等级：无警、轻警、中警、重警、巨警（表3-2）。

表3-2 区域功能退化预警评价标准

警戒等级	警度	警情分析	安全状态
无警	0~0.2	土地生态系统结构完整，服务功能完善。没有生态灾害，没有土地退化情况，生态环境很少受到人为破坏	好
轻警	0.2~0.4	土地生态系统结构基本完整，服务功能较为完善，生态灾害较少，土地退化情况逐渐出现，生态环境受到人为的破坏，在采取一定的措施下，可以恢复	较好
中警	0.4~0.6	土地生态系统结构出现一些变化，土地退化比较明显，生态环境受到一定程度的破坏，生态服务功能有一定程度的退化但尚可维持基本运作，在受到外界人为破坏以后，恢复较为困难	一般
重警	0.6~0.8	土地生态系统结构破坏较大，服务功能退化且不全，生态灾害经常发生，土地退化较为严重，生态环境受到很大破坏，生态问题很大，人地关系失去平衡	较差
巨警	0.8~1.0	土地生态系统结构残缺不全，服务功能接近濒临状态，生态灾害频发，土地退化非常严重，生态环境受到严重破坏，即使采取措施，生态环境也难以恢复，人地关系失去平衡	恶劣

基于退化预警分析，从生态空间保护与恢复两个层面进行管控。在分析区域环境现状特征的基础上，依据区域所选定的单一或者综合性质的生态功能描述指

标，通过科学叠加，确定出需要保护的生态空间，划定生态保护红线。而对于生态风险的源头区域及传递过程所涉及的区域，生态系统及其生态功能均会受到一定程度的影响，如果不进行系统功能恢复，风险的后遗症将加重风险区域的负面效应。风险过后要完善恢复重建规划机制，对风险造成的破坏和影响进行进一步的评估，对破坏区的生态恢复建设进行调整和修正。

（三）健康危害预警与环境准入管控

环境健康风险评价是基于风险监测数据，通过暴露评估/预测和毒理学或流行病学的暴露-反应关系评估，对环境危害因素导致的健康风险进行定量评估或预测，并将风险结果与决策者和公众进行有效交流，进而降低人群健康风险。环境健康风险研究可为提升公众及政府应对环境健康风险的能力和环境健康相关政策的制定提供重要的依据。

单基于单一暴露的健康风险评估不能展现复合暴露综合健康风险的全貌，在环境影响评价时，应加强发展多介质、多暴露途径蓄积性暴露以及多污染物累积性暴露风险评估技术。在暴露评估方面，微观上应重视个体暴露研究，宏观上应继续开展大规模的暴露参数及暴露影响因素调查；在暴露-反应关系评估方面，应加强污染物联合效应的毒理学研究,并不断提高评估准确性；在风险特征方面，应以概率的形式表达模型模拟的环境健康综合风险，最好能够体现时空尺度的差异。环境健康风险评估结果转化为政策措施的诉求也在不断提高，环境健康风险评估也不断系统化、精细化。

构建风险预警系统可直接有效地降低人群健康风险，目前相关研究多集中于极端天气事件。基于暴露-反应关系构建健康风险预警系统,应包括四方面的内容:极端天气事件的识别和预报、健康危害的预测、有效及时的应急预案、对系统和各组成部分的不间断评估。合理的预警分级可以提高系统的效力、降低实施成本、提高目标人群的依从性，对于发挥应急预案的功能和有效控制处理突发事件至关重要，而合理的预警分级依赖于预警指数的科学选择。对预警系统效力的评估应包括对风险预报准确度的评估、对健康风险的评估、对模型的评估、对干预措施及信息沟通的评估、对整体效力的评估以及对系统成本效益的经济评估。

环境准入，是以改善生态环境质量为核心，提高环境健康水平，促进区域人居安全的重要手段。一般通过编制生态环境准入清单，提出从空间布局、污染物排放、环境风险、资源开发利用等方面设置环境准入门槛。例如通过设置准入条件，在实施严格的流域准入控制，确保居民用水及水生态安全，增产不增污。禁止新（扩）建造纸、焦化、氮肥、有色金属、印染、农副食品加工、原料药制造、制革、农药、电镀等行业等水污染重的项目；禁止建设排放含汞、砷、镉、铬、铅等重金属污染物以及持久性有机污染物的工业项目。在能源化工园区设置新建和改造的工业项目清洁生产水平不得低于国家清洁生产先进水平（清洁生产二级）的准入条件。降低环境风险人群平均暴露水平。

思考题

1. 通过查阅资料，总结生态功能退化诊断及空间布局优化的具体方法。
2. 请阐述承载力评价在战略环境评价中应用的最新进展。
3. 请举例说明防控预警理论如何指导区域发展战略环评中风险评价的开展。

参 考 文 献

埃德加・胡佛 . 1992. 区域经济学导论 [M]. 郭万青 , 等译 . 上海 : 上海远东出版社 .

陈佳璇 , 成润禾 , 李巍 . 2018a. 城市工业大气污染物排放总量统筹分配研究 [J]. 中国环境科学 , 38(12): 4737-4741.

陈佳璇 , 郭丽婷 , 蔺文亭 , 等 . 2018b. 京津冀区域环境风险特征与演变态势研判 [J]. 环境影响评价 , 40(5): 7-12.

陈庆伟 , 陈凯麒 , 梁鹏 . 2003. 流域开发对水环境累积影响的初步研究 [J]. 中国水利水电科学研究院学报 , (4): 56-61.

陈新岗 . 2005. "公地悲剧"与"反公地悲剧"理论在中国的应用研究 [J]. 山东社会科学 , (3): 75-78.

成润禾 , 李巍 , 李天威 , 等 . 2018. "三线一单"纳入城市发展战略环评技术体系研究 [J]. 中国环境科学 , 38(12): 4772-4779.

楚春礼 . 2007. 区域性规划环境影响评价的技术思路及应用研究 [D]. 天津 : 南开大学 .

邓红兵 . 2008. 区域经济学 [M]. 北京 : 科学出版社 .

方冰 . 2014. 我国战略环境影响评价制度研究 [D]. 长沙 : 湖南师范大学 .

方降龙 . 2007. 区域环境影响评价指标体系研究及应用 [D]. 合肥 : 合肥工业大学 .

高丽峰 , 赵丹丹 . 2004. 基于循环经济理念下的电子废弃物再利用 [J]. 中国环保产业 , (12): 17-19.

高新才 . 2008. 与时俱进 : 中国区域发展战略的嬗变 [J]. 兰州大学学报 (社会科学版), (3): 2-16.

关军 , 王金明 . 2009. 曹妃甸新区服务业循环经济发展研究 [J]. 唐山学院学报 , (4).

韩保新 . 2013. 北部湾经济开发区沿海重点产业发展战略环境评价研究 [M]. 北京 : 中国环境出版社 .

侯保灯 , 朱晓旭 , 梁川 . 2010. 岷江上游典型河段水电梯级开发水环境累积影响 [J]. 人民长江 , 41(7): 32-37.

黄丽华 , 王亚男 , 王天培 . 2011. 从五大区域战略环评看我国未来战略环评发展 [J]. 环境保护 , (6): 50-52.

李建荣 . 2006. 后发区域跨越式发展的战略环境评价研究——以佛山市高明区为例 [D]. 广州 : 中山大学 .

李书飞 . 2006. 沱江流域水资源合理配置研究 [D]. 南京 : 河海大学 .

李天威, 李巍, 李元实, 等. 2018. 基于战略环境评价的鄂尔多斯“三线一单”编制试点实践 [J]. 环境影响评价, 40(3): 9-13.

李巍, 周思杨, 陈家璇, 等. 2019. 环境影响经济损益分析理论、方法与应用 [M]. 北京: 科学出版社.

李伟. 2008. 神府矿区开采损害分析及生态重建模式研究 [D]. 西安: 西安科技大学.

李英, 蒋固政. 2010. 流域水资源开发规划中战略环评的作用——以长江口综合整治规划环评为例 [J]. 人民长江, 41(8): 40-42, 66.

蕾切尔·卡逊. 1979. 寂静的春天 [M]. 北京: 科学出版社.

刘军. 2014. 循环经济条件下中小涉煤企业发展战略分析 [J]. 中国经贸导刊, (2): 45-46.

刘永, 郭怀成. 2008. 湖泊 - 流域生态系统管理研究 [M]. 北京: 科学出版社.

马世骏, 王如松. 1984. 社会 - 经济 - 自然复合生态系统 [J]. 生态学报, (1): 1-9.

孟庆红. 2003. 区域经济学概论 [M]. 北京: 经济科学出版社.

孟晓艳, 余予, 张志富, 等. 2014. 2013 年 1 月京津冀地区强雾霾频发成因初探 [J]. 环境科学与技术, 37(1): 190-194.

缪育聪, 郑亦佳, 王姝, 等. 2015. 京津冀地区霾成因机制研究进展与展望 [J]. 气候与环境研究, 20(3): 356-368.

牟忠霞. 2006. 流域规划环境影响评价方法研究 [D]. 成都: 西南交通大学.

潘竟虎, 石培基. 2009. 张掖市生态功能分区 [J]. 城市环境与城市生态, 22(1): 38-41, 44.

齐亚伟, 陶长琪. 2013. 产业地理集中对地区协调发展的聚集效应与分散效应——基于局部溢出模型和实证研究 [J]. 上海经济研究, (8): 16-25, 133.

钱学森, 于景元, 戴汝为. 1990. 一个科学新领域——开放的复杂巨系统及其方法论 [J]. 自然杂志, (1): 3-10, 64.

舒俭民, 2013. 成渝经济区重点产业发展战略环境评价研究 [M]. 北京: 中国环境出版社.

苏维, 袁野, 姚建, 等. 2007. 区域开发 SEA 综合评价体系初探 [J]. 四川环境, (4): 72-75, 87.

孙宏亮, 王东, 吴悦颖, 等. 2017. 长江上游水能资源开发对生态环境的影响分析 [J]. 环境保护, (15): 41-44.

孙久文, 叶裕民. 2010. 区域经济学教程 [M]. 北京: 中国人民大学出版社.

王璐, 宋殿清. 2009. 基于循环经济的工业园区发展研究 [J]. 全国流通经济, (17): 6-7.

王晓宁. 2008. 生态视角下的傅家边新农村发展研究 [D]. 无锡: 江南大学.

王永昌, 尹江燕. 2016. 以新发展理念引领高质量发展（思想纵横）[EB/OL]. (2019-10-12) [2019-12-18]. http: //opinion. people. com. cn/n1/2018/1012/c1003-30336125. html.

吴晓. 2014. 三峡库区重庆东段生态安全评价研究 [D]. 武汉: 华中师范大学.

夏威夷, 李玲, 雷孝章. 2019. 1990—2014 年岷江上游流域景观格局变化及驱动力分析 [J]. 中国农村水利水电, (11): 119-124, 128.

肖文, 王平. 2011. 外部规模经济、拥挤效应与城市发展: 一个新经济地理学城市模型 [J]. 浙江大学学报（人文社会科学版）, 41(1): 94-105.

徐鹤, 陈永勤, 林健枝, 等. 2010. 中国战略环境评价理论与实践 [M]. 北京: 科学出版社.

徐朋波 . 2007. 绿色制造战略环境评价研究 [D]. 沈阳 : 沈阳工业大学 .

杨丽莉 . 2011. 基于产业集群的物流园区产业布局评价研究 [D]. 北京 : 北京交通大学 .

袁莺 . 2005. 土地利用规划环境影响评价研究——以厚街镇土地利用规划为例 [D]. 广州 : 中山大学 .

张琳悦 . 2008. 区域环境影响评价理论引用研究 [D]. 长春 : 吉林大学 .

张燕 , 高峰 . 2008. 区域循环经济模式初探——以甘肃省武威市为例 [J]. 开发研究 , 134(1): 34-37.

中国科学技术协会 . 2016. 2014—2015 环境科学技术学科发展报告 . 大气环境 [M]. 北京 : 中国科学技术出版社 .

中国社会科学院环境与发展研究中心 . 2007. 中国环境与发展评论 [M]. 第 3 卷 . 北京 : 社会科学文献出版社 .

中华人民共和国生态环境部 . 2019. 中国移动源环境管理年报（2019）[EB/OL]. (2019-9-4) [2019-12-18]. http://www.mee.gov. cn/xxgk2018/xxgk/xxgk15/201909/t20190904_732374. html.

周国华 . 2008. 区域开发战略环境影响评价指标体系研究——以广州市番禺区东涌镇万洲工业园为例 [D]. 广州 : 中山大学 .

周能福 . 2013. 黄河中上游能源化工区重点产业发展战略环境评价研究 [M]. 北京 : 中国环境出版社 .

周思杨 , 李巍 , 陈佳璇 , 等 . 2019. 矿产资源型城市工业路径依赖综合诊断方法——基于改进的柯布 - 道格拉斯生产函数 [J]. 中国环境科学 , 39(1): 414-421.

Colglazier W. 2015. Sustainable development agenda: 2030[J]. Science, 349: 1048-1050.

Costanza R, d'Arge R, de Groot R, et al. 1997. The value of the world's ecosystem services and natural capital [J]. Nature, (387): 253-260.

De Groot R S. 2002. A typology for the classification and valuation of ecosystem functions, goods and services [J]. Ecological Economics, (41): 393 408.

Dinda S. 2004. Environmental Kuznets curve hypothesis: A survey[J]. Ecological Economics, 49: 431-455.

Essington T E, Sanchirico J N, Baskett M L. 2018. Economic value of ecological information in ecosystem based natural resource management depends on exploitation history. Proceedings of the National Academy of Sciences of the United States of America, 115: 1658-1663.

Geng Y, Sarkis J, Ulgiati S, et al. 2013. Measuring China's Circular Economy[J]. Science, 339: 1526-1527.

Guo S, Hu M, Zamora M L, et al. 2014. Elucidating severe urban haze formation in China[J]. Proceedings of the National Academy of Sciences of the United States of America, 111: 17373-17378.

Hardin G. 1998. Extensions of "The Tragedy of the Commons" [J]. Science, 280: 682-683.

Hassan T A, Mertens T M. 2011. Market sentiment: A tragedy of the commons[J]. American Economic Review, 101: 402-405.

Huang R J, Zhang Y L, Bozzetti C, et al. 2014. High secondary aerosol contribution to particulate pollution during haze events in China[J]. Nature, 514: 218-222.

Li W, Liu Y, Yang Z. 2012. Preliminary strategic environmental assessment of the Great Western Development Strategy: Safeguarding ecological security for a new western China[J]. Environmental management, 49(2): 483-501.

Meadows D H , Meadows D L , Randers J , et al. 1972. The limits to growth: a report for the club of Rome's project on the predicament of mankind[J]. Technological Forecasting & Social Change, 4(3): 323-332.

Pasquariello P. 2014. Prospect theory and market quality[J]. Journal of Economic Theory, 149: 276-310.

Pearce D W, Turner R K. 1990. Economics of Natural Resources and the Environment[M]. London: Harvester Wheatsheaf.

Pedercini M, Arquitt S, Collste D, et al. 2019. Harvesting synergy from sustainable development goal interactions[J]. Proceedings of the National Academy of Sciences of the United States of America, 116: 23021-23028.

Sachs J D. 2004. Sustainable development[J]. Science, 304: 649-649.

Stahel W R. 2016. Circular economy[J]. Nature, 531: 435-438.

Stern D I. 2004. The rise and fall of the environmental Kuznets curve[J]. World Development, 32: 1419-1439.

Stiglitz J E. 1989. Markets, market failures, and development[J]. American Economic Review, 79: 197-203.

Williamson O E. 1971. Vertical integration of production - market failure considerations[J]. American Economic Review, 61: 112-127.

Wu W B. 2005. Nonlinear system theory: Another look at dependence[J]. Proceedings of the National Academy of Sciences of the United States of America, 102: 14150-14154.

第二部分　方　法　篇

区域发展战略环境评价具有决策层次高、利益相关方多、间接性累积性环境影响突出、不确定性大、跨学科性强的特点。在进行区域发展战略环境评价时，面对多元化的区域协调发展目标和多样化的数据集成需求，如何综合运用各类技术方法，促使技术方法和体系向着更加系统化、综合化的方向演进提升，是战略环境评价领域的难点和重点。我国已持续开展了十年的区域发展战略环境评价研究与实践，完成了全国主要经济发展与生态环境矛盾凸显区域的战略环境评价。在汲取、参考相关工作成果基础上，我们把近年来的研究和探索成果编撰成文，旨在梳理其中的技术方法体系，系统总结区域发展战略环境评价方法的技术要点和难点，填补国内外这一研究领域的空白，并给出典型应用案例示范，以期推广和应用科学先进的战略环境评价方法，促进战略环境评价方法体系在各种区域发展战略环境评价研究和实践中得到更广泛、更深入的应用，提高战略环境评价的质量、效果和效率，推动战略环境评价方法体系的发展和进步。

第四章　区域发展战略环境评价方法的总体要求

第一节　区域发展战略环境评价方法特点与要点

区域发展战略环境评价围绕开发布局与生态安全格局、结构规模与资源环境承载两大矛盾，优化区域国土空间结构和环境治理体系，其核心科学问题在于揭示区域经济社会发展与资源环境系统的耦合关系，评价和预测该耦合关系的演变过程与发展趋势，分析该耦合关系的复杂性、不确定性和动态性的机理与变化规律。

战略环境评价方法是一个方法集，根据战略环境评价空间尺度大、时间跨度长、数据要求多、不确定性高、工作周期相对紧张的特点，要求评价技术方法能够分析大空间尺度问题，识别累积性和复合型环境影响，表达耦合关系的因果关系，辨识耦合关系变化趋势，处理决策过程的不确定性，提出替代方案和减缓措施，能被决策者、专家和公众理解（Thérivel et al., 2005），做到解释性描述、定量化研究、系统性预测、优化性调控。

与项目环境影响评价的技术方法相比，战略环境评价方法体系应能体现多目标协调、大数据集成和跨学科综合三方面的整体性要求（图4-1）。

一、多目标协调

在面对区域复杂问题和多元系统的背景下，区域战略环境评价的目标不再是单一的、割裂的，而是综合的、互相作用的，不仅仅体现在多目标多要求，更体现在目标之间是紧密关联、相互作用、难以分割的，要求在评价实践中能够兼顾各种要素的不同诉求。多元目标决定了区域战略环境评价的技术方法应当向着更加注重系统性、整体性的方向发展。

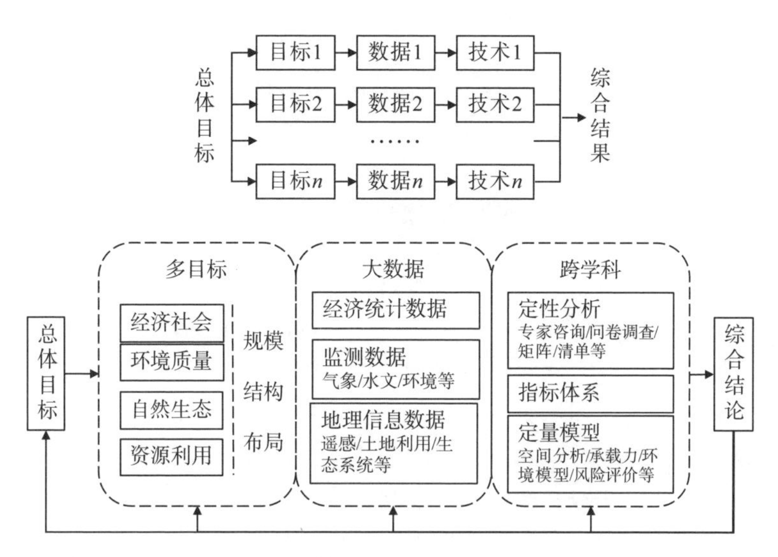

图 4-1 从传统的环境影响评价方法体系到面向综合协调系统的战略环境评价方法体系

二、大数据集成

在多元目标的支撑下，区域战略环境评价所需要的数据种类和格式与之前相比也有新的变化。一是数据规模显著增长，这种增长不仅体现在绝对数量的增加，也体现在评价所需的数据种类越来越多样，包括了经济、社会、产业等发展端的数据，以及环境、生态、资源等资源环境端的数据。二是数据的综合性大大提高，体现为数据的质量，其包含的内涵不只有传统的数值信息，更包括了空间属性，甚至包括流动方向等。三是新形式的数据得到使用，流数据、网络数据等基于大数据技术和移动通信技术的新数据开始出现，其使用价值被不断挖掘，带来了区域战略环境评价技术方法的新的挑战。多源数据的出现要求区域战略环境评价对数据进行集成研究，充分考虑数据的属性、时间和空间特征，多尺度多主体多时段的维度特征，强化战略环境评价的科学性。

三、跨学科综合

多目标和大数据共同要求区域战略环境评价技术方法向着更加系统、综合的方向发展，综合运用多领域（环境科学、生态学、地理学、经济学等）、多类型（定性、定量、模型、统计等方法）的技术方法，拓展其在战略环境评价领域的应用价值。

第二节　战略环境评价方法的研究综述

一、战略环境评价方法学的发展脉络

发达国家在20世纪80年代末开始战略环境评价研究和实践，到21世纪初，涉及煤炭、森林、土地等资源类型，废物管理、基础设施、贸易、旅游、农业等行业，区域、城市等尺度。这些评价实践的报告篇幅很短，评价方法大部分是设计几种情景，定性分析不同情景下的环境影响（周敬宣等, 2011）。由于社会经济发展阶段、政策管理制度、空间尺度范围的不同，国外没有开展过大区域尺度、综合性的战略环境评价实践，产业发展战略环境评价通常侧重某一具体行业，对不确定性更高、空间范围更大、综合性更强的区域经济与产业发展的战略环境影响研究几乎是空白（李天威等, 2017）。有学者（Thomas et al., 2012）对1992~2011年间的战略环评研究和期刊论文进行了问卷调查和综述，调查涉及69个战略环境评价课题和263篇论文，分布在美洲、欧洲、非洲、大洋洲、亚洲，大部分战略环境评价实践采用定性评价方法，统计方法或基于地理信息系统的分析方法的使用非常有限，该研究并未涉及中国案例，未能囊括近年来中国战略环评研究的进展。

国内战略环评研究同样起步于20世纪80年代末，侧重于区域性开发建设活动，评价方法大多沿用建设项目环评方法。20世纪90年代至21世纪初，侧重研究和建立战略环评指标体系，并开始探索不确定性分析（Liu et al., 2010; Liu et al., 2012; Du et al., 2010）、地理信息系统技术（徐鹤等, 2008; 张敏, 2012）、复杂系统分析方法（Zhao et al., 2009; 马蔚纯等, 2002）等在战略环评中应用的可能性，然而大多数研究和实践为工业园区、城市等中小尺度的规划环境影响评价，研究方法也主要依托于项目环评相关技术，总体上还未形成大空间尺度战略环境评价的技术方法体系。

Partidario（2011）将战略环评方法学归类为环境影响评价学派和政策/规划学派。谢华生等（2012）认为战略环评方法学体系主要有四个来源：一是适当修正后的建设项目环境影响评价方法，如专家咨询法、矩阵法、清单法、数学模型法等；二是用于政策研究和规划分析的方法，如基于地理信息系统的叠图法、投入产出分析、灰色关联分析、费用效益分析；三是信息技术方法；四是系统综合集成方法。徐鹤等（2010）认为我国战略环评方法学研究主要基于三个部分：一是对传统环境影响评价方法的提升和改进，如对比分析、道斯矩阵（SWOT分析法）；二是区域环境影响评价方法的应用，如模糊模式、累积环境影响评价、不确定性多目标模型、基于地理信息系统的空间分析；三是新发展的技术方法，如从定性到定量的综合集成方法、政策评估方法等，重点对地理信息系统、环境承载力、不确定性和基于生态学的方法进行了探索和应用研究。Thérivel和Wood（2005）总结了一组适用于战略环境评价各阶段的技术方法（表4-1）。

表4-1　战略环境评价各阶段可使用的技术方法

	描述基线	识别影响	预测影响	评估影响	比较替代方案	累积性和间接影响	保证协调一致性	提出减缓措施	公众参与	跟踪监测
专家诊断	√	√	√	√	√	√	√	√		√
公众参与	√	√	√	√	√	△	√	√	√	△
影响矩阵			√	√	√	√		√	√	√
生活质量评估	△	√	√	√	△			√	√	△
GIS叠图	√	√	√	√	√	√		√	√	△
土地利用			√	√	△	△		√		
因果关系图		√	√	△	△	√		√	△	
建模分析		√	√	△	√	△		√		
情景分析			√	√	√	△		√		
多准则分析				√	√			√	△	
风险评价		√	√	√		△		√		
协调性分析							√	√	△	

注：√表示可用，△表示部分可用，空格表示不使用

国内外的战略环境评价方法研究缺乏从社会-经济-环境系统整体研究环境问题的“大视野”，评价方法主要是沿用项目环评方法，缺乏综合性，总体上尚未形成大空间尺度战略环境评价方法体系，难以适用于定量研究社会-经济-环境的复杂开放巨系统（徐鹤等, 2010; 周敬宣等, 2011），难以对跨行政区、跨流域或大区域的生态环境保护提供技术支撑。许多方法学思想被认为可用于战略环境评价，但是还没有在实践中得到足够验证。战略环境评价的技术方法在替代方案选择、战略层次影响的重要程度的判别标准、预测方法、不确定性处理等方面均存在一定不足（谢华生等, 2012）。

二、区域发展战略环境评价方法体系

区域战略环境评价方法种类繁多，更应看做是一个方法体系，虽然存在个别差异，但是有着一些基本共性。一是早期介入，能够真正有效地影响决策，起到从决策源头预防生态环境问题的作用；二是解决不确定性问题，战略环境评价方法体系应支持对不确定性的处理；三是综合集成思维。

区域SEA的评价范围可以是自然区划的区域，如流域、资源集中分布区，也可以是行政区域，如省、市及其集合。区域发展战略包括了涉及该评价范围的社会、经济、环境、城镇化、产业等一系列战略体系，例如区域产业政策、城镇体系规划和城市总体规划等城镇化相关政策，以及各项专项规划（如农业和工业行业发展规划、土地利用规划、资源利用规划等），并根据评价目标对社会经济维度有所侧重（表4-2）。发展战略一般包括国家级和涉及评价范围的区域级、省级和地市级战略、重大项目规划等。

表4-2　区域SEA案例中评价范围与社会经济维度示例

评价区	评价范围	社会经济维度
环渤海沿海地区	环渤海沿海13个地级市	重点产业
京津冀地区	北京市、天津市和河北省	产业发展、城镇化
长江中下游城市群	武汉城市圈、长株潭城市群、鄱阳湖生态经济区和皖江城市带	产业发展、城镇化
长三角地区	上海市、江苏省和浙江省	产业发展、城镇化
黄河中上游	沿黄河流域19个地级市	重点产业

自2008年以来的SEA研究和实践面向政府决策需求，实践涉及全国主要经济区和生态环境关键区域，注重在现实需求中凝聚关键科学问题，在解决问题中推动理论研究与方法学发展，所采用的评价方法主要有三个来源：一是沿用环境影响评价的方法，如清单分析、影响矩阵；二是借用经济地理、区域规划、产业规划等的方法，如区位分析、发展阶段判断、空间分析；三是在实践中探索适用于SEA的新方法，构建了大尺度区域生态环境演变趋势模拟、累积性环境影响预测以及多因子生态风险综合评估方法，较好地解决了区域性、复合型、累积性环境影响和生态风险定量化预测与评价的技术难点，在区域战略地位研判、资源环境综合承载力评估、累积性环境影响预测、中长期生态风险识别、调控建议与对策等方面运用综合集成思维，建立起区域发展战略与资源环境耦合关系研究的基本方法学路径。这一系列区域战略环境评价实践是全球首次开展的大区域尺度战略环境评价，在关键技术方法上做出了重大创新，为世界战略环境评价和影响评价领域提供了一套全新的、行之有效的评价方法体系。

根据2008年以来的区域SEA实践所采用的技术方法的定性、定量特征，可将区域SEA技术方法体系分为以下三类（表4-3）：

（1）基于定性分析的评价方法：专家咨询、问卷调查、影响矩阵、清单法、公众参与等。

（2）基于指标体系的评价方法：统计分析、多准则评价、空间叠图分析等。

（3）基于定量建模的评价方法：空间分析、环境模型、承载力模型、土地利用模型、生态风险评价、不确定性分析等。

表4-3　区域发展战略环境评价技术方法集

SEA程序 方法	战略定位研判	环境影响识别	基线描述与回顾分析	资源环境效率评价	承载力评估	环境影响预测	生态风险模拟	调控与建议
专家诊断	√	√	√	√	√	√	√	√
问卷调查	√	√	√	△				√
影响矩阵		√				√	√	√
清单法		√	√			√	√	
统计分析	√	√	√	√	√	√	√	
多准则分析			√	√	√			√
空间分析	√	√	√	√	√	√	√	√
物质代谢分析		√	√	√		√		
情景分析					√	√	√	√
环境模型模拟					√	√	√	√
承载力分析					√	√	√	√
土地利用模拟					√	△	△	√
生态风险评价		△	△		√		√	√
综合集成	√		√	√	√	√	√	√

注：√表示可用，△表示部分可用，空格表示不使用

第三节　区域发展战略环境评价技术框架

区域发展战略环境评价基于区域发展综合分析视角，围绕解决开发布局与生态安全格局、结构规模与资源环境承载两大矛盾，核心和总体目标是将环境保护纳入综合决策，特点是涉及空间范围广、涵盖工作内容杂、工作量大、工作时间紧，需要协调多种关系的相互作用，强调应当把经济社会和自然生态环境作为一个统一的单元，而不是两个相互分割的系统，关注多要素、跨区域和跨时段的综合分析。

区域发展战略环境影响评价技术框架以不同分析维度为纬线，以分析思路为经线，形成"经纬交织"的总体评价框架（图4-2）。其中，"纬线"维度分为两个层面。第一个层面从要素着手，对应不同的专题研究，即对产业、水资源、水环境、大气环境、陆地生态等方面展开环境影响评价；此外，根据区域位置和特点不同，还可以增加对土地、能源、海洋生态环境等方面的环境影响评价。第二个层面是在各个要素的专题分析内部，分别从总量结构和空间布局两个方面展开现状分析和影响预测，并相应提出总量控制、结构调整和空间布局优化方面的调控策略。

评价框架的"经线"即评价的分析思路，具体包括：①现状分析与问题诊断，即进行区域经济、社会、资源、环境、生态的现状调查、评价与问题诊断；②战

略分析与承载力评价，即确定区域发展战略与环境保护战略，在此基础上明确环境保护目标，并进行承载力评价，作为区域发展的约束条件；③情景分析与影响预测，即设置不同的区域经济、社会发展情景方案，分析其对资源、环境、生态的消耗与使用，评估不同情景方案的资源、环境、生态影响；④战略调控对策建议，即区域经济、社会与资源、环境、生态协调发展的对策方案的提出。

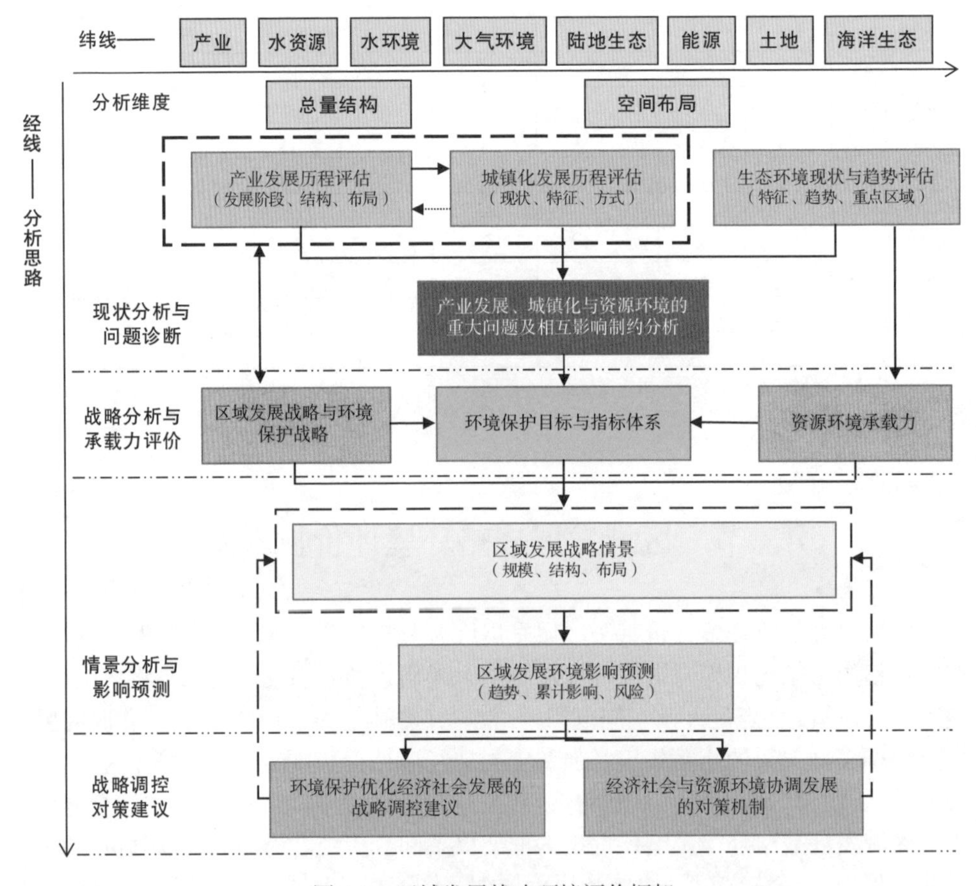

图 4-2　区域发展战略环境评价框架

具体来说，现状分析与问题诊断旨在深入了解区域经济社会发展现状和政策方针，全面评价区域资源环境现状和演变趋势，辨识区域资源环境和经济社会发展的耦合关系，从而识别区域性、累积性生态环境问题和关键性资源环境制约因素。战略分析与承载力评价旨在提供经济社会发展需求和环境保护目标，即求解经济社会和环境保护协调发展的边界条件。情景分析与影响评估的主要内容有分析区域经济、社会发展的整体趋势，预测分析不同情景下区域发展的中长期环境影响和潜在生态环境风险，评价区域发展对关键生态功能单元和环境敏感目标的长期性、累积性影响。战略调控对策建议主要是根据现状分析阶段和影响评估阶段的成果，从总量控制、结构调整、空间布局优化、管理机制等方面提出区域优化协调发展的调控方案和对策，尝试建立以环境保护促进经济又好又快发展的长效机制。

在这种“经纬交织”的总体评价框架中，严密的分析思路作为“经线”保证了区域发展战略环境评价的科学性和合理性，而总量结构和空间布局的“纬线”维度保证了评价的完整性，产业、水资源、水环境、大气环境、陆地生态、海洋生态、能源等要素维度的分析自成体系，又互相关联，保证了评价的丰富性。

思考题

1. 举例说明战略环境评价技术方法的特征。
2. 开展战略环境评价技术方法研究有哪些重要意义？
3. 未来战略环境评价技术方法研究将呈现哪些方面的发展趋势？

第五章　区域战略定位研判与环境保护目标确定

区域战略定位研判是进一步进行战略环境评价的科学基础和评价依据。只有认识区域，才能发展区域，在战略环境评价中分析区域的战略定位，一方面是区域经济社会发展的总体判断，另一方面是区域生态环境的定位分析，其核心目的是揭示区域发展中面临的关键生态环境约束，为环境保护目标的设定、重大环境影响的识别、未来发展趋势的判断、生态环境的科学管理、类似区域的对比与借鉴等提供基础和依据。弄清区域发展的自然、社会的背景、经济发展阶段和生态环境本底状况，对于区域发展战略环境评价方案的构思起着关键性作用。

区域战略定位关注研究区在更高层面的地位。从区域经济社会发展方面上看，可参考的材料包括上位规划的战略与要求、城镇体系的地位与作用、区域产业分工中的角色与作用等，区域经济社会发展战略定位特征决定了其资源能源消耗特征和生态环境功能要求；从区域生态环境方面上看，关注研究区所属流域、生态系统、环境功能的要求与地位。在区域发展战略环境评价中将战略定位作为重点内容进行分析研究，有助于全面、系统、正确地认识区域经济发展空间格局与生态安全格局、经济结构规模与资源环境承载两大矛盾，是区域发展战略环境评价研究与实践的关键基础。

环境保护目标是区域发展战略环境评价的重要内容，是进行环境现状评价、环境影响预测和调控方案制定的基础。环境保护目标是在区域发展战略研判的基础上对区域生态环境质量的要求，是区域环境战略的具体体现，也是区域发展战略环境评价的出发点和最终目标。环境保护目标描述的是区域尺度上未来特定时期内应达到或保持的环境质量、生态功能以及发展状况。环境保护目标的确定需综合考虑区域环境质量基础、区域发展战略、区域环境功能等要素，系统地反映区域经济社会发展和环境保护之间的平衡。

第一节　战略定位研判和环保目标确定主要方法

常用的分析手段或工具很多，包括但不限于：专家判断、公众意见调查、指标体系构建和评分、文本对比、实地调研等。组织专家研讨会是必需的，尤其应当邀请对评价区域有丰富研究经验的专家，本阶段不应过分依赖量化分析工具或专家判断。具体实践中通常在分析研究区特征的基础上直接概括和提炼出研究区的战略定位，这要求对研究区的情况准确认知，本质上，是要求对区域发展状态、关键生态环境功能有科学的认识，一般基于以下几种研究方法。

一、经济地理空间格局分析

经济地理空间格局是对区域经济活动集聚现象或者空间经济不平衡现象的描述与定量表征，是区域分析与区域战略探讨的核心问题（尹海伟等, 2015）。纵观其相关研究，可以将其概括为两类：一是基于区域差异系数的分析与评价。主要采用区域差异系数（如基尼系数、变异系数、泰尔系数、集中指数等），选取区域不同时段的某种属性（如人口、GDP、投资等），计算区域整体的差异系数，并用以表征区域经济的差异程度及其演化特征；二是考虑地理单元空间关联的分析与评价。一般采用空间插值等空间分析方法，使用某种属性数据、按照一定标准对区域内各空间单元进行分类，甄别区域中的高值区、低值区或区域经济关联集聚区，具体方法有空间插值、空间自相关等。

二、生态安全格局分析

生态安全格局是运用景观生态学来分析生态安全的概念，是景观特定构型和少数具有重要生态意义的景观要素，这些结构和要素对景观内生态过程具有较好的支撑作用，一旦这些位置遭受破坏，生态过程将受到较大影响。根据研究尺度的不同，可分为城市生态安全格局和区域生态安全格局。其中，区域生态安全格局是针对区域生态环境问题，能够保护和恢复生物多样性、维持生态系统结构和过程的完整性、实现对区域生态环境问题有效控制和持续改善的区域性空间结构（马克明等, 2004）。

生态安全格局分析主要有三种方法：一是多因子综合评价，尤其是生态环境敏感性评价；二是基于景观生态学原理，进行生态斑块与重要生态廊道的识别；三是基于地理信息系统的多因子空间叠置分析。

三、生态系统服务功能

生态系统服务是自然生态系统及其所提供的能够满足和维持人类生活需要的条件和过程，我国学者（欧阳志云等，2000）将其定义为生态系统与生态过程所形成及所维持的人类赖以生存的自然环境条件与效用。生态系统所提供的服务功能种类多样，主要包括净化功能、调节功能、为生命提供支持系统、维持生态平衡和保护生物多样性、为人类发展提供支持。其定量核算方法有市场价值法、替代市场法、防护费用法、恢复费用法等。

四、环境功能区划

环境功能区划是环境管理的基础工作，是进行区域战略环境评价的重要依据，也是进行环境保护目标设定的直接指南。环境功能区划依据社会经济发展需要和不同地区在环境结构、环境状态和使用功能上的差异，对区域进行合理划分（郭怀成等, 2009）。环境功能区划在统筹区域发展、协调经济社会发展和环境保护方面具有重要作用。根据划定的环境功能区及环境质量要求，确定区域环境保护目标，进而确定区域环境承载力，并制定调控方案，是区域发展战略环境评价的基本思路。

目前，我国环境功能区划体系是由综合及各专项环境功能区划组成的一个互相联系的多层次系统，主要由按环境要素控制的横向区划体系和按空间尺度控制的纵向区划体系组成（王金南等, 2013）。其中，从环境要素来看，包括基于水、大气、土壤、生态等不同要素特征和要求的专项环境功能区划；从空间尺度来看，包括全国、省级和市县级，以及较为综合的区域、流域等环境功能区划。

第二节　战略定位研判

一、战略定位研判分析

区域发展战略定位往往是整体的宏观分析，是定性的判断，而在进行发展战略的环境影响评价时需要将该战略具体化，以便定量地对环境影响进行预测。发展战略所具有的如下特征使得将其具体化的工作面临一定挑战。

1. 系统性

首先应该树立一个概念：区域发展战略环境评价的评价对象并不是单一的政策、规划或者计划，而是多个涉及不同层面、不同部门、不同时期的一系列政策、规划或计划。它们的管理主体可能包括了中央政府各部委、省级政府和各部门或其直属机构、地市级政府和各部门等；从范围上看，所评价的政策、规划或者计划可能是综合性或行业性，包括经济发展、人口、城市发展、城市规划、交通、行业发展、环境或生态类等；从空间上看，不仅要收集评价区域内各相关政策、规划或者计划，还应当了解其上位政策、规划或者计划。

2. 复杂性

区域发展战略环境评价的评价对象是多元化的，涉及区域产业发展、人口增长、资源和环境等要素，各要素之间密切关联，具有复杂的联动关系，如共同增长、互相制约、此长彼消、延迟反馈等。在进行发展战略的环境影响评价时需充分考虑发展战略的复杂性特征，关注发展战略中不同要素的组合和相互关系。

3. 动态性

区域发展战略的制定是一个循环和连续的过程。相关政策文件总是处于“制定、执行、评估、更新”这几种状态，因此区域发展战略环境评价最理想的介入时机应当是与所评价政策文件同时推进。对区域发展战略可能产生的环境影响进行评估，根据评估结果的反馈对区域发展战略相对应的政策文件进行调整和再评估，能够有效提高政策的科学性和执行的效率。

4. 不确定性

区域发展战略的不确定性是其另一个重要特征。区域发展战略的制定面向的对象是社会、经济、资源、环境组成的复合生态系统，指向的是区域的长期发展，但系统的动态性会导致系统输入、输出的不确定性，系统内各要素间关系的模糊性或难以定量化表达等也会引入不确定性的因素，由此导致评价过程中的不确定性（王吉华等, 2004）。这种不确定性一方面体现在战略本身作为一种大的空间尺度下中长期活动的统筹安排上的不确定性，另一方面则体现在外部的经济社会条件、自然环境条件等会带来的不确定性。短期目标和长期目标的冲突，不同部门利益的相互抵触，也给区域发展趋势带来不确定性（Zhu et al., 2011）。根据战略自身不确定性的特点，战略环境影响评价中的不确定性程度被划分成五个等级：了解、不了解、不清楚、不明确和无知（周影烈等, 2009）。

区域经济社会发展战略定位研判以区域经济统计数据（如GDP、人口、产业产值等）和空间数据（如行政区划、产业布局、土地利用等）为基础，区域生态环境定位以资源环境要素统计数据（如能源、水资源、污染物排放量）和生态系统空间数据为基础，以数据统计分析、地理信息系统技术、区位分析、生态学等分析方法，从评价区经济社会和生态环境的总体特征、静态格局和动态格局三个方面进行系统分析与探讨（图5-1）。

区域的总体特征主要包括区域的发展战略、区位条件、内部空间单元的差异与联系、工业化与城镇化发展阶段。静态格局分析主要是经济冷热区分析和集聚区分析。动态格局分析包括回顾性评价和未来发展趋势预判。

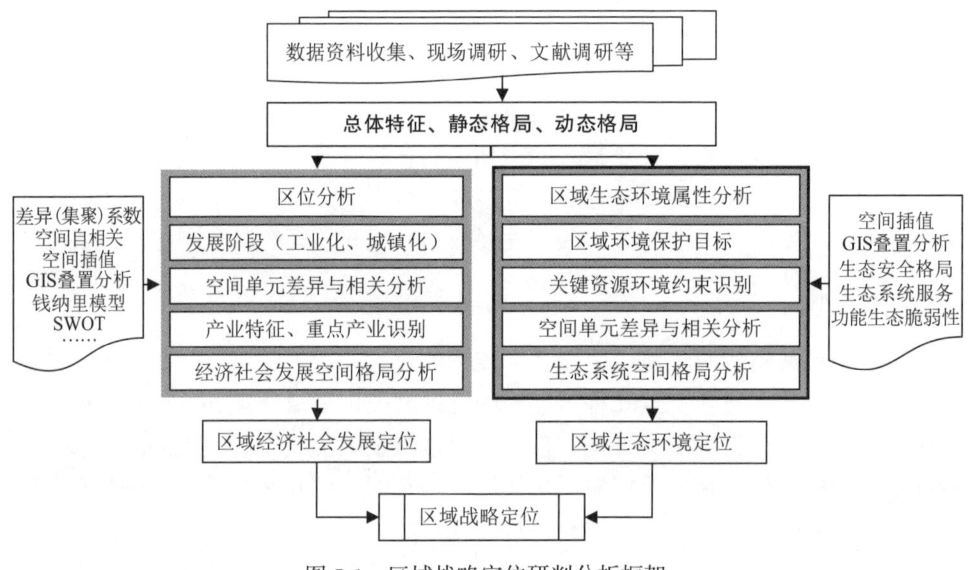

图 5-1　区域战略定位研判分析框架

表5-1梳理了若干区域战略环境评价项目实践中关于区域经济社会发展和生态环境定位的表述，体现了根据评价区范围和区位、经济社会发展阶段、产业特征、生态环境特征，研判各个区域的战略定位。以环渤海沿海地区和京津冀地区为例，两者在空间上有重叠区域，前者是承载后者的经济发展、产业布局和城镇化的关键地区和未来重点发展地区。然而，从空间范围上看，京津冀地区涵盖范围更广，不协调、不均衡问题突出；从发展阶段上看，京津冀地区既包括了处于工业化后期的北京、天津，产业结构逐步升级，也包括了仍在工业化中期的河北，以重化工业为特色，而环渤海沿海地区处于工业化中期，是我国重要的重化工基地，重化工行业沿海布局的态势突出；从生态功能上看，环渤海沿海地区是保护渤海的最后一道生态屏障，连通了三大流域与渤海，沿海湿地是我国候鸟迁徙通道的关键一站，其环绕的渤海是我国唯一内海、重要的渔业摇篮，而京津冀地区

拥有重要的水源涵养、防风固沙、水土保持等生态功能，同时也是国家重点人居安全功能保障区和海洋生态功能保护区。

区域战略定位的差异，决定了生态环境保护目标各有侧重（表5-1）。环渤海沿海地区的环境保护目标为：逐步降低区域资源环境压力，实现区域环境质量总体上不恶化，局部地区有所改善，海陆基本生态结构稳定且重要生态功能不降低。确保地表水重要环境功能区丰水期水质达标，提高渤海近岸海域主要功能区水质达标率；城市环境空气质量不低于二级标准，主要大气污染物排放满足区域环境容量要求。海陆重要生态功能单元保护面积不减少、等级不降低；维持一定比例自然岸线，保证具有重要生态功能的岸线不被占用；维持最小河道生态用水量、最小入海水量。初步构建生态文明与经济社会协调发展格局，成为经济增长转型的示范区域。京津冀地区的环境保护目标为：以区域环境质量改善为核心，推动环境保护机制体制创新，确保区域人居环境安全。2020年环境改善进入拐点，2030年环境明显改善。加强重要生态敏感区保护，完善区域生态保护红线。以环境质量改善为核心，明确区域环境质量目标底线。强化水资源和能源消费管控，严守区域资源利用上线。

表5-1 区域经济社会发展和生态环境定位的案例解析

评价区	评价范围	区位分析与产业定位	工业化发展阶段	区域生态环境定位
环渤海沿海地区	环渤海沿海13个地级市	1. 我国区域经济发展的重要增长极 2. 我国重要的重化工业基地之一 3. 重化工行业沿海布局的空间扩张态势突出	中期	1. 保护渤海的最后一道生态屏障 2. 渔业摇篮（重要鱼类洄游栖息地） 3. 鸟类的“国际机场”（国家候鸟迁徙通道） 4. 连接三大流域与外海的枢纽，承载环渤海和北方大部分地区发展的关键生态系统
京津冀地区	北京市、天津市和河北省	1. 我国参与全球化和国际竞争的重要门户 2. 我国区域经济发展的重要增长极和创新驱动新引擎 3. 全国区域整体协同发展改革引领区与生态修复环境改善示范区 4. 国家新型城镇化的重要承载地 5. 全国重要的现代综合交通枢纽	北京：工业化后期 天津：工业化后期 河北：工业化中期	1. 华北平原重要的防风固沙区 2. 重要水源涵养与水土保持功能区 3. 国家重点人居安全功能保障区 4. 国家重要海洋生态功能保护区
长江中下游城市群	武汉城市圈、长株潭城市群、鄱阳湖生态经济区和皖江城市带	1. 国家战略指向区 2. 城镇化主要承载区 3. 国家粮食生产基地 4. 原材料基地 5. 现代装备制造及高技术产业基地	中期	1. 生物多样性维持重要区 2. 长江流域洪水调蓄重要区 3. 长江流域重要水源涵养和水土保持区 4. 全国重要农产品提供区 5. 区域重要人居保障功能区
长三角地区	上海市、江苏省和浙江省	1. 亚太地区重要的国际门户 2. 全球重要的现代服务业和先进制造业中心 3. 辐射带动长江经济带发展的龙头 4. 具有较强国际竞争力的世界级城市群 5. 全国科技创新与技术研发基地	后期	1. 区域水安全关系全局 2. 生物多样性保护具有全球意义 3. 保障公众健康的重点地区 4. 我国农产品及水产品供给区的重要组成 5. 湿地与沿海生态廊道对构建区域生态安全格局至关重要

续表

评价区	评价范围	区位分析与产业定位	工业化发展阶段	区域生态环境定位
黄河中上游	沿黄河流域19个地级市	1. 国家重要的能源供给基地 2. 国家重要的煤化工产业基地 3. 黑色、有色冶金产品生产基地	初期向中期发展	1. 华北地区的生态防线 2. 黄河流域重要的生态安全廊道 3. 人居环境保障区
西北地区	甘肃、青海、新疆	1. 面向中亚和欧洲大陆开发的重要门户 2. 保障全国能源和资源安全的重要储备地 3. 全国农业与粮食安全的重要保障地 4. 促进边疆稳定和各民族繁荣发展的重点区域	初、中期阶段	1. 全国生态安全屏障的关键区域 2. 长江、黄河、澜沧江源头区
成渝地区	重庆、成都	1. 西部大开发重要增长极 2. 我国可开发水能资源最富集的区域 3. 我国天然气宝库、“西气东输”重要基地 4. 我国的粮食主产区和水果、肉、蛋、奶、木材等农产品的重要生产区	中期	1. 长江上游生态屏障建设的重要组成部分 2. 三峡库区是生态环境敏感与社会环境敏感交织点 3. 盆周山区是生物多样性保护区与生态保护脆弱区 4. 我国可开发水能资源最富集的区域

二、区域发展情景设置

为了处理区域发展战略的系统性、复杂性、动态性和不确定性给环境影响预测带来的困难，对区域发展战略进行情景分析是一种高效、简便的手段，也是近年来区域发展战略环境评价中经常使用的手段。情景是对有一些合理性和不确定性的事件在未来一段时间内可能呈现的态势的一种假定，情景分析的核心在于情景设置，即识别情景的核心因素和驱动因子，并进行重要性和不确定性排序，以对各种可能的情景进行识别和筛选（刘永等, 2005）。

（一）情景设置技术路线

情景分析法是根据发展趋势的多样性，通过对系统内外相关问题的系统分析，设计出多种可能的未来前景，对系统发展态势作出自始至终的情景与画面的描述（张欣等, 1997）。其最初在商业领域用于企业的危机与风险控制，随后开始在公共领域大显身手，尤其用于各类规划和政策的可能情况分析，在国内外都有大量的实践案例。

情景设置是规划环境影响评价的重要技术手段，用于分析规划方案的不确定性导致的环境影响差异，并用来进行零方案、规划方案、替代方案的比较和优选（刘慧等, 2012）。而对于区域发展战略环境评价，由于战略相对于规划而言具有更多的宏观性和广泛性，因此情景设置需要考虑的要素更加多元、宏观。

区域战略环境评价情景分析的技术路线如图5-2所示，具体包括如下几个步骤。

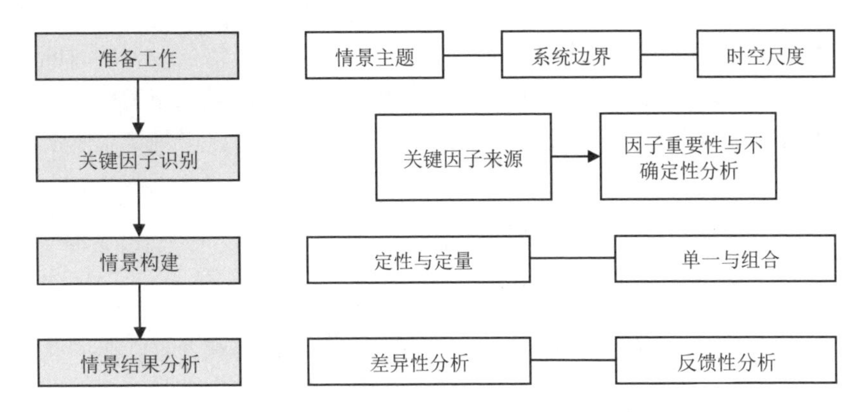

图 5-2　区域发展战略环境评价情景技术路线

1. 准备工作

准备工作阶段的主要任务是明确区域发展战略环境评价的情景主题、系统边界和时空尺度。对于区域发展战略环境评价，情景主题首先是发展，即社会经济的发展态势，包括发展速度、产业结构、空间布局等；其次是发展对资源和环境的使用，水土资源和各类水、气污染物的排放是常规必须具备的情景要素，随着能源战略的重要性凸显，能源使用也逐渐成为部分区域战略环境评价的情景要素之一；资源和环境的使用要素不仅包括作为压力一端的资源使用效率、污染排放强度，还包括作为响应一端的资源回用、污染处理等（图5-3）。

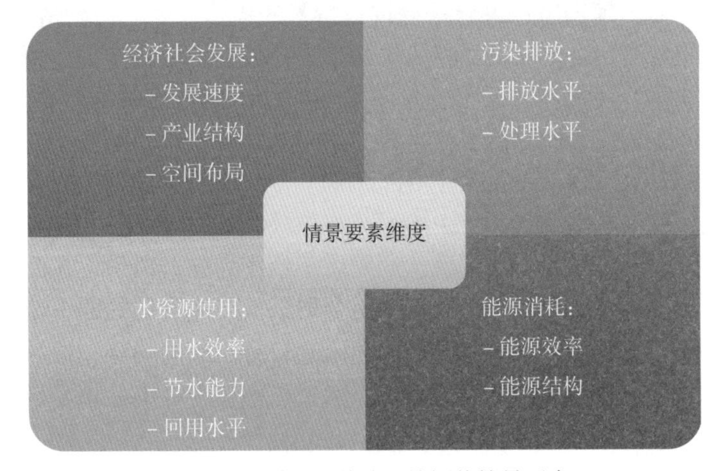

图 5-3　区域发展战略环境评价情景要素

系统边界即所研究区域发展战略对象的边界，即社会、经济、资源、环境组成的复合经济-生态系统的边界，但由于战略的复杂性和动态性，该边界通常是相对模糊的，需要情景设置人员结合具体需求进行判断。情景设置的时间尺度和空间尺度与区域发展战略环境评价的时空尺度一致，但由于区域发展战略的空间尺度较大且内部具有空间差异性，因此在进行情景设置时，中观城市水平的空间尺度很有必要。

2. 关键因子识别

关键因子是影响系统变化状态的重要事件，其来源包括各类经济社会发展和资源环境管理的规划、政策、法律、法规、标准等，不仅要考虑区域尺度和区域内城市尺度的因子来源，更宏观的国家尺度的因子来源也很重要。比如，在经济层面，是否存在区域发展转型，转型方向是什么，转型的区域竞争力如何，经济转型与环境污染的关系等等，都是需要考虑的因子；而在环境层面，城镇化带来的资源环境压力、近期出台的各类环境管理措施（如“大气十条”“水十条”“三线一单”等）和技术进步的前景决定着区域资源环境状态变化的趋势。

重要性和不确定性是识别关键因子的两个条件：重要性是指因素对生态环境的影响较大，引发的生态环境问题较多；不确定性是指因素作为变量的发展变化趋势是难以准确判断和预测的（恽晓雪, 2009）。将所有因子按照重要性和不确定性进行排序，形成矩阵，进而筛选构建情景的关键因子。这一过程应与区域关键资源环境影响识别相对应，结合专家判断、利益相关者参与等开展。

3. 情景构建

进行关键因子确定后，可以据此进行情景的构建，即在初始情景的基础上，将关键因子的变动和演化嵌入，形成新的情景。根据因子的特征，情景描述包括定性和定量两种，通常更关注可定量的因子，以作为后续环境影响预测的基础，但关键定性因子的趋势性分析也很重要。由于未来发展常常是复杂多样的，在关注单一因素作用的同时，必须关注不同因素组合作用的情景（朱祉熹, 2010）。

区域发展战略环境评价的常用情景构建模式如图5-4所示。由于区域发展战略环境评价按照专题设置，通常将产业发展情景作为先行情景，在此基础上构建各发展情景与不同水平资源环境情景的组合情景。产业发展的四个情景分别代表各级政府在区域发展态势上的作用强度和区域自身发展的趋势，资源环境情景则代表在资源使用效率和污染排放强度上不同层次的先进水平，是未来发展的潜在环保目标。

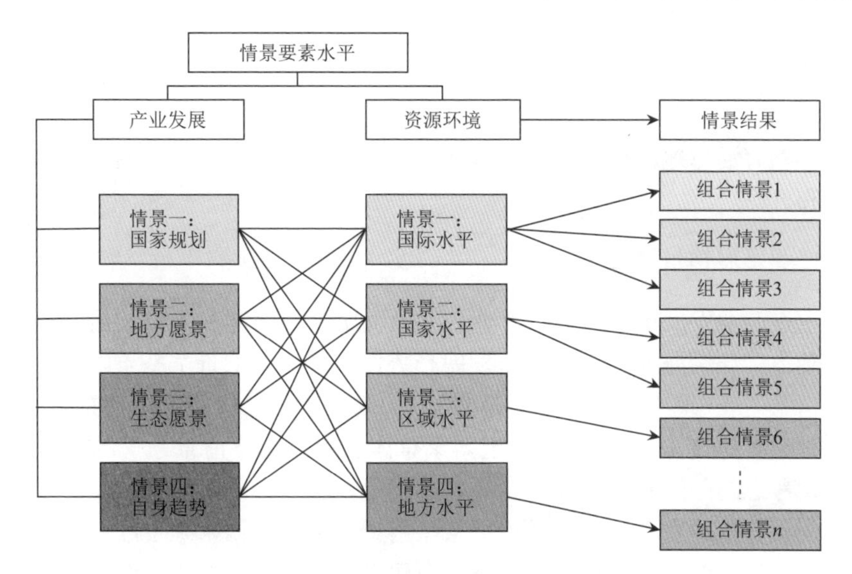

图 5-4　区域发展战略环境评价情景构建

需要说明的是，在该环节所考虑的因子变化通常是相对连续和一致的。突发事件和极端条件也是情景的一种，但由于其在处理方法上强调概率性和应急管理，因此通常在风险评估环节进行分析。

4. 情景结果分析

情景结果分析关注不同情景结果的差异性，是否满足情景构建时对所涉及因子变化的预期，以及是否能体现不同情景间的差异特征。对于差异性不显著的情景结果，可以判断该因子对系统作用并不显著，或者系统对该因子的变化反映并不灵敏，可以在后续评价中不作重点讨论；反之，则需要在影响预测、风险评估和调控环节重点考虑。

（二）情景设置方法

情景设置涉及的主要技术方法有：政策与规划目标梳理、专家判断法、趋势外推法等。其中趋势外推法代表传统处理区域经济社会发展的一种方式，即对政府未来的发展意愿和随机因素的影响考虑较少，仅关注经济社会发展在近年中表现出来的态势。实际工作中，常将政策与规划目标梳理和专家判断法结合使用，在梳理政府各级各类规划的基础上，获取政府发展意愿的强度范围，通过专家判断法对各类规划目标作出基于协调性的可行性判断，从而形成区域发展战略环境评价的不同情景设置。此外，对于其他区域发展阶段和模式的对比与类比分析也是情景设置的重要基础。

（三）情景设置案例

以环渤海沿海地区重点产业发展战略环境评价项目为例，说明情景设置的具体步骤和方法。

1. 产业发展情景设置

在重点产业发展历程、重点产业识别及面临主要问题和人口及城镇化水平梳理的基础上，环渤海地区重点产业发展趋势设计了三种情景：基于国家总体发展意愿（情景一）、地方发展意愿（情景二）、区域产业发展趋势（情景三）。每种情景的设置依据如表5-2所示。基于国家总体发展意愿（情景一）的设计依据较为笼统，考虑的是国家整体发展态势，不确定性较低，重要性也较弱，对于区域发展而言具有指导意义；地方发展情景（情景二）的依据来源于区域内各地区的产业发展规划、城市总体规划、生态城市建设规划等等，相比较而言，规划目标相对具体，也相对积极，重要性较强，但不确定性较大；区域产业发展趋势（情景三）是依据评价区域近期产业发展趋势，通过指数平滑外推设定的区域产业发展情景。

表5-2 环渤海地区重点产业发展趋势情景设置依据

情景	基于国家总体发展意愿（情景一）	地方发展意愿（情景二）	区域产业发展趋势（情景三）
情景依据	"十六大"报告提出GDP到2020年较2000年翻两番，"十七大"报告提出人均GDP较2000年翻两番的目标 国务院发展研究中心《2005~2020年中国经济增长前景分析》中，对2010~2015年和2015~2020年的年均经济增长速度分别为7.5%和6.8%（基本情景）、8.2%和7.7%（协调情景）、5.8%和4.8%（风险情景） 中国社会科学院《全面建设小康社会指标体系研究》中，2010年前和2011~2020年GDP 增速估计分别为7.6%和7%（乐观）、7%和6.5%（保守） 国家统计局《未来15年中国生产力发展的展望与预测》"十一五"期间GDP 增长率为8.5%，"十二五"期间增长在8%左右，"十三五"7%左右	《辽宁沿海经济带产业发展规划》 《葫芦岛城市总体规划》 《天津滨海新区城市总体规划》 《唐山市城市总体规划（2003—2020）》 《唐山生态市建设规划》 《秦皇岛城市总体规划 2008—2020年》 《秦皇岛生态市建设规划（论证稿）》 《沧州市城市总体规划（2008—2020年）》 《沧州生态市建设规划（论证稿）》 《唐山湾"四点一带"产业发展与空间布局规划》 《滨州城市总体规划》 《滨州生态市建设》 《东营生态市建设（2003—2020）》 《潍坊城市总体规划》 《烟台城市总体规划》	考虑评价区域产业发展趋势，产业发展所处阶段，利用趋势外推法，指数平滑模型对未来产业发展规模进行判断
GDP年均增速	到2015年、2020年分别为8.2%、7.7%	到2015年、2020年分别为12%和10%	到2015年、2020年分别为13.9%、11.9%
二产比重	到2015年、2020年分别为69%、72%	到2015年、2020年分别为61%、70%	到2015年、2020年分别为67%、74%

2. 资源环境情景

1）水资源使用情景

水资源使用包括产业需水和节水两个层次。以环渤海沿海地区重点产业发展战略环境评价水资源专题为例，根据环渤海沿海地区水资源开发利用现状评价分析，在现状用水水平下该地区已经基本没有承载空间。按照常规定额预测的用水效率，已经不能满足产业发展需求。因此，参照欧美发达国家用水水平，采用强节水定额计算重点产业需水量。

在节水潜力方面，环渤海沿海地区工业的生产工艺和水平较国际先进水平相比落后（表5-3），具有较大的节水潜力。基于节水型行业标准水平和发达国家万元工业产值用水水平，分别计算了一般节水条件下和强节水条件下的需水量。

表5-3 环渤海沿海地区重点产业节水潜力对比

指标	现状水平	先进水平
电力热力生产及供应业		
平均装机单耗率	1.42~1.56 $m^3/(s \cdot GW)$	0.658 $m^3/(s \cdot GW)$
石化行业		
原油加工单位产品取用新鲜水量	2.33 m^3	1.39 m^3
重复利用率	88.3%	95.13%
冷却水循环利用率	96.29%	99%
工艺水回用率	44.29%	64%
冷凝水回用率	46.8%	100%

2）水环境污染物排放负荷

为了了解环渤海沿海地区未来重点产业发展可能给区域水环境带来的压力，需要对废水排放量和污染物排放量进行预测。为了突出重点产业的影响分析，采用如下预测策略：分别预测农业非点源、生活点源、工业点源、工业中重点产业点源排放量。前两者只考虑一种基准情景，后两者按照情景设置的工业发展规划量进行预测，叠加后获得不同情景的排放总量，用于水环境承载状况和河流水质影响预测。具体如下：

（1）生活点源污染预测。依据产业情景给出的2015年和2020年人口总数和城镇化率预测值计算评价年的非农业人口数量，并假设由于生活水平的提高以及节水器具、节水方法的推广，人均生活用水水量保持不变，排水系数不随时间变化，取值为0.8。生活污水原水水质特征取各自省份的生活污水处理厂进水平均水质浓度。对城镇生活污水处理率的变化，以2007年13城市的污水处理率为标准，结合各城市总体规划和生态市建设规划等相关文件中的目标综合确定。基本原则如下：2007年城镇生活污水处理率达到和超过70%的城市，到2015年，其城镇生活污水处理率维持现状略有增加；未达到70%的城市，其城镇污水处理率强制达到70%。而到2020年，2007年城镇污水处理率达到和超过70%的城市，污水处理率达到90%，其他则达到80%。生活污水处理出水水质为一级B标准。

（2）农业非点源污染预测。综合考虑了一产增加值的增加、随着农村科技的推广与农业生产向集约化转变带来的非点源排放强度降低的影响。

（3）工业污染预测。以重点行业污染预测为主，兼顾工业行业总体发展引起的污染物排放增长。考虑各行业生产技术进步等因素，重点行业的单位产值污染排放强度也在发生变化，总体呈现降低趋势，在各市各行业现状排污强度基础上，参考各行业的全国平均排污强度、区域现状平均排污强度、区域较优排污强度、区域最优排污强度、先进排污强度等标准来确定不同水平年的降低幅度，到2015年重点产业的区域平均排放强度基本达到2007年现状区域较优水平（即前25%的水平），到2020年重点产业的排污强度在2015年基础上进一步下降，区域平均排放强度基本达到2007年现状区域最优水平（即优于前5%的水平）。

第三节　区域环境保护目标确定

一、环境保护目标确定技术路线

（一）目标确定原则

区域发展战略环境评价的环境保护目标确定建立在对区域生态环境现状评价和发展战略定位研判的基础之上，环境保护目标的确定应遵循如下原则：

1）坚持区域环境保护的底线不突破

区域发展战略环境评价的环境保护目标首先应该坚持不突破区域环境保护的底线。一是环境保护的目标不能低于当前环境质量水平，保证环境质量不恶化；二是环境保护的目标应该不低于环境功能区划等体系确定的区域环境质量目标。

2）坚持与区域发展战略的相互协调

区域发展战略是基于区域经济社会发展的总体判断和区域生态环境的定位分析所做出的区域战略定位，是对社会、经济、资源、环境协调发展的综合考虑。区域环境保护目标应该以区域发展战略为依据，达到区域经济社会发展目标和环境目标的协调统一。

3）坚持目标可达性与先进性的统一

区域发展战略环境评价的环境保护目标应该具有可达性，即在当前技术经济条件下，充分利用现有工程技术措施和管理调控手段能够达到的环境质量水平；同时，区域环境保护目标还应该具有先进性，即结合国际先进的技术水平和技术进步等要素，充分考虑经济发展到一定程度后对环境的要求，制定能持续满足经济社会需求的环境保护目标。

4）坚持目标的可分解性与可考核性

区域发展战略环境评价的环境保护目标应该是能够具体化的，在空间和时间上能够进行分解，并细化成面向个体单元和主体的指标和具体要求，以便于进行管理、考核和执行。

（二）目标确定技术路线

区域发展战略环境评价环境保护目标确定的技术路线如图5-5所示。环境保护目标上承区域现状分析与问题诊断，包括对区域环境现状的评价和区域发展战略定位的研判；在此基础上设计环境保护目标的整体框架，在内容上主要阐述经济社会与环境保护的协调可持续发展的关系，并从近、中、远期的时间尺度和从地市到区域的空间尺度加以细化；向后则衔接环境保护的指标体系，涵盖产业发展、资源环境效率、资源环境质量、生态安全、环境保护能力等几个方面，设置具体的指标要求。

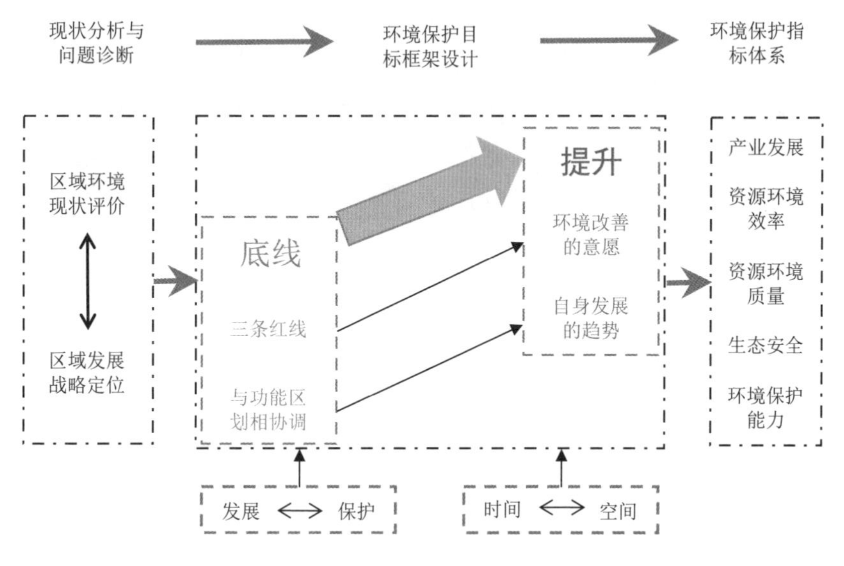

图 5-5 环境保护目标确定技术路线图

环境保护目标确定的核心内容是环境保护目标框架的设计。一般来说，环境保护总体目标的确定遵循“底线-提升”的思维，即首先需明确本区域环境保护的底线是什么，其次探讨在底线之上区域环境保护目标可以达到的更高的水平，二者统筹考虑，最终确定区域的环境保护总体目标。

“底线”是指国家宏观整体对区域环境保护工作必须达到的目标要求，主要体现在如下几个方面：①生态功能保障基线、环境质量安全底线、自然资源利用上线三大红线的要求，即生态空间“只能增加、不能减少”，环境质量“只能更好、不能变坏”，自然资源资产“只能增值、不能贬值”；②环境功能区划的要求，即全国各类环境功能区划中对本区域环境功能的划定及必须达到的环境质量要求；③其他各类环境保护相关政策（如“大气十条”、“水十条”、环境保护规划、法律法规等）对本区域的环境目标责任要求。

“提升”是基于本区域环境现状分析和区域发展战略定位研判所作出的比“底线”要求更高的环境保护目标要求设计，这种设计结合区域自身发展的趋势与地方政府生态环境质量改善的积极意愿，统筹区域经济社会发展和环境保护工作，达到二者的协调发展，在维持经济社会一定发展水平的前提下，尽可能地改善生态环境质量。

二、环境保护目标框架

区域发展战略环境评价以区域的协调可持续发展为环境保护的总目标，具体目标通常与区域发展战略环境评价的具体工作内容相一致，从内容上看通常包括改善环境质量、保障生态安全、提高资源能源利用效率等几方面，根据对区域环境、生态、资源、能源等各方面的现状评价、问题诊断、需求分析和方案设计，确定具体的目标要求。环境保护目标的描述可以是定量的，也可以是定性的，定量描述一般以质量浓度、达标百分比等数据进行表达，定性描述则以“有效改善”“明显缓解”“大幅提高”“不恶化”“不下降”“不减少”等语言进行表达。

区域发展战略环境评价是对区域中长期经济社会发展和环境保护工作的宏观分析，评价时段通常跨越10~20年时间，因此环境保护目标通常也需制定近、中、远期的目标，循序渐进地达到总目标的要求。近期目标通常是评价时间之后的一两年，以解决当前最突出的环境问题为主，也是最具体的，与当前的环境保护相关政策结合最为紧密；中期目标以阶段性改善为特点，旨在要求环境质量、生态安全等达到阶段性的提升；远期目标则是达到区域生态环境质量的持续稳定性改善，基本达到区域的协调可持续发展。

典型区域发展战略环境评价环境保护目标梳理如表5-4所示。在过去十年间我国开展的区域战略环境影响评价工作中，环境质量改善和生态安全保障是最基本的目标，环境质量以大气和水环境质量目标为主，少数区域规定了土壤环境质量要求，生态安全主要关注河流、湖泊等生态空间；资源环境效率也是有些地区的关注重点。目标描述采用定性和定量相结合的方式，部分区域将环境保护目标分解为到2020年的中期和到2030年的远期，但也有些区域未进行时间段的划分。

表5-4 典型区域发展战略环境评价环境保护目标梳理

	环境质量	生态安全	资源能源效率	目标时段
环渤海沿海地区	水环境质量：确保地表水重要环境功能区丰水期水质达标，提高渤海近岸海域主要功能区水质达标率； 大气环境质量：城市环境空气质量不低于二级标准，主要大气污染物排放满足区域环境容量要求	海陆重要生态功能单元保护面积不减少、等级不降低； 维持一定比例自然岸线，保证具有重要生态功能的岸线不被占用； 维持最小河道生态用水量、最小入海水量	确保到2020年整体资源环境效率达到国内先进水平，重点产业水资源利用效率总体达到国际先进水平，工业COD、SO_2排放强度在现状基础上分别降低63%、72%，达到国内先进水平，能耗强度降低48%，碳排放强度降低45%	中期:2015年 远期：2020年
京津冀地区	大气环境质量：2020年$PM_{2.5}$年平均浓度控制在60 μg/m³以内，北京市达到55 μg/m³左右。2030年$PM_{2.5}$年均浓度下降至45 μg/m³，北京力争年均浓度达标。 水环境质量：2020年海河流域水质优良（达到或优于Ⅲ类）比例总体达到70%以上。2030年全面消除劣五类水体，断面达标比例进一步提高	2020年，重要生态保护空间面积比例50%以上；其中，生态保护红线区面积比例不低于28%，自然岸线长度115公里、占比20%以上	水资源：2020年区域生态用水量16.8亿立方米以上；渤海入海水量35亿立方米。2030年，工业用水零增长，农业用水压减20亿立方米以上。 能源：区域煤炭消费总量实现负增长。2020年北京、天津、河北煤炭占比控制10%、50%和62%以下，总量3.2亿吨以内。2030年区域煤炭占比50%以下	中期：2020年 远期：2030年
长江中下游城市群	水环境质量：长江干流水质不降低，水功能区达标率达到80%以上，城乡饮用水源水质达标率接近100%。 大气环境质量：主要污染物浓度下降15%，二级标准天数达到90%（330天）以上；区域性复合大气污染事件发生概率显著减小	河湖连通性基本稳定，湿地生态系统恶化趋势得到扭转； 重要生态功能单元保护面积达到30%，维持长江干流生态岸线比例不低于23%	—	中期：2020年 远期：2030年
黄河中上游	改善区域煤烟型污染现状，遏制黄河支流水环境质量恶化趋势	维护黄河中上游地区生态功能： 保障华北地区生态防线功能，维持黄河流域生态安全廊道功能，改善人居环境保障功能	—	未分段
长三角地区	大气环境质量：区域环境空气质量全面改善，区域性复合污染得到明显缓解； 水环境质量：河流水质全面达标，水质优良河段占比提高，恶臭水体全部消除，饮用水水源安全状态全面改善，遏制并扭转太湖等重要湖泊和长江口、杭州湾富营养化恶化趋势； 土壤环境质量：土壤环境质量不下降，绿色、生态农业面积显著提高，农村生态环境明显改善	太湖等重要湖库（包括水质良好湖泊）滨湖带、近海重要湿地得到有效保护与修复； 主要山-河-湖-海生态廊道生态服务功能有提升，城市及城市间的生态用地空间有保障，重要生态功能区生态服务功能不下降，自然保护区面积不减少	—	目标时段

续表

	环境质量	生态安全	资源能源效率	目标时段
西北地区	维护国家生态安全，巩固区域可持续发展的生态基础。建设区域生态安全屏障，区域水源涵养和水土保持功能不降低，天山、祁连山、阿尔泰山等重要水源涵养区功能得到加强，控制荒漠化对绿洲生态的侵蚀	创造良好生产和生活环境。城市环境污染得到有效控制，城乡环境质量达标，人群健康环境大幅改善	保障用水安全，恢复河湖水系健康。建设节水型社会，扭转经济社会发展挤占生态用水态势，恢复内陆河干旱区河流-湖泊健康状态，保障城乡居民饮水安全和农业用水安全，创造绿色农牧业发展的良好环境条件	未分段
成渝地区	全面加强水环境管理，有效控制重金属和持久性有机污染发展势头，维护长江上游干流和三峡库区水生态安全	巩固和发展生态建设成果，维护“一圈、四江、九节点”生态安全格局，提升区域生态系统服务功能	优化能源消费结构，扭转酸雨污染发展的趋势	未分段
珠三角地区	在全国率先实现大气环境和水环境质量总体改善	饮用水安全得到保障，区域生态安全格局得以稳定维护，重要生态功能明显增强	总体形成绿色低碳发展格局	未分段

三、环境保护指标体系

环境保护指标体系是对环境保护目标的具体体现和定量化表达。指标体系应该能够完整全面地反映环境保护目标，且具有系统性、科学性和可行性。表5-5梳理了典型区域发展战略环境评价的环境保护指标体系常用指标。指标体系与环境保护目标的内容框架相一致，通常包括产业发展、环境质量、生态安全格局、资源环境效率几个方面，此外环境保护能力作为反映区域环境管理水平的重要内容也是一个非常重要的方面。

表5-5　环境保护指标体系常用指标

指标类型	指标名称	
产业发展	人均地区生产总值 重点产业年均增长率 重化工业比重	两高一资行业比重 重点产业空间聚集度
环境质量	近岸海域功能区面积达标率 主要河流水环境功能区达标率 达到大气二级质量标准天数	主要污染物排放总量（COD、NH_3-N，SO_2、NO_x等） 集中式饮用水源地水质优良比例
生态安全格局	珍稀濒危物种数量 景观多样性指数 自然保护区、风景名胜区、森林公园的面积与重点产业主要集中活动区域的邻近度	森林覆盖率 植被覆盖率 水土流失强度 水土流失面积 自然岸线保留率
资源环境效率	万元GDP能耗 万元工业增加值水耗 单位工业用地经济产出	万元工业增加值主要污染物排放强度 万元GDP碳排放量
环境保护能力	城市污水处理率 环境保护投入占GDP比重 城市垃圾无害化处理率	工业固体废物综合利用率 公众对环境保护工作满意度

思考题

1. 如何判断一个区域的产业发展阶段？
2. 战略定位研判在战略环境评价中起到什么作用？
3. 选择一个感兴趣的区域，查阅相关资料，建立该区域的环境保护指标体系。

第六章　重大资源生态环境问题研判与关键环境影响识别

第一节　重大资源生态环境问题研判

在区域发展战略环境评价中，区域重大资源生态环境问题研判与关键环境影响识别是确定环境保护目标和评价指标的前提和基础，是保证战略环境评价有效性的关键环节，是进行战略环境影响预测和评价的前期工作。环境影响识别包括对区域发展战略的影响因子、影响范围、时间跨度以及影响性质的识别（谢华生等, 2012）。关键环境影响识别原则上重点关注涉及经济规模、结构和布局的资源环境问题，主要从三大方面来识别和确定区域关键环境影响和约束性资源环境问题：一是与区域环境功能相关，包括环境质量、生态敏感区、累积性环境影响等；二是与所评价的政策、规划或计划相关的特征性资源环境问题，例如特征性污染、资源开发的生态影响等；三是可能导致跨区域、跨流域甚至跨国界的资源环境问题。

由于区域发展战略环境评价是对区域一系列政策、规划、计划等综合性方案的评价，牵涉面广、复杂性高，决定了重大资源生态环境问题研判与关键环境影响识别必须是多种方法的综合运用。这些技术方法涉及政策学、经济学、环境科学、地理学、管理科学、数学、物理、化学等多个学科。

这一步骤类似于基线的环境问题研究，其主要目的是识别与区域经济发展相关的、有可能制约未来区域经济发展的环境问题，基本思路是基于DPSIR框架进行分析，常用的分析手段或工具包括但不限于：核查表法、类比分析法、专家咨询法、矩阵法、网络法、系统模型和系统流图法、公众意见调查、实地调研、补充监测、空间分析、3S技术等。本阶段应着重定量分析，为下一步分析提供夯实的基础。

一、空间分析方法

空间分析即分析具有地理信息的空间数据，项目环境影响评价中常用的叠图法即空间分析方法中的叠置分析，一般指运用地理信息系统空间分析技术将评价区特征，包括自然条件、经济社会状况、生态环境状况等专题地图叠放在一起，形成一张能综合反映环境影响的空间特征的地图。在战略环境评价中，空间分析方法适用于评价区域现状分析、环境影响范围与程度的识别、累积性环境影响评价、生态相关分析（如敏感性、脆弱性、风险的空间分布等）。常用的空间分析方法有缓冲区分析、叠置分析、空间插值、空间运算、拓扑分析、最短路径分析等。

空间分析经常与多因子综合评价结合，通常基于地理信息系统的空间叠置分析和空间运算实现，根据影响因子的重要性，主要分为取最大值法和因子加权叠置法。取最大值法将所选因子均视为关键约束性因子，基于木桶理论分析评价区的总体状况。加权叠置法是基于不同因子的影响作用的强弱来设置相应权重（权重的确定方法一般有德尔菲法、层次分析法、主成分分析法等），加权求和获得评价区的总体状况。

空间插值多用于将离散点的测量数据转换为连续的数据曲面，以便与其他空间现象的分布模式进行比较，一般为经济社会相关统计数据、环境质量观测点位数据、降雨、温度等。

二、资源环境效率评估

筛选区域重点产业，根据产业特点选取主要资源消耗与污染物排放指标，构建区域和产业发展的资源环境效率评价指标体系；参考国内外相关产业的资源环境效率先进水平及节能减排、清洁生产、循环经济相关要求，进行评估分析。这一步骤常用的方法有：指数法、数据包络分析、投入产出法、物质流分析等。

根据评价区整体技术层次、能效水平和污染物产生与排放水平，选取主要资源消耗与污染物排放指标，以能源、水资源、土地资源利用效率、主要污染物排放强度等指标为基础，构建区域的资源环境综合效率指标、工业资源环境效率指标和重点产业分行业资源环境效率指标三个层次的评价指标体系。主要污染物应包括化学需氧量、氨氮、石油类、二氧化硫、氮氧化物、烟尘、粉尘、固体废弃物、重金属、持久性有机物等，工作中可根据区域行业污染排放特征补充特征性污染物指标。

根据评价区各省、各地市两个层面三个层次的资源环境效率评价指标体系，计算各项指标在基准年及预测年间的值，从演变趋势、空间差异、行业特征三个方面对评价区的资源环境效率进行评价。

第二节　关键资源生态环境影响识别

区域关键环境影响识别是进行区域发展战略环境评价的重要基石之一，旨在辨识区域主要环境问题，明确区域关键性资源环境约束，厘清区域经济社会发展与资源环境生态的耦合关系，并作出科学的分析和评价。

环境影响识别过程中应收集和掌握的资料，根据具体项目情况，应至少包括以下两大类：①政策、规划或计划。即所评价的政策、规划或计划，区域经济社会发展现状和已公布的发展规划，区域产业发展现状和已公布或实施的产业发展规划，土地利用规划、城市总体规划、生态环境保护规划和相应的执行情况。②资源、环境、生态相关数据和资料。一部分来源于官方监测网络的监测数据，主要涉及环境、水文、气象、生态、污染源等监测数据，另一部分来源于已有的科学研究成果，必要数据或资料缺乏的情况下还应该进行补充监测（图6-1）。

主要内容包括两个部分：生态环境现状及演变趋势评估、区域发展现状及资源环境利用效率评估。前者分析区域生态环境本底情况、辨析主要环境问题、进而明确评价因子；后者旨在厘清区域经济社会发展与资源环境生态的耦合关系，确定主要污染源和污染行业、主要和特征污染物。

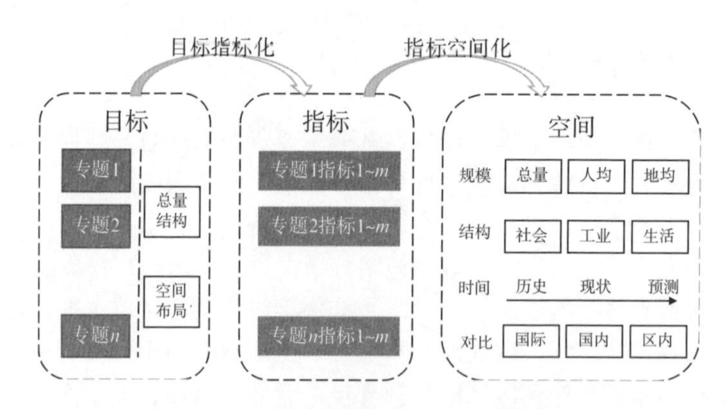

图 6-1　关键环境影响识别的分析框架

以环渤海沿海地区和京津冀地区的发展战略环境评价为例，说明关键资源生态环境影响识别的步骤与侧重点。

环渤海沿海地区和京津冀地区在评价范围上有重叠区域，前者是承载后者的经济发展、产业布局和城镇化的关键地区和未来重点发展地区。两者在发展阶段、产业定位、生态定位上均有所差异，其关键的资源生态环境约束性问题也有所不同（表6-1）。环渤海沿海地区是环绕我国唯一内海——渤海的区域，在研判该区域生态环境演变及现状问题时，渤海生态环境质量应是重点关注内容。在空间矛盾方面，环渤海沿海地区的海陆交汇带问题更加凸显和集中，京津冀地区则应关注更广阔范围和更多类型的生态单元。

表6-1　环渤海沿海地区与京津冀地区的关键资源生态环境影响识别对比

关键影响因素识别	环渤海沿海地区	京津冀地区
海域生态环境	渤海生态环境质量持续恶化 ◆ 入渤海污染负荷持续增加，近岸海域污染趋势加重 ◆ 海洋生态系统功能持续退化，生态健康受到威胁	—
空间冲突	海陆交汇带生态环境压力集中显现 ◆ 建设用地扩张迅速，海陆带空间形态不断变化 ◆ 沿海滩涂湿地锐减，海岸交汇带生态环境问题突出	国土开发模式粗放，重要生态系统面临胁迫 ◆ 国土开发强度持续增加，生态用地大幅减少 ◆ 沿海自然岸线、滩涂湿地损失严重，生态功能退化 ◆ 产业园区数量多、分布集中，部分与生态保护空间冲突
大气	区域性复合型大气污染问题凸显 ◆ 燃煤大气污染物排放强度高，采暖季煤烟型污染特征明显 ◆ 二次污染发生频次增加，区域大气复合型污染显现 ◆ 区域酸雨问题日趋严重，大气干沉降突出 ◆ 季节性大气污染物跨界传输影响较为突出	规模结构性问题突出，复合型大气污染严重 ◆ 能源消耗量高速增长，过度依赖煤炭 ◆ 空气质量持续改善，但达标压力巨大 ◆ 区域交通制约大气环境质量改善，活性氮影响不容忽视
水资源水环境	区域性复合型水资源问题突出 ◆ 水资源总量匮乏且逐年衰减趋势显著 ◆ 本地水资源过度开发，加剧了区域水生态恶化 ◆ 水污染排放压力大，地表河流总体水质较差	水资源开发长期透支，水环境持续恶化 ◆ 水资源供给难以自足，生产生活用水总量大 ◆ 水环境质量差且改善缓慢，部分饮用水源存在安全风险 ◆ 农业源水污染贡献突出，京津生活点源贡献大
生态风险	累积性环境影响和区域性生态风险增大 ◆ 重金属和持久性有机物在生物体和环境介质中普遍检出 ◆ 赤潮和溢油成为渤海全域性生态风险事件	生态环境风险复杂多样，人居安全保障压力大 ◆ 区域水循环严重破坏，威胁区域生态系统安全 ◆ 大气、土壤累积性污染风险显现，影响人居环境安全 ◆ 产城关系混杂，“工业围城”、“垃圾围城”现象凸显

思考题

1. 什么是资源环境效率？有哪些定量分析的方法？
2. 提高资源环境效率水平有哪些途径？
3. 关键环境影响识别应包括哪些方面的内容？
4. 试述进行区域现状评价需要收集的资料清单。

第七章　大尺度资源环境承载力综合评估

第一节　资源环境承载力评价框架

“承载力”概念起源于力学领域，本意是物体在不被破坏时所能承受的最大负荷，现已演变为对发展的限制程度进行描述的常用指标，在多个学科均有具体含义。生态学最早将此概念转引到本学科领域内（Park et al., 1924），指某一特定环境条件下（主要指生存空间、营养物质、阳光等生态因子的组合）、某种个体存在数量的最高极限，形成种群承载力概念。随着社会经济的发展，资源环境问题的日益突出，人们对环境问题认识的逐渐深入，相继出现了资源承载力、环境承载力和资源环境综合承载力等概念。生态足迹、行星边界（Planetary boundary）等概念体现了承载力的内涵，也可认为是量化承载力的方法。资源环境承载力成为衡量区域可持续发展的关键指标之一，对资源环境承载力的量化与评估是战略环境评价的重要基础与关键步骤（表7-1）。

表7-1　承载力概念演化与发展

名称	背景	含义
种群承载力	畜牧业管理的需要	生态系统对生活于其中的种群的最大可承载数量
土地承载力	人口膨胀、土地资源紧张	一定条件下某区域土地资源的生产能力及可承载的人口数量
水资源承载力	人口增长、工农业用水增长、水资源紧缺	一定范围内水资源最大可承载的经济水平、农业、工业、城市规模或人口规模
环境承载力	环境污染	一定范围内区域所能承受的污染物数量
资源环境综合承载力	生态安全、环境问题等系统效应	某一特定区域在资源、环境和生态因素制约下，为满足可持续发展目标的最大经济社会活动负荷，如人口规模、经济水平等

资源环境承载力研究具有以下特点：一是以单自然要素为承载体，评价成果的出口是人口容量的研究居多，近年来出现了多要素研究的案例，但综合要素的集成研究比较薄弱。二是承载体和承载对象间的关系往往比较单一，多数成果归集到能生产多少粮食、最终能养活多少人的因果关系方面。三是定量化方法趋于多样化和系统化，常见有指标体系法、供需平衡法、系统模型法和环境容量法（周

翟尤佳等, 2018)。四是评价成果多重视研究价值，而政策内涵比较模糊，例如基于生态足迹概念的承载力研究，虽然在学术界已有了较多研究案例，其概念、量化方法等也较为成熟，但在规划和决策上的应用还相对有限。

区域战略环境评价中资源环境承载力评价的难点体现在，在传统的资源环境承载力评价中，评价尺度多为全球或国家，通常在揭示人口容量测算的驱动因素方面具有清晰的逻辑，在形成资源环境约束、增长上限和可持续发展理念方面提供了科学支撑。但是，当评价尺度为区域时，承载力评价变得极其复杂。首先，区域所承担功能的不同或者评价目标的不同，带来承载对象的差异，导致承载力评价在评价指标、评价标准选取等方面的不确定性；其次，由于资源环境要素具有流动性，区域资源环境承载力的“短板”有可能通过跨区域资源调配、环境容量流动等实现提升，而“长板”则有可能受到相邻区域扰动而成为约束因素；最后，在科技进步、产业升级、环境管理政策等因素的影响下，区域资源环境利用效率或资源环境修复能力有可能得到提升，这意味着区域资源环境承载力是动态变化的。

针对区域资源环境承载力评价的难点，区域发展战略环境评价从分区异质性和区域综合性着手，拓展了资源环境承载力的概念与内涵，将区域经济社会活动与资源环境变化的相互影响和响应纳入评价框架，构建资源、环境、生态等自然要素与经济、人口、产业等人类活动的规模、强度和布局相互作用的综合分析方法，揭示区域发展战略实施后，在资源有限供给、环境有限容量、生态安全空间等多重约束条件下，区域经济规模与开发布局的发展方向和优化选择。

战略环境评价中的资源环境承载力评价技术可概括为“区域环境保护目标与评价指标选取—单要素承载力评价—资源环境承载力综合集成—资源环境承载力区划—利用水平测算及调控”，其不仅是对区域生态环境系统承载能力的定量化，更注重判断区域经济社会发展与生态环境系统的耦合与协调。

战略环境评价中的资源环境承载力评价重点及成果产出主要为：核算区域资源环境承载力，分析承载力利用水平、承载状态及空间分布特征，确定生态红线优布局、行业总量控规模、环境准入促转型的准则和要求，评估生态保护红线、环境质量底线、资源利用上线的总体状态及其对经济社会发展的支撑能力。

第二节 资源环境承载力要素单项评价

一、资源环境要素评价

开展资源环境要素承载力评价时，根据评价区资源环境问题及其关键制约因素，考虑对可开发利用水资源量、可利用土地资源、可利用能源资源、水环境容量、大气环境容量、近岸海域环境容量等资源环境要素分别核算。评价内容主要包括各单项要素承载力的总量、空间分布趋势和特征、现状承载率状况、预测承载率状况等。

各单项要素承载力的核算技术包括了环境模型、质量守恒法等，评价方法则有基于地理信息系统的空间分析、多指标评价、评价矩阵等。

专栏7-1　资源环境综合承载力分析框架

环渤海沿海地区重点产业发展战略环境评价的资源环境综合承载力由地表水环境容量、可开发利用水资源量、大气环境容量及近岸海域环境容量构成。

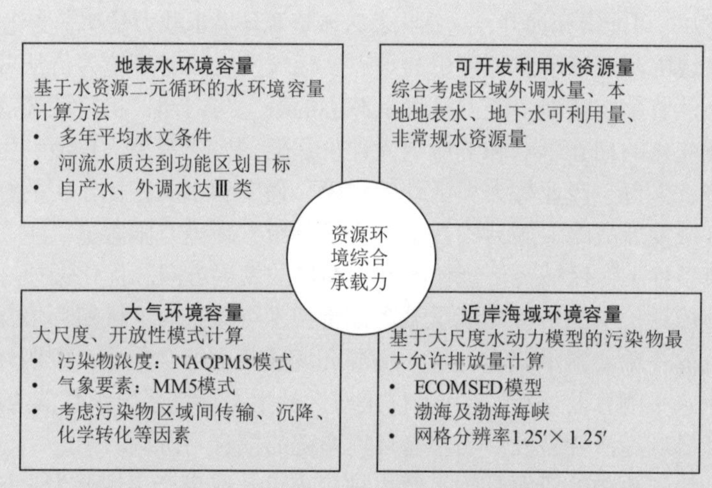

环渤海沿海地区重点产业发展战略环境评价资源环境综合承载力构成

二、生态空间评价

生态空间与区域经济社会开发的空间矛盾是区域发展战略环境评价面临的关键问题之一。

通常采用多因子综合评价和地理信息系统空间叠置分析方法，即首先进行各单因子的空间分布趋势分析，然后借助地理信息系统的空间叠置技术，通过一定的因子综合方法对各单因子进行综合，得到研究区的生态空间综合区划分布图（表7-2）。

表7-2　区域战略环境评价生态空间评价中选用的因子和分区

项目	选用的因子	分区结果
环渤海沿海地区	生态风险（坡度、地质灾害、水土流失、海水入侵、风暴潮、暴雨山洪、近岸海域脆弱性）、生态系统服务功能（土地覆被类型、NDVI）、生态脆弱性（自然保护区、水源保护区）	生态红线区、黄线区、蓝线区
海峡西岸经济区	生态敏感性（自然保护区、森林公园和重要湿地、重要生态功能区和地带性植被分布区）	重要敏感区、一般敏感区
云贵地区	生态系统敏感性（土壤侵蚀敏感性、酸雨敏感性、石漠化敏感性、生境敏感性）、生态系统服务功能重要性（生物多样性保护、水源涵养）、自然生态灾害风险（干旱灾害、地震灾害、滑坡泥石流、洪涝灾害）、重点行业生态风险（矿产资源开发、林业资源开发、农业生产、特色旅游、工业用地、城镇用地等六类行业发展）	生态红线区、生态黄线区和可开发利用区
长三角地区	生态功能重要性（生物多样性保护、土壤保持、水源涵养和洪水调蓄）、生态敏感性（水土流失）、已有生态保护空间（主体功能区中的禁止开发区、生态功能区划中的重要生态功能区、《中国生物多样性保护优先区域范围》中的生物多样性保护优先区域、省级生态保护红线区）	生态安全格局空间分布（生态源、生态廊道和生态斑块）

以环渤海沿海地区为例，说明陆域生态空间评价的思路和主要技术方法。环渤海沿海地区在我国北方海陆生态系统中具有重要战略地位，具备生态调节、产品提供和人居保障的三大功能。该地区是高生物多样性区，分布有国家级保护动物74种，国家级保护植物42种，是众多水禽栖息之地和迁徙中转的区域，享有“鸟类的国际机场”美誉；是我国北方重要的滨海湿地区和渤海的重要生态屏障，汇集了辽河、滦河、海河、黄河等水系及众多河流的入海口，拥有大面积湿地和海陆交汇带。

（一）评价指标体系构建

环渤海沿海地区陆域生态系统保护目标为：生态保护底线不被突破；重要生态功能不降低，生态系统结构稳定，生态质量不恶化；初步构建生态文明与经济社会协调发展格局，使评价区成为增长转型的示范区。基于生态保护目标，构建由生态系统敏感性、生态系统服务功能和生态风险各因子构成的评价指标体系（表7-3），综合考虑了生态系统功能维持、重要生态功能单元保护、自然岸线和海岸带维护、自然灾害及生态风险规避等因素。

表7-3　环渤海沿海地区生态空间评价指标体系

一级指标	二级指标	三级指标	赋值
生态系统敏感性	水源地	水库区	9
		水源地保护区	5
	景观类型	农田	1
		草地	3
		森林	5
		建设用地	7
		湿地	9

续表

一级指标	二级指标	三级指标	赋值
生态系统敏感性	坡度	大于12°	5
		8°~12°	4
		4°~8°	3
		2°~4°	2
		小于2°	1
生态系统服务功能	土地覆被	建设用地	1
		农田	3
		草地	5
		森林	7
		湿地	9
	NDVI	0.66以下	1
		0.66~0.73	3
		0.73~0.76	5
		0.76~0.80	7
		0.80以上	9
	水源地	水源地	9
		水源涵养区	5
生态风险	水土流失		AHP法
	风暴潮		
	暴雨山洪		
	海水入侵		
	地面沉降		
	泥石流		

（二）计算生态保护重要性等级

生态红线区、生态黄线区和可开发利用区的划定以生态保护重要性等级S_i作为划分依据，S_i的计算过程如下：

$$S_i=\max(S_s, S_f, S_r)$$

其中，S_s, S_f, S_r分别代表生态系统敏感性、生态系统服务功能和生态风险等级，均为赋值范围在1~5之间的自然数，是依据各因子评价结果进行的再分类，数值越大代表级别越高。S_i=5的区域为生态红线区，S_i =4的区域为生态黄线区，其余为可开发利用区。

生态系统敏感性采用等权重叠加法获得；生态系统服务功能采用加权叠加法获得，土地覆被、NDVI和水源地指标的权重分别为0.3、0.3、0.4；生态风险采用加权叠加法，运用AHP法计算各类风险权重。以上三个指标分别计算之后，进行空间聚类，将指标值重分类成5个等级，根据指标值由小到大分别赋予1~5。

专栏7-2 环渤海沿海地区生态空间分区

基于区域生态安全保障，综合考虑生态系统功能维持、重要生态功能单元保护、自然岸线和海岸带维护、自然灾害及生态风险规避等因素，划分环渤海沿海地区生态红线区、生态黄线区和可开发利用区。其中生态红线区占整个区域约20%，主要分布在大连北部、葫芦岛西部、唐山西部、秦皇岛中西部、滨海新区南部、滨州和东营沿海地区以及烟台中部和沿莱州湾沿岸。这些区域多为丘陵山地和海岸带湿地，是研究区内水源地、保护区、湿地、森林等分布的重点区域。生态黄线区域占整个区域的29%，分布较为分散，主要是生态红线区的周围。可开发利用区占整个区域的51%，分布相对集中，主要在大连、锦州、沧州、滨州、东营、潍坊、唐山东南部、葫芦岛东部。

生态红线区是为保障区域产业发展和生态环境安全应加以严格管控的空间区域，包括各类法定保护区、生态敏感性极高区域、具有重要或特殊生态系统服务功能价值的区域和自然风险极高区域。生态红线区内应按照有关法律法规实施强制性保护措施，禁止不符合生态环境功能定位的开发建设活动，以维护生态系统的稳定性、维持区域物种多样性不下降、保持区域生态系统服务功能价值不降低，并保障敏感性极高区域的生态安全。

生态黄线区和可开发利用区为允许开发建设区域。生态黄线区的重要性仅次于生态红线区，包括生态较为敏感同时具有较重要生态服务功能，以及具有较大建设限制性因素的地区。生态黄线区内应限制进行对生态环境影响较大的开发活动，或者在能够满足生态补偿的前提下有条件地进行开发建设活动。可开发利用区是推荐未来产业进行布局的区域，是开发建设和重点产业发展生态成本相对较低的区域。

第三节　资源环境综合承载力评价

以西南地区重点区域和行业发展战略环境评价为例，说明资源环境承载力评价的研究思路与评价技术方法。

一、评价指标体系构建

西南地区的生态环境功能定位为世界生物多样性保护热点区域、国家生态安全格局关键地区、区域重要的水源涵养区和全国土壤保持重要区域，因此选取生态空间、土地承载力、可开发利用水资源量、河流水体环境承载力和区域大气环境容量为资源环境承载力评价指标，分别计算单要素承载力。

二、单要素承载力评价

土地承载力分析。通过对比研究，估算云贵地区具有经济开发规模的坝区面积以坡度8°以下、面积大于8平方公里为宜。分析结果表明，云南省坝区面积为3.4万平方公里，贵州省坝区面积为2.0万平方公里，分别占云、贵国土面积9%、12%，主要集中在滇中和黔中区域。在考虑生态约束及不适宜开发的土地利用类型后，两省可开发利用坝区面积为4.7万平方公里，其中云南省3.7万平方公里，贵州省1万平方公里。云南可开发利用坝区主要集中在沿边经济带和滇中经济区，分别占全省可开发利用坝区面积的48.3%和39.3%，其中，普洱、楚雄和临沧占全省比例达23.9%、23.3%和14.3%。贵州省可开发利用坝区主要分布在黔中经济区，约占全省可开发利用坝区面积的74.5%；黔东南、遵义、黔南和铜仁占全省比例达22.7%、22%、21.7%和14%。怒江、迪庆、西双版纳和六盘水可开发利用土地资源仍相对紧缺。

可开发利用水资源量。现有技术经济条件下，云、贵两省水资源可利用总量分别约为481.6亿立方米、161.9亿立方米。云贵地区可利用水资源量空间上分布不均衡，云南省可开发利用水资源量集中在沿边经济带和滇西北，分别占全省总量的55%和26%。贵州省可开发利用水资源量集中在黔中经济区，占贵州省总量的61%。云南玉溪、昭通和昆明以及贵州安顺、六盘水和贵阳可开发利用水资源量相对紧张。

河流水体环境承载力。采用多年平均最枯月流量为水文设计条件，以云贵目前执行的水环境功能区划中的水质类别要求作为水质目标，计算获得云贵主要流域水系COD和氨氮的可利用环境容量。其中，云南省可利用的地表水COD、氨氮环境容量分别为26.3万吨、2.9万吨，贵州省地表水COD、氨氮环境容量分别为16.0万吨、1.5万吨。其中，澜沧江流域和乌江流域的水体环境承载能力相对较高。

区域大气环境容量。综合考虑大气污染物平流扩散、化学转化、干湿沉降净化、区域内外污染传输影响等因素，基于大尺度环境空气质量模式测算云贵地区SO_2、氮氧化物环境容量。结果表明，云南省大气SO_2、氮氧化物环境容量分别为89.4万吨、69.9万吨；贵州省SO_2、氮氧化物环境容量分别为116.9万吨、70.1万吨。

三、资源环境承载力综合集成

综合考虑云贵地区可开发利用的土地资源、水资源，以及河流水体承载力、大气环境容量等四项指标，归一化后采用等权重均值来表征区域资源环境综合承载力。

从整个云贵地区来看（表7-4），云南滇中经济区（除玉溪外）、黔中经济区、沿边经济带（除西双版纳外）资源环境承载能力适度。其中，云南曲靖、红河，贵州黔东南等3个市州综合承载能力相对较为宽松，云南昆明、楚雄，贵州遵义等3个市州综合承载能力适度。受可开发利用水资源和水体承载力制约，玉溪、安顺综合承载能力相对较低；受土地、生态和大气环境容量制约，西双版纳综合承载能力相对较低。滇西北、滇东北、黔南地区资源环境综合承载能力较低。其中，云南怒江、迪庆、昭通，贵州黔西南、六盘水等5个市州的资源环境综合承载能力相对较低。其中怒江、迪庆土地资源和水体承载力、大气环境容量均较为紧张，黔西南可利用水资源和大气环境容量受限，六盘水水土资源支撑能力有限。

表7-4 云贵地区资源环境综合承载力分级

承载力等级	综合承载力	人均承载力
稀缺	云南玉溪、迪庆、怒江	云南大理、昭通
紧张	云南怒江、迪庆、昭通，贵州黔西南、六盘水	云南昆明、保山，贵州贵阳、遵义、毕节、黔西南
受限		云南临沧、怒江、丽江、玉溪、文山、曲靖，贵州六盘水、黔南、铜仁
适度	云南昆明、楚雄，贵州遵义	云南西双版纳、普洱、红河、楚雄，贵州安顺、黔东南
宽松	云南曲靖、红河，贵州黔东南	云南迪庆、德宏

从人均承载力来看，滇中经济区、黔中经济区资源环境约束趋紧，昆明、贵阳、遵义、毕节等重点城市人均资源环境承载能力较为紧张，曲靖、黔南、玉溪综合承载能力受限，楚雄、安顺、黔东南人均资源环境可承载空间适度。滇西北地区的迪庆人口较少、经济规模较小，资源环境相对承载能力上升，但大理人均

资源环境可承载空间明显较低。滇东北昭通人均资源环境综合承载能力较低。沿边经济区中的西双版纳、普洱、红河人均综合承载力适度。

四、承载力利用水平测算

2010年云贵两省的土地利用情况均未超载，但滇东北、滇西北和黔中经济区的土地资源情况相对紧张，个别市州土地资源稀缺，主要包括云南怒江、迪庆、丽江、昭通、西双版纳和大理，贵州遵义、六盘水和贵阳。

2010年云南省全省河道外用水量149亿立方米，贵州全省用水总量为101.5亿立方米，两省用水均未超过可利用水资源量，但局部用水差异较大。云南省的沿边经济带、滇中经济区用水量达到全省的79%，贵州省黔中经济区用水量达到全省的62%。个别市州出现供需不平衡，昆明市实际用水量超过可开发利用量49%，贵阳、六盘水、安顺分别超过其可利用水资源量的33%、26%和10%。

2010年云南省COD点源排放量为48.0万吨，COD面源排放量为7.1万吨，与水环境承载力基本持平；氨氮点源排放量为4.7万吨，超出水环境承载力21%。2010年，贵州省COD点源排放量为28.1万吨，COD面源排放量为6.1万吨，氨氮点源排放量为3.2万吨，均未超载。滇中、滇东北、黔西和黔北地区水环境承载力现状利用水平超过100%。COD排放超载较严重的市州包括云南省的玉溪、曲靖、昆明、楚雄、大理、红河和文山，贵州省的六盘水、毕节、黔西南和铜仁。氨氮排放量超载较严重的市州包括云南省的昆明、曲靖、楚雄、玉溪、大理、红河、昭通和文山，贵州省的六盘水、毕节、铜仁市和黔西南。

2010年云南省大气污染物排放量分别为SO_2 70.4万吨、氮氧化物52.0万吨，粉尘42.1万吨，整体上均未超出其大气环境容量；贵州省大气污染物排放量分别为SO_2 116.2万吨、氮氧化物49.3万吨，粉尘46.5万吨，其中，SO_2和粉尘排放量超出大气环境容量，粉尘排放量超载约6%。云贵两省各市州大气环境容量利用水平有较大差异，沿边经济带、滇西北产业区的部分市州大气环境容量利用率低于70%，其中，文山、西双版纳、德宏、迪庆SO_2，以及文山、黔西南氮氧化物容量利用水平均低于30%，容量空间较为宽松。滇中、滇东北、黔中和黔西的部分市州大气污染物排放超载。在云南昭通、贵州遵义和黔南州SO_2排放分别超载51%、20%和9%；昆明、红河氮氧化物排放均超载，其中昆明超载62%；云南玉溪、曲靖，贵州遵义、贵阳、六盘水和黔东南州粉尘排放量分别超出环境容量104%、19%、153%、21%、11%和9%。

2010年云贵两省资源环境综合承载力利用水平分别为75%和84%，均未超载（表7-5）。在云贵两省内部，各市州资源环境综合承载力利用水平差别较大。综合承载力利用过度的地区主要在滇中经济区、黔中经济区的部分市州。其中，昆明、玉溪、曲靖超载水平分别为72%、26%和9%。贵州六盘水、贵阳和遵义的资源环境综合承载力利用水平分别超载了10%、9%和18%。

表7-5 云贵地区资源环境综合承载力利用水平空间分布

承载力利用水平	市州
未超载	楚雄、丽江、大理、迪庆、怒江、保山、德宏、临沧、普洱、西双版纳、红河、文山、黔西南、安顺、黔南、黔东南、铜仁、毕节、昭通
超载0~25%	玉溪、曲靖、六盘水、贵阳、遵义
超载25%~50%	昆明

思考题

1. 什么是资源环境承载力？它有哪些特点？

2. 选择一个感兴趣的区域为案例，试述实施资源环境承载力评价的步骤和注意事项。

3. 资源环境承载力的综合评价有哪几种方法？

4. 试述承载力量化评估中评价指标的选择原则。

第八章　累积性环境影响预测与评价

第一节　区域环境影响预测

战略环境影响的预测、评估和减缓是战略环境评价的核心工作（Thérivel, 2004）。区域发展战略环境评价需要在区域经济社会发展预测的基础上，通过各要素数据的结合，对区域生态环境状况进行中长期发展的多情景、多方案测算，实现动态的预测和模拟过程，形成科学合理的预测结果。具体来讲，区域发展战略环境评价涉及的中长期预测大致包括四个方面：①区域经济社会发展规模预测，即发展情景设定。根据评价重点，涉及经济规模、人口规模、产业规模等。②区域空间布局与结构动态模拟。根据评价重点，涉及用地规模和扩张方向、产业空间结构变动等。③区域污染物排放与资源利用预测。④区域环境质量变化预测与中长期生态风险评估。

环境影响预测与模拟是研究和理解区域环境系统演变趋势的重要方式，也是揭示、探索和预测经济社会系统与生态环境系统耦合关系复杂性的手段。

一、大气环境质量模拟与预测

区域发展战略环境评价中的大气环境影响预测主要内容包括：根据评价区未来产业发展规划估算未来的污染排放清单，利用区域空气质量模式模拟未来情景年的区域空气质量状况，评估区域发展带来的大气环境变化特征。

（一）大气环境影响预测方法

大气环境影响的定量预测主要通过空气质量模型实现，它指的是建立在大气物理和化学科学理论和假设的基础上，用数值方法描述大气中污染物的传输、扩散、化学反应、清除等过程，通过输入研究区域的源排放、地形以及气象资料，运行模型获得空气质量数据，是分析大气污染时空演变规律、内在机理、来源贡献的重要技术方法。自20世纪70年代起，经过多年发展，空气质量模型的研究和应用经历了三代模型（Seinfeld et al., 2016）。第一代模型包括箱式模型、高斯扩散模型和拉格朗日轨迹模型，主要有ISC、AERMOD、ADMS、CALPUFF、OZIP/EKMA等。此类模型可初步估算城市尺度以内的大气污染状况，采用简单、高度参数化的线性机制描述大气物理化学过程，适用于模拟惰性污染物的长期平均浓度，但缺乏或仅有简单的对污染物化学反应过程的描述，难以模拟二次污染物状况。值得注意的是AERMOD、ADMS、CALPUFF模型采用了20世纪90年代以来大气研究最新成果，已弥补了传统第一代模型的主要缺点（谭成好等，2014）；第二代模型以欧拉网格模型为主，主要有UAM、ROM、RADM等，加入了较为复杂的气象参数与非线性反应机制，主要针对光化反应的气态或固态污染物，其模拟结果通常仅为单一介质（气相或固相）的输出浓度；第三代模型是以CMAQ、CAMx、WRF-CHEM、NAQPMS为代表的综合空气质量模型，基于20世纪末美国环境保护局提出的“一个大气”（One-Atmosphere）概念，考虑实际大气环境中多种污染物的相互转换和相互影响，并可模拟不同空间尺度下的空气污染浓度，提供了分析复合型和区域性大气问题的重要手段（李莉, 2013; 王自发等, 2006）。空气质量模型按空间尺度划分，可分为城市模型、区域模型和全球模型；按机理分，可分为统计模型和数值模型；从研究对象分，可分为扩散模式、光化学氧化模式、酸沉降模式、气溶胶细粒子模式和综合性空气质量模式（薛文博等，2013）。

由于区域发展战略在时间和空间上的宏观性，需要所采用的模型能模拟大气环境影响的长期变化特征，在时间尺度上充分考虑环境影响的长效性和累积性；同时，要求模型能表征和描述大尺度空间上的异质性，模拟污染物中远距离输送的影响，并分析本地和跨界输送的贡献。在影响因子的选择上，除了二氧化硫、氮氧化物、烟粉尘等常规污染物外，更应关注具有长期性、累积性、区域性的特征和复合型污染，如细颗粒物、酸雨、臭氧、光化学烟雾等。在实践中，多选用第三代空气质量模型（表8-1）。

表8-1 区域发展战略环境评价中大气模式特点及应用

模式	特点	应用
CALPUFF	三维非稳态拉格朗日扩散模式；可处理长距离污染物传输（大于50km）问题，模拟从几十公里到几百公里的中等尺度大气环境状况	西南（云贵）项目
CAMx	三维欧拉型区域空气质量模式；可模拟气态和颗粒态大气污染物（O_3，$PM_{2.5}$，PM_{10}，气态毒物，汞）的多尺度的大气污染问题；源追踪技术可对污染物进行来源贡献分析，研究跨界输送	西北（甘青新）、中原城市群、长三角地区等项目
NAQPMS	三维欧拉型化学模式；可同时模拟多重区域的沙尘、NH_3、SO_2、NO_x、O_3、CO、PM_{10}、$PM_{2.5}$等多种污染物浓度，并且耦合了污染源追踪与识别模块，能充分分析污染物区域输送	环渤海沿海地区、长江中下游城市群、西南（云贵）、京津冀地区等项目

专栏8-1 空气质量模型名称与缩写

ISC：Industrial Source Complex

AERMOD：AMS/EPA Regulatory model

ADMS：Atmospheric Dispersion Modeling System

OZIP/EKMA：Ozone Isopleth Plotting Method/ Empirical Kinetic Modeling Approach

CALPUFF：California Puff Model

UAM：Urban Airshed Model

ROM：Regional Oxidant Model

RADM：Regional Acid Deposition Model

CMAQ：Community Multiscale Air Quality

CAMx：Comprehensive Air Quality Model with Extensions

WRF-CHEM：Weather Research and Forecasting model coupled to Chemistry

NAQPMS：Nested Air Quality Prediction Modeling System

大气环境影响预测的主要依据和假设包括经济发展与产业结构情景、能源利用效率预测假设、污染物排放强度估算假设等。其中，①经济发展与产业结构情景一般由产业专题提供。②能源利用效率预测假设分为工业、非工业两类。工业能源利用效率预测假设根据评价区工业能源利用效率整体水平、行业特征，以全国能源利用效率为参照，提出工业能源利用效率预测假设。非工业能源利用效率预测假设主要指农业、生活、交通等的能源利用效率预测假设。根据国家节能标准的控制、能源结构调整、评价区在情景年能够达到的级别等确定评价区非工业领域能源利用效率预测假设。③碳排放强度假设依据：能源消耗与碳排放成正相关关系，特别是在能源结构不变的情况下，能源消费与碳排放呈线性关系。因此，首先计算基准年碳排放强度和能源利用效率，根据其与能源利用效率线性关系，与情景年能源利用效率结合，计算情景年碳排放强度。④污染物排放强度估算假设：首先计算基准年污染物排放强度，将基准年、情景年评价区工业产值、重点产业产值、能源利用效率（假设能源消耗与污染物排放线性相关）等指标引入污染物排放强度估算，并在此基础上充分考虑新工艺、新技术及清洁能源的应用带来的污染物排放量的减少。

以长江中下游地区战略环境评价为例，充分考虑长江中下游地区区域和城市污染物输送特点，NAQPMS模式共设置三重嵌套区域。第一层区域（D1）包括除南海领域的中国大部分陆地及周边一些国家，分辨率为80公里；第二层区域（D2）考虑到长江中下游地区与周边省份污染物相互输送影响，确定为河北以南，江苏、上海以西，广东以北，贵州以东地区，分辨率为20公里；第三层区域（D3）主要考虑长江中下游地区内部污染物相互输送影响，区域设置为安徽、湖北、湖南、江西四个省份，分辨率为5公里。

为衡量评价区周边地区对评价区空气污染贡献情况，运用NAQPMS的源解析技术-质量跟踪方法，通过对模拟范围内不同地区、不同产业的污染物进行标识和过程追踪，最终获得不同地区、产业所排放的污染物对评价区某一种污染物的贡献。根据长江中下游地区重点评价区域要求，结合周边地区与评价区的污染物输送影响，将模拟区域划分成19个区域，各区域编号为：1湖北，2安徽，3江西，4湖南，5陕西，6河南，7山东，8江苏，9浙江，10上海，11福建，12广东，13广西，14贵州，15重庆，16山西，17河北，18中国剩余地区，19其他国家和地区。

根据长江中下游地区大气污染物排放预测结果，将情景年各城市各行业污染物新增量加入排放源清单，以气象模式WRF的现状年模拟结果为气象场输入，运用NAQPMS进行情景年空气质量模拟，得到不同情景下2020年和2030年的空气质量模拟结果。

专栏8-2 NAQPMS模式

嵌套网格空气质量模式（Nested Air Quality Prediction Modeling System, NAQPMS）由中国科学院大气物理研究所王自发研究员课题组主持开发，是在充分借鉴吸收了国际先进的天气预报模式、空气质量模式的优点，结合中国各区域、城市的地理、地形环境、污染源的排放资料等特点建立的三维欧拉化学传输模式。该模式包括动态污染源、平流、扩散、干湿沉降、气溶胶过程、气相、液相和非均相大气化学反应模块，可同时模拟多重区域的沙尘、NH_3、SO_2、NO_x、O_3、CO、PM_{10}、$PM_{2.5}$等多种污染物浓度，并且充分考虑污染物区域输送，适用于区域-城市尺度的空气质量模拟和复合型污染控制策略评估，为评估污染物区域和行业贡献提供科学的研究工具。

NAQPMS模式集多污染类型和多尺度为一体，优势在于可以表征不同尺度网格内动态的空气质量状况，既可以研究区域尺度内的污染问题，又能研究城市尺度的空气质量等问题的发生机理及其变化规律，以及不同尺度之间的相互影响过程。此外，NAQPMS模式耦合了污染源追踪与识别模块，通过标记源排放和化学生成追踪污染物的输送过程，解析多个地区对目标地区污染物浓度的贡献率及各地区间相互输送量，定量研究区域跨界输送问题，为区域大气污染联防联控、协同治理政策的制定提供科学基础与技术支持。

（二）大气环境影响预测结果分析

大气环境影响预测结果分析主要包括能源利用效率和污染物排放强度估算结果分析、能源消耗量和污染物排放量估算结果分析、情景年空气质量预测结果分析。

1）能源利用效率和污染物排放强度估算结果分析

分析情景年评价区全社会、重点行业能源利用效率水平和污染物排放强度水平；与基准年比较，分析全社会、重点行业能源利用效率和污染物排放强度变化趋势。

2）能源消耗量和污染物排放量估算结果分析

分析情景年评价区全社会、重点行业能源消耗量及污染物排放量；与基准年比较，分析全社会、重点行业能源消耗量和污染物排放量变化趋势；分析基准年至情景年重点行业排放贡献变化情况。

3）情景年空气质量预测结果分析

方法：按照经济发展和产业情景设计，利用污染源普查数据、评价区排放清单、情景年产业发展规划、污染物排放量估算结果，制作区域空气质量数值模式所需的情景年排放源资料；评价区情景年气象场资料直接使用区域气象模式模拟计算的基准年气象场；将情景年排放源资料、基准年气象场资料输入区域空气质量数值模式，按需要的时间步长进行模拟计算，最终得到情景年污染场模拟结果。

分析要素：分析情景年评价区各污染因子年均浓度分布状况；与基准年比较，分析情景年各污染因子时空变化趋势；分析评价区大气环境突出问题在情景年的变化趋势。

4）情景年大气环境突出特征分析

基于上述分析结果，提炼评价区情景年大气环境突出特征。

二、水环境影响预测

区域战略环境评价中的水环境影响预测主要内容包括：根据区域经济社会发展或产业发展的规模、结构和布局预测结果，预测经济社会或产业发展带来的水污染物排放总量的变化情况；结合区域水环境承载力核定结果，分析经济社会或产业发展可能造成的水环境承载状况变化趋势及其空间分布特征；识别极端水文条件下的水环境承载能力风险。

（一）水环境影响预测方法

水环境影响预测包括污染负荷预测和水质响应模拟两个模块。污染负荷是指通过各种途径进入地表水体的污染物数量，是影响地表水水质的主要因素。正确描述和准确估计污染负荷的种类、数量和分布等是提高水质模型可靠性和流域水环境管理有效性的前提。污染负荷包括点源和非点源。前者主要指进入污水处理系统的城镇生活污染排放和产业污染排放，易于统计，便于控制；后者则包括农村生活污染排放、农业面源、畜禽养殖等，由于分布零散，难以监测和统计（章茹, 2008）。目前发展了一批模型用于非点源的模拟，典型的包括CREAMS、ANSWERS、AGNPS、HSPF、SWAT、SWMM等（曾思育等, 2006; 陈洪波, 2006）。相关模型的主要特点及已经在国内开展的应用研究如表8-2所示。20世纪八九十年代至21世纪初是国外模型引入的热潮期，期间有大量介绍性的和应用性的文献出现，而后其中的HSPF、SWMM和SWAT模型在本土化的应用中取得了较大的进展，也受到学者们普遍持续的关注。然而这些模型对数据要求比较高，在国内目前的监测水平和区域发展战略环境评价的尺度下难以适用，因此一些经验性非点源污染模型得以应用（李怀恩等, 1997; 张水龙, 2007），依据经验和分析获得污染负荷量或排放系数。

表8-2　常见非点源污染模拟模型比较

模型	特点	应用流域	文献
CREAMS	基于日降雨量资料计算降雨侵蚀力	川北深山低丘区	（朱雪梅等, 2011）
ANSWERS	适用于缓坡地形区的径流模拟、侵蚀模拟和农业污染物运移模拟	三峡库区小流域	（牛志明等, 2000; 张玉斌等, 2004）
(Ann)AGNPS	AGNPS是单事件均等划分Cell的模拟模型；AnnAGNPS是连续性的根据水文特征划分Cell的模拟模型	千岛湖流域、九龙江小流域、太湖流域、伏牛山区陶湾流域	（曾远等, 2006; 黄金良等, 2005; 田耀武等, 2016; 王飞儿等, 2003）
HSPF	适用于不同尺度流域的非点源污染模拟研究，将数学方法应用于水文计算和预报，可对陆地表面、亚表面和地下水的水文路线以及污染物的输移进行模拟	太湖地区、滇池流域、东江流域	（白晓燕等, 2014; 罗川等, 2014; 邢可霞等, 2004; 薛亦峰等, 2009）
SWAT	根据出水口位置、土壤类型、土地覆被等划分HRUs，进行连续模拟的分布式水文模型	黄河河源区、海河流域	（李道峰等, 2004; 秦耀民等, 2009; 王中根等, 2008）
SWMM	对单场暴雨或者连续降雨而产生的暴雨径流进行动态模拟，进而解决与城市排水系统相关的水量与水质问题	深圳河湾地区、温州市典型住宅区、西安城市雨水花园	（董欣等, 2006; 李家科等, 2014; 马晓宇等, 2012）

水质响应模型用来模拟沉积物或污染物在河流、湖泊、水库、河口、沿海等水体中的运动和衰减转化过程，常用模型包括以下几种：①统计经验模型，多数通过贝叶斯等复杂的统计模型与算法模拟机理模型，实现复杂机理模型的统计

化抽象，便于与其他模型进行耦合；②简单机理模型，包括适用于湖泊水库水质模拟的完全混合箱式模型、分层水质模型等和适用于河流水质模拟的零维、一维和简单的二维模型；③复杂机理模型，多数形成了软件包系统，比较成熟的复杂机理模型包括CE-QUAL-W2、WASP、MIKE SHE、EFDC、QUAL2E等（Ji et al., 2002; Lung and Nice, 2007; Warwick et al., 1999），这些模型在我国河流、水库及流域尺度上都有一定程度的应用（表8-3）。同污染负荷预测一样，复杂机理模型虽然对系统的模拟更精确，但对数据要求比较高，在区域发展战略环境评价的大尺度上难以应用，因此简单的经典机理模型应用较多。

表8-3　水质响应模型比较及应用

模型	特点	应用	文献
CE-QUAL-W2	二维横向平均水动力学和水质模型，尤其适用于相对狭长的水体的水质评估，对于河流、湖泊、水库及河口均适宜	福建山仔水库、龙川江支库	（梁俐等, 2014; 庄丽榕等, 2008）
WASP	基本方程是一个平移、扩散质量迁移方程，可用于对河流、湖泊、河口、水库、海岸的水质进行模拟，可与其他模型相连运行，分析各类污染的水质响应	东辽河流域、湘江中下游	（龚然等, 2014; 姜雪等, 2011; 孙豪文, 2013）
MIKE SHE	基于物理过程的分布式水文模型的典型代表，特别是具有对地下水的三维动态模拟功能，模型构建灵活	潮河流域、汉江流域、华北平原	（柏慕琛, 2017; 赖冬蓉等, 2018; 王盛萍等, 2010）
EFDC	三维水动力水质模型系统，集成水动力模块、泥沙输运模块、污染物迁移转化模块和水质预测模块，可用于包括河流、湖库、湿地和近岸海域等水体一维、二维和三维物理化学过程的模拟	深圳水库、滇池流域、胶州湾、同里古镇区水系	（陈异晖, 2005; 丁一等, 2016; 唐天均等, 2014; 王翠等, 2008）
QUAL2E	一维水质模型，适用于模拟完全混合的枝状河流水质	长江重庆主城区段、大沽河干流青岛段	（徐进等, 2004; 张智等, 2006）

（二）水环境污染负荷预测

水环境污染负荷预测主要包括工业源和生活源的污染物排放量预测。

工业污染物排放量一般采用排放强度法进行预测，即污染物排放量等于预测年经济规模与污染物排放强度的乘积。其中预测年经济规模来自产业专题提供的情景，污染物排放强度设计不同情景，体现技术水平变化。

生活源水污染物排放量预测一般采用产污系数法（即由人口规模乘以产污系数估算），并考虑生活污水处理率及COD、氨氮去除率。

（三）水质预测

水质预测的基本步骤是：根据区域水质现状、污染物排放特征等，选择需预测的水环境污染物，一般包括化学需氧量、氨氮或总氮、总磷以及其他特征污染物；基于水环境污染负荷预测，估算污染入河量，一般按枯平丰水期分别考虑；基于一维、二维水质模型，估算评价区内主要河流干流、支流的水环境质量。

以黄河中上游能源化工区重点产业发展战略环境评价项目为例，根据黄河中上游水质现状和重点产业排放特征污染物情况，选用化学需氧量、氨氮和全盐量三个指标作为水质预测指标。水质预测在支流和干流两个层次上进行。

1. 支流水质预测

由于重点产业发展战略仅是以市为单位进行重点产业规模和布局规划，并且废污水排放都以黄河干流为最终受纳水体，很难明确重点产业废污水的排水去向。对于各地市境内黄河大小支流很难准确核算入河污染物，为此遵循质量守恒原理进行支流水质估算，对黄河下河沿至三门峡区间的主要支流窟野河、无定河、延河、汾河等进行水质预测分析。

$$C = \sum_{i=1}^{n} g_i / Q$$

式中，C为污染物浓度；g_i为各地市进入支流污染物量；Q为支流汇入黄河水量。

2. 干流水质预测

在对黄河干流水力特性和排污特性充分调查分析基础上，进行合理的概化，把黄河众多支流处理为源项，建立黄河干流一维水动力学和水质数学模型。

采用MIKE 11建立一维非恒定流和污染物输运数学模型，基本方程为圣维南方程组和对流扩散方程，模拟范围为黄河干流下河沿水文站至三门峡水库库尾间1958公里黄河干流和渭河林家村水文站至渭河入黄口段388公里渭河干流，模拟范围内其他黄河一级支流处理为源项、排污口和农灌排水渠处理为源项、农业灌溉引水和城镇生活引水处理为汇项，同时加入各主要水工建筑物。在对河道、水工建筑物、排污口等合理概化之后，采用实测数据进行水动力和水质模型参数率定与模型验证。而后，输入不同情景下污染物负荷情况，得到干流水质预测结果，并进行方案比选。

第二节 污染累积环境影响辨识与评估

一、污染累积环境影响评价框架

（一）概念框架

累积环境影响指环境系统在时间上和空间上以叠加或交互的方式发生的累积性变化，这类变化来源于单个或多个、相似或不同的人为活动（Spaling, 1994），每一活动如被单独考虑可能不会成为环境危害的显著贡献者，然而在一定区域范围内由一系列活动引起的环境系统变化有可能最终导致环境问题。累积环境影响来源于时间上和空间上过于密集的环境扰动。开展累积环境影响评价应作为战略环境评价的一项重要内容(Gunn and Noble, 2011; 都小尚等, 2010)。需要指出的是，累积环境影响是造成中长期生态风险的重要因素，在评价过程中两者密不可分。本节内容侧重讨论污染型累积环境影响，生态型累积环境影响将于第九章阐述。

累积影响评价的理论研究和实践工作在美国、加拿大已进行了40多年（严勰, 2010），常见的是在单个项目环评中适当考虑过去、未来相关项目的累积效应（Gunn et al., 2011）；针对区域开发、区域规划等大尺度的、多种人类活动的累积环境影响的评价多处于理论研究和学术讨论阶段（Foley et al., 2017; Thérivel et al., 2007）；从评价框架和评价方法上看，累积影响评价与战略环境评价的结合存在难度，主要体现在现行的战略环境评价框架或评价流程未明确要求需进行累积环境影响评价、累积环境影响的评价方法较为复杂、战略环境评价的多样化和综合性特征加大累积环境影响评价的复杂性（Gunn et al., 2011; Thérivel et al., 2007）。

2008年来的区域发展战略环境评价项目进行了一些累积环境影响评价的实践与探讨。例如，在五大区域重点产业发展战略环境评价中，累积环境影响被定义为：区域中已有和规划的重点产业的结构、规模与布局，结合区域内社会经济发展的各种活动所导致的对资源环境各要素在时空上的影响，这些影响以加和或协同的方式表现。累积环境影响的评价重点内容在于生态环境受体的负面变化，诸如复合型环境污染、跨区域环境问题、重金属的土壤和生物体富集、栖息地破碎化、生物多样性减少、土地利用格局变化等（图8-1）。

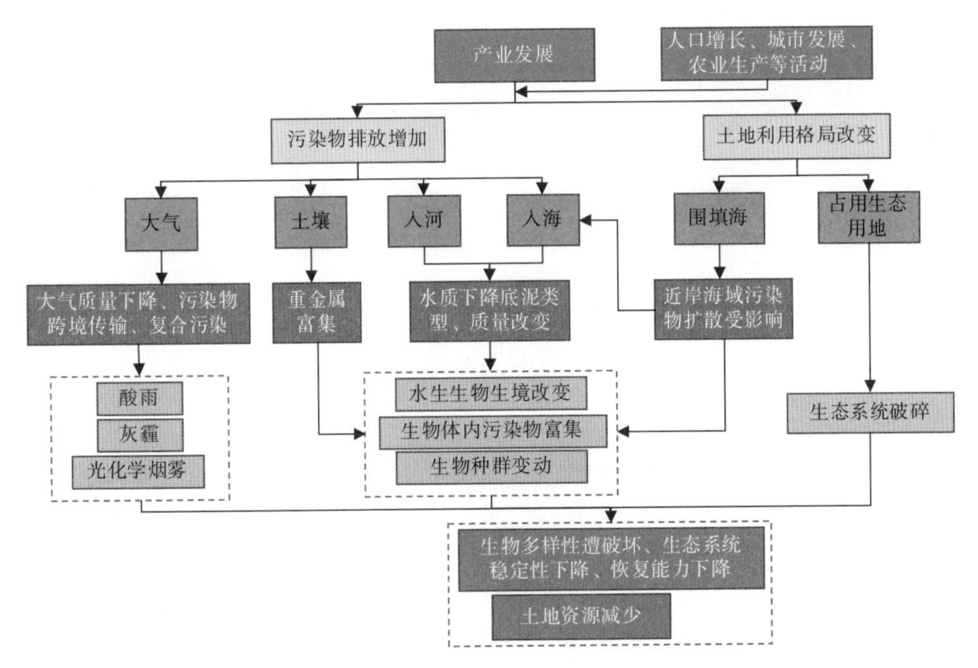

图 8-1　五大区域重点产业发展战略环境评价的累积环境影响评价主要内容

有多种方法可用于分析和评估累积环境影响。Smit等（1995）将相关方法分为两类：分析类方法包括空间分析、网络分析、生物地理分析、互动矩阵、生态建模和专家意见；规划类方法包括多准则评估、规划模型、土地适宜性评估和过程导则（表8-4）。基于地理信息系统的空间分析、景观分析和模拟被认为是实现定量累积环境影响评价的有效方法。司训练等（2014）评述了地理信息系统、系统动力学、矩阵法、线性规划和过程导则在累积环境影响评价中的重要作用，并认为将多种方法综合运用，能够克服单一方法使用时的缺点，更加完善地评价累积环境影响的整个过程。此外，模糊系统分析、环境数值模型等方法也有所使用。

表8-4　累积环境影响评价的分析类方法与规划类方法（严飔，2010）

类别	方法	主要特征	分析模式	代表方法
分析类方法	空间分析	地图的时空变换	连续的地理分析	GIS
	网络分析	确定系统的核心和相互作用	流程图；网络分析	回路分析；Sorenson 网络
	生物地理分析	分析景观单元的结构和功能	地域模式分析	景观分析
	互动矩阵	附加的交互影响的加和；确定高层次的影响	矩阵乘法和集合方法	Argonne 被数矩阵；扩展的CIM
	生态建模	作为环境系统或系统组分的模型	数学模拟模型	假设森林采伐模型
	专家意见	运用专家意见解决问题	组群过程技术	因果关系图

续表

类别	方法	主要特征	分析模式	代表方法
规划类方法	多准则评估	运用目标对可选择方案进行评价	参数的估值	多属性权衡分析
	规划模型	在指定的约束条件下使可替代目标的作用最优化	优化模型	线性规划
	土地适宜性评估	运用生态目标确定可能的土地利用的位置和强度	利用生态指标确定生态健康和目标极限的可接受水平	生态系统基础规划的土地扰动目标
	过程导则	执行累积影响评价的逻辑框架	程序步骤的系统序列	Snohomish 导则，累积影响评价决策树

（二）程序步骤

累积环境影响评价的概念框架基于因果关系模型建立，包括累积影响源、累积影响途径、累积影响结果，分别对应了原因、方式和结果（李巍等, 1995）。累积影响源为人为活动，在区域发展战略环境评价中指被评价的区域发展战略，包括已有和规划的经济社会发展或产业的结构、规模与布局，是多项人为活动的组合。累积影响途径指人为活动作用于环境系统的方式，主要指通过协同作用引起环境系统的变化，这种变化要大于通过简单加和所引起的环境变化，体现了区域发展战略环境评价中累积影响的复杂性、动态性和不确定性。累积影响结果指人为活动引起的环境系统变化，一般分为时间累积效应、空间累积效应、协同作用累积效应。

累积环境影响评价的主要程序步骤包括：确定评价的时间和空间范围；确定受影响的对象，即环境受体；确定过去、现在以及未来人类活动已经或即将对评价对象产生的影响；预测被评价的人类活动对环境受体的协同影响、影响程度和范围；为管理或减缓累积环境影响提出建议。

二、污染累积环境影响评价内容

根据累积环境影响的成因及表现形式分为时间累积、空间累积、协同作用累积（Spaling, 1994），这三类影响不是独立的，某一种累积性环境问题的产生往往是这三种影响相互交叉、共同作用的结果。

（一）时间累积

时间累积指环境影响在时间上的持续累加，导致环境要素缺乏恢复原态的可能，按环境受体可分为水体污染累积、大气污染累积、土壤污染累积和生物体污染累积。重点关注污染物的“富集效应”，如特征污染物在植物/贝类/鱼类等生物体内的富集、重金属在土壤中的富集。

重金属汞的大气沉降量与冶金等产业的产值在空间上呈现出一定的正相关。以长江中下游城市群为例，经预测，2020年，武汉、长沙、合肥、南昌等核心省会城市及其主导风向（东南风）的下风向区域的重金属大气沉降量较高。武汉城市圈的农田几乎全部都位于大气重金属沉降的高值或较高值区，特别是武汉、孝感、鄂州、黄石等城市；由于天门、潜江、仙桃及荆州市农田面积占比大，也受到了重金属大气沉降的明显影响。皖江城市带受重金属大气沉降影响较强的主要有两个区域，其一是合肥、六安交界区，其二是铜、芜、马三市的沿江区域，这些区域均为工业产业布局区域。

（二）空间累积

空间累积指由于多种活动在空间上相互叠加对环境的影响，即城市发展、人类生活、农业、工业发展等活动对环境要素的叠加影响，例如地表水或大气环境污染物累积；近岸海洋水环境污染物累积，海洋生境改变。

运用CALPUFF、NAQPMS 模式对地方发展意愿情景下的环渤海地区大气污染态势进行模拟。到2020年，环渤海沿海地区二氧化硫排放量由2007年的161.7万吨增加到239.5万吨，增加了近50%；氮氧化物由84.7万吨增加到140.5万吨，增加了近66%；PM_{10}由93.3万吨增加到136.7万吨，增加了近47%。空气质量模式模拟结果表明，到2020 年，以北岸产业带的营口、西岸产业带的唐山、滨海新区、南岸产业带的滨州、东营为高污染区的分布特征仍然存在，污染程度进一步加重，高污染区域进一步扩大。与基准年模拟结果相比，二氧化硫年均浓度增幅较大的地区为唐山、营口、东营，整个评价区内超标区域面积增加了1倍以上，由2007年占评价区的0.5%增加到1.1%，烟台、潍坊的二氧化硫污染有明显扩张；氮氧化物增幅较大的地区为唐山、滨州，唐山出现年均浓度超标，营口、滨海新区、东营也接近于国家二级标准；PM_{10}增幅较大的地区为营口、东营、烟台，营口、唐山、东营成为PM_{10}年均超标区域，整个评价区内PM_{10}超标面积增加了11倍。

（三）协同作用累积

协同作用累积指多种污染物由于物理化学过程产生的另一种较为严重的环境影响，协同作用使得总的环境效应大于各个环境效应的总和。例如大气的复合污染，污染物浓度及种类的增加、跨境传输所导致的酸雨、灰霾天气出现且频率增加。

据预测，长江中下游城市群$PM_{2.5}$年均浓度到2020年达到污染峰值，灰霾污染概率进一步加大。与现状年相比，2020年尽管长江中下游地区$PM_{2.5}$一次排放总量几乎未改变（按照PM_{10}排放折算），但$PM_{2.5}$的前体物SO_2和NO_x排放量均有所增加。因此，到2020年长江中下游地区$PM_{2.5}$年均浓度较现状年有所上升，整体上增幅为10~20 μg/m³，超标面积进一步扩大，超过国家二级标准2~3倍。到2030年，前体物SO_2新增排放量非常小，NO_x和一次排放量均比现状年有所减少。因此，在此排放情景下，2030年$PM_{2.5}$年均浓度较现状年有所减小，整体上减幅为8~16 μg/m³，$PM_{2.5}$仍然处于超标，超标面积有所减小，主要超标城市为武汉城市圈大部分城市、合肥、马鞍山、长沙、南昌等。

思考题

1. 战略环境评价和建设项目环境影响评价中，都包含了环境影响预测，试比较它们的区别。

2. 试述水环境影响预测的常用模型及其特点，举例说明其应用情况。

3. 区域大气环境影响预测的特点是什么？

第九章　中长期生态风险评估

第一节　中长期生态风险基本特征

区域发展战略环境评价中的中长期生态风险评估，是针对评价区域生态系统特点，从大尺度和中尺度两个层次分析人类活动对生态系统的总体影响，识别区域生态系统的组成及其风险源，确定风险表征和风险程度，分析风险过程，从较长的时间尺度和较广的空间尺度预测区域经济发展和产业活动对生态系统的负面影响——风险概率和损失大小，理清区域发展与区域性生态系统退化之间的关系，指导区域经济和产业发展的强度与布局，并提出防范措施，达到从源头上预防生态退化的目的。

一、不确定性

生态风险的不确定性表现在风险源的多样性和风险形成机制的复杂性。区域发展战略环境评价中的生态风险评估由于作为风险源的区域发展战略本身的不确定性和复杂性，使其在较长时间尺度和较广空间尺度上面临着更加复杂的不确定。一是区域发展战略涉及众多经济社会活动，其发展规模和空间布局多样，导致风险源更多、布局更广；二是区域发展战略环境评价涉及较大的空间范围，不同风险源之间存在叠加效应、风险过程存在协同作用，使风险发生的时间、地点、强度和范围更加难以预测。

二、空间异质性

空间异质性是区域发展战略生态风险的另一个重要特征，它表现在以下几个方面。一是评价区生态保护目标的差异性，由于评价区空间范围大，包含了多种生态系统类型和多种生态系统服务功能，各个子区域的生态保护目标存在差异；由于评价时间跨度大，随着经济社会的发展，不同发展阶段对同一区域的生态保护目标也将提出不同的要求。二是风险受体的差异性，表现在同种类型的区域发展活动对生态单元的受体存在差异，例如矿产开发活动的风险受体，在草原区域是重要草种、在森林区域是优势树种和重要动植物生境、在湖泊区域则是重要水生生物，针对不同的风险受体，其生态风险表征的指标和标准均有差异。三是风险传递路径的差异性，由于区域中存在不同生态系统，同一种风险在其中的传递路径存在差异，例如重金属污染在土壤、农田、水体等不同类型生态系统的传播路径和富集机制不同，在评价时需分别考虑。

三、跨区域尺度

区域发展战略生态风险的跨区域尺度特征体现在从更宏观的视角审视和评估生态风险，即从区域发展战略可能导致的区域生态系统整体健康水平下降（如植被退化、跨流域污染、跨区域大气污染问题）、区域生态系统服务功能难以保持（如水源涵养、防风固沙、生物多样性保护等）、区域代表性指示物种生境受到破坏（如栖息地破碎化、面积减少、生态廊道破坏等）等方面，从涉及较大空间尺度、动态变化的角度去评估生态风险，提出减缓建议和对策。

第二节　中长期生态风险评估框架

一、主要内容

区域发展战略环境评价关注以下三类生态环境风险，其中前两类风险类型在前文中阐述，本章主要阐述第三类风险类型：

（1）累积性环境风险。关注长期、慢性的影响可能导致的区域累积性环境风险。识别环境风险源，如经济规模扩张、产业集聚带来的各类污染物排放；风险受体，如森林、湿地、农田、水域和人群；评价终点为人居环境系统中人、环境、生态三种因素对风险压力的响应，表现为健康危害、生态破坏和环境污染。

（2）突发性环境风险。有针对性地考虑危化行业企业发生事故、危化品运输中发生事故等，在瞬间或短时间内排出大量污染物，若应急处理不当引起有毒有害化学品泄漏、扩散，或易燃易爆物质爆炸引起火灾，污染事态扩展蔓延，并产生新的环境污染。

（3）中长期生态风险。一方面，有针对性地考虑区域发展对生态敏感区或生态脆弱区的影响，尤其是建设用地空间扩张、人口和产业聚集带来的空间占用等。

另一方面，还应分析生态系统本身的中长期风险，例如海水入侵、海岸侵蚀、生物多样性损失等。

区域尺度的中长期生态风险评估，其不确定性、跨区域尺度和空间异质性特征尤为突出，具有多风险因子、多风险受体、多评价终点特点，因而比一般生态风险评价更复杂。其理论和评价方法涉及更多学科，综合环境学、生态学、地理学、生物学等多学科知识，采用数学、概率论等风险分析手段以及遥感、地理信息系统等空间分析技术来分析、预测和评价具有不确定性的灾害或事件对生态系统及其组分可能造成的损伤。

区域中长期生态风险评估一般包含以下步骤：分析由于区域经济发展、资源开发或产业发展导致的区域生态胁迫特征，从资源消耗和生态空间角度识别出区域开发的生态风险源，并分析其对生态系统结构、过程、功能等受体的影响。常用的定量评价方法主要是构建生态风险评价指标体系，一般包括敏感性、脆弱性等指标，可结合叠图法、生态足迹评价等。明确生态风险的空间分布及风险特点，进行区域生态风险分区，提出区域开发生态风险的具体防范措施。

区域生态系统是一个复合的生态系统，包含了多种生态系统类型，面临的经济社会发展水平、经济活动类型等带来的风险源也不尽相同，主要生态风险类型和程度也有差异（表9-1）。

表9-1　不同类型生态系统风险受体特点和风险类型

生态系统	风险受体特点	生态风险类型
湿地生态系统	水陆交错带，对外界干扰极为敏感	河流断流、重要湿地退化或消失、珍稀物种典型生境退化或消失
荒漠生态系统	生态系统结构简单，生态稳定性差，生态系统极为脆弱	土地沙漠化、荒漠生态系统功能损伤
草原生态系统	生态系统食物链结构简单、受人为干扰极易发生退化	水土流失、草原生态系统退化、珍稀物种典型生境退化或消失
森林生态系统	生态功能极为重要的生态系统	水土流失、森林生态系统退化、珍稀物种典型生境退化或消失
灌丛生态系统	生态功能极为重要的生态系统	水土流失、灌丛生态系统退化、珍稀物种典型生境退化或消失
农田生态系统	受人为作用强	水土流失、农田生态系统功能损伤

二、主要方法

区域战略环境评价中的生态风险评估主要方法有生态风险指标体系、相对风险评价模型、景观格局分析、土地利用模拟方法、空间分析方法等。

（一）区域生态风险评估指标体系

根据区域生态系统的特征及其功能建立指标体系，由两部分组成：区域风险源与生态系统受体（表9-2）。其中区域风险源包括自然风险源与规划风险源，重点考虑潜在的人为风险，主要识别出工业集聚区发展、城市建设扩张、沿海开发、农业生产发展等规划风险源；生态系统受体主要考虑生态系统重要性（如生物多样性、水源涵养和土壤保持等生态系统服务功能）和生态系统脆弱性（如水土流失）。区域生态风险评估指标体系可以是生态系统的结构、功能和过程指标，也可以是社会经济和景观格局、土地利用指标。

表9-2　区域生态风险评估典型评价指标

区域	指标体系
环渤海沿海	自然风险：风暴潮、海水入侵、暴雨山洪、地质灾害、水土流失 产业发展风险：占地、污染物累积
西南地区	生态重要性指数、生态脆弱性指数
长江中下游城市群	产品提供功能、洪水调蓄功能、水土流失风险、生物多样性丧失风险
长三角地区	自然风险：风暴潮、暴雨洪灾 人为风险：工业集聚区发展、城市建设扩张、沿海开发、农业开发 综合生态损失：生态重要性（水源涵养、生物多样性维持、土壤保持）、生态脆弱性（水土流失敏感性、生态组织弹性、人口压力、经济压力、资源压力）

考虑到生态系统的空间异质性，可借助遥感和地理信息系统技术将区域尺度的空间范围分解成小尺度的空间单元，首先评价每个空间单元上的生态风险，再将评价结果表达在区域尺度上，实现整体区域生态风险评价。

（二）相对风险评价模型

为了快速便捷地进行区域生态风险评估，Landis Wiegers在传统生态风险评估的基础上首次建立了相对风险模型（Relative Risk Model, RRM），该模型被广泛运用于区域生态风险评估。RRM模型通过分析风险源、受体和生态终点的相互作用关系，采用分级系统对评价区内各类风险源及生态系统进行等级评定。利用RRM模型得到的生态风险关系是一种相对风险关系，可用于区域内不同评价小区间风险程度的比较。

RRM模型的步骤包括：①区域风险管理的目标；②区域风险管理相关的潜在风险源和生境进行制图；③根据风险管理目标、风险源和生境对区域进行进一步划分；④建立连接风险源、受体以及评价终点的概念模型；⑤根据评价终点，确定相对风险计算的等级系统；⑥计算相对风险值；⑦对风险等级进行不确定性和敏感性评价；⑧为将来样地和实验室的调查建立可检验的风险假设，目的是减少风险评价的不确定性和确定风险的等级；⑨检验上一步骤中的风险假设，对相对风险和不确定性进行表达以便与区域风险管理目标相对应。

以珠三角地区发展战略环境评价为例说明相对风险评价模型的应用。为评价地级市的环境风险水平，同时识别出珠三角地区环境风险的优先管控目标，采用相对风险评价模型进行区域累积性环境风险的相对评价，主要关注通过长期、慢性的影响可能导致的区域累积性环境风险。

基于对珠三角地区环境风险现状和规划环境风险分析，提出相对风险评价示意图（图9-1）。环境风险源主要为城镇化相关风险源和工业化相关风险源，前者主要表现为建设用地扩张、人口增长集聚带来的空间占用和污染物排放，后者主要表现为工业废水类、废气类和固体废物类风险物质排放，其中排放各类风险物质的产业风险源根据珠三角地区的污染排放贡献、地区产业发展情景以及产业污染特征确定。风险受体主要为生态环境和人居环境，根据珠三角地区主导的和特色的生态系统类型，确定主要风险受体为森林、湿地、农田、水域和人群。评价终点为人居环境系统中人、环境、生态三种因素对风险压力的响应，表现为健康危害、生态破坏和环境污染。

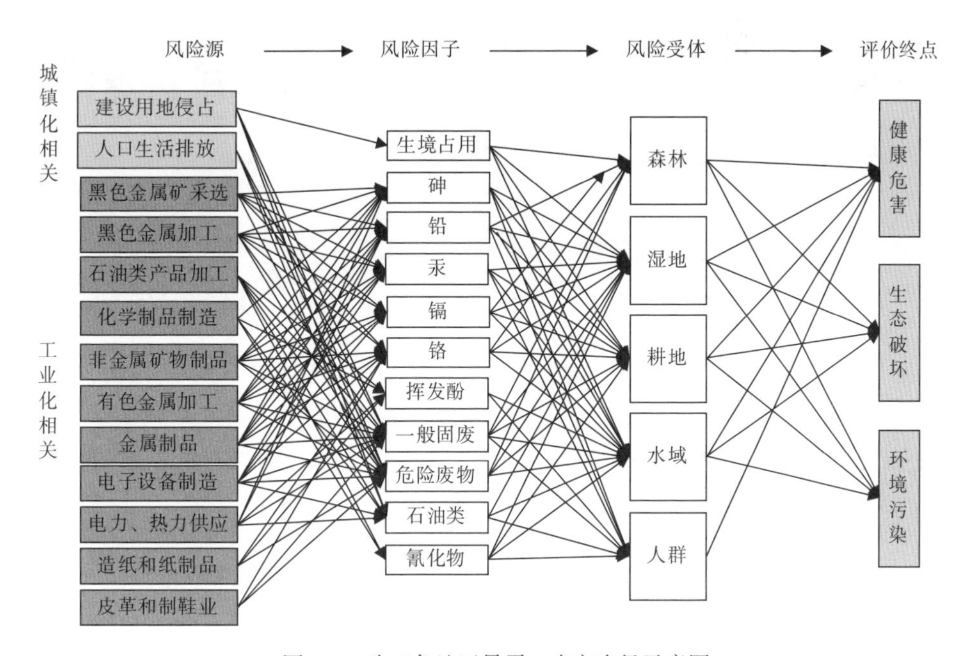

图 9-1 珠三角地区暴露 - 响应途径示意图

相对风险模型对各风险链条（由各地级市不同风险源、不同评价受体和不同评价终点组成）的风险值进行叠加，得到工业化和城镇化过程中各地级市相对风险值，并根据相对风险值的贡献率，筛选出威胁较大的环境风险源和面临最大压力的评价终点。通过这一过程对珠三角地区城镇化（建设用地占用和人口排污）和工业化（对区域污染物贡献率较大的产业）进行相对风险分析（图9-2）。

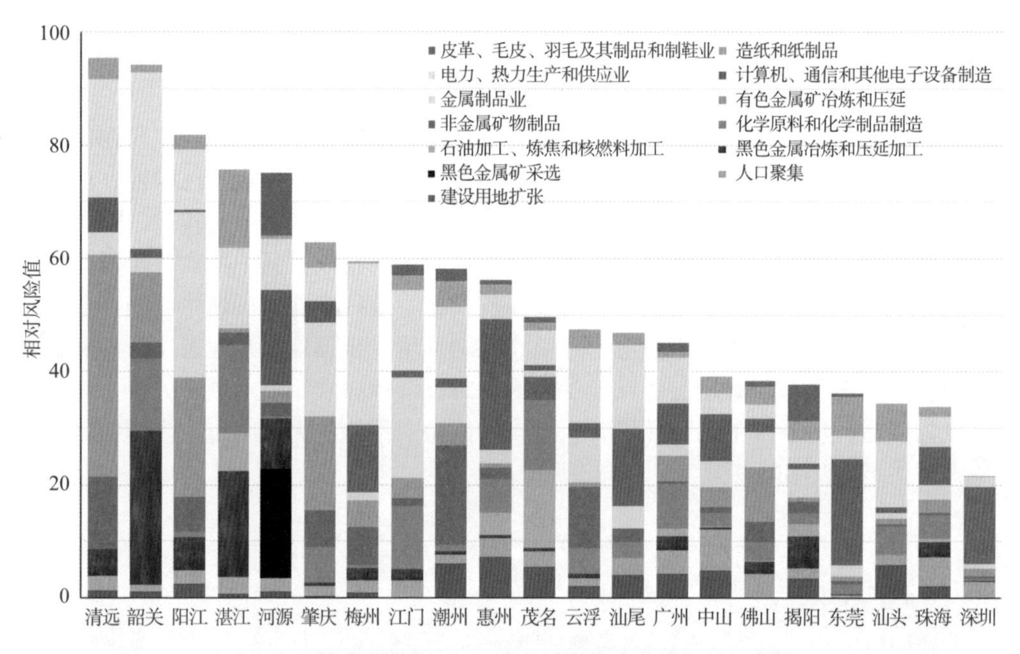

图 9-2　珠三角地区 21 地级市不同风险源的相对风险值

粤北大部分城市（如清远、韶关、河源、梅州），以及粤西（阳江）和粤东（湛江）的部分地级市相对风险值较大，意味着这些城市是珠三角地区环境风险较大的区域，应重点加强对这些区域的环境风险预防和监控。

梅州、清远、湛江、肇庆、韶关等地级市的人群健康相对风险值较大，应增加区域人群健康状态追踪，通过识别重点区域的敏感人群，加强预防和保障投入，加强对这些区域人群健康的关注。

第三节　不同类型的中长期生态风险评估

一、空间占用型生态风险评估

空间占用型生态风险评估主要分为两类：一是基于土地利用变化模型预测土

地利用动态变化；二是梳理和汇总各规划中的土地利用变化情况。

（一）基于土地利用变化模型

基于土地利用变化模型预测土地利用动态变化过程以及土地利用各类型之间的相互转化情况，对区域发展对生态系统影响的开展定量或半定量评价。元胞自动机（Cellular Automata, CA）、多智能体（Agent-Based Model, ABM）模型、土地利用变化及效应模型（Conversion of Land Use and its Effects Model, CLUE; Conversion of Land Use and its Effects at small region extent, CLUE-S），是土地利用格局和演化模拟的主流方法。

长江中下游城市群战略环境评价项目基于土地利用驱动力分析预测不同情景下各种生态系统面积变化，利用CLUE-S模型模拟各情景下生态系统的空间格局。模拟结果（图9-3）显示：城镇生态系统仍将持续扩张，长江南部地区扩张速度较快，北部地区扩张速度相对较慢；农田生态系统仍将持续减少，山区变化较为剧烈，平原河湖地区农田保持较为稳定；森林生态系统保持稳定，尤其是山区地带的森林得到保育，而平原地区有所减少；湿地生态系统受人为干扰严重，将持续萎缩，尤其是草本沼泽湿地，变化幅度较大。

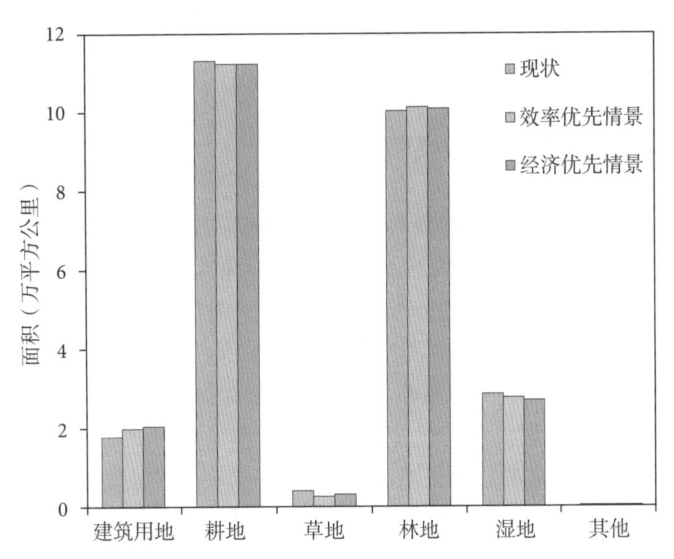

图 9-3　CLUE-S 模型模拟的长江中下游城市群不同情景下各生态系统面积变化

（二）梳理和汇总各规划中的土地利用变化情况

梳理和汇总已有规划，特别是土地利用规划、城市规划、工业园区规划，确定区域经济和产业发展的空间分布趋势，尤其是建设用地外扩范围；通过与区域综合生态风险、区域生态红线、区域生态敏感区等生态要素叠加，分析经济活动与生态空间的冲突。

在珠三角地区，出于降低珠三角城市群局部污染负荷和发展高端产业的需求，根据到2020年和2030年的相关规划，珠三角城市群各类行业均有向粤东西北地区转移的趋势。但对于粤东西北地区而言，由于发展诉求强烈，许多转移园区选址距离水源保护区和城镇居民区非常近，对区域饮用水安全保障和人居环境安全保障构成威胁。还存在引进产业不合理的问题，表现为在水源保护区上游、水源涵养区引进水污染企业，在城市上风向引进大气污染企业等。

长江经济带建设将提升航运业在长江经济带中的地位，航运发展将成为长江中下游城市群发展的重要内容。据长江中下游城市群战略环境评价项目预测，至2020年，评价区长江干流货运吞吐量达到2.96万吨左右，约为2010年的3倍，长江干流中岸线24.6%转变为人工岸线，是2010年的2.1倍。荆州至九江段多个港区与四大家鱼产卵场重合，尤其是荆州、武汉、黄冈的长江河道家鱼产卵场与港区的空间冲突十分明显，港口岸线开发与河道整治将对长江水生生物造成更为严重的胁迫。

二、海陆统筹目标下的生态风险评估

沿海地区是承载经济和产业发展的关键区域，在国家、地区发展战略和规划下，是新一轮城镇化和工业化的热点地区，成为推动经济和产业发展的新空间。沿海地区的湿地、滩涂等自然岸线构成的生态廊道对构建区域生态安全格局至关重要，具有抵御海洋灾害、生物多样性保护、保障食品安全、减缓与适应气候变化等关键作用，是实现海陆统筹目标的重要组成。在12个区域发展战略环境评价项目中，评价范围涉及海洋的项目有6个。在项目实践中发现，沿海地区突出面临着沿海生态空间被占用、自然岸线比重持续下降，近岸海域环境质量污染严峻、入海污染物量大等生态环境问题。海陆统筹发展是沿海地区经济协调发展的迫切要求。

海陆统筹的核心内容是海陆区域复杂系统的协调，包括海陆经济、社会、环境和生态子系统的统筹。在区域发展战略环境评价的中长期生态风险评价中，重点关注海岸带和近岸海域地区中经济与产业布局与生态单元的空间冲突，入海污染物与近岸海域容量的规模冲突等。

针对海陆统筹目标，设置生态风险评价指标体系（表9-3），主要包括生态空间指标，如自然岸线长度或比例、沿海滩涂面积或格局，近岸海域环境质量指标，如近岸海域水质优良比例、入海污染物通量控制指标。

表9-3　海陆统筹目标下的生态风险评价指标

项目	指标	指标值
环渤海沿海地区	入海污染物通量	COD低于140万吨、无机氮低于13.4万吨
	自然岸线长度所占比例	不低于66.8%
	重点保护岸线长度所占比例	不低于30.3%
珠三角地区	自然岸线比例	到2020年、2030年大于35%
	近岸海域水质优良比例	到2020年大于85%
海峡西岸经济区	自然岸线保留率	到2020年不低于70%
	近岸海域环境功能区达标率	到2020年不低于80%
长三角地区	自然岸线保护力度	加大保护力度
	沿海滩涂	增划一定比例生态保护空间 增强跨界红线空间联通性
京津冀地区	近岸海域水质优良（一、二类）比例	到2020年达到70%左右
	自然岸线	115公里、占比20%以上

渤海是我国唯一的内海，生态条件优越、生物多样性丰富，其沿海地区是维持渤海生态功能的重要缓冲区，在国家区域生态安全格局中占有重要地位，具有“渔业的摇篮”“鸟类的国际机场”等美誉。然而，近年来环渤海沿海地区海陆交汇带受到产业发展影响变化显著，生态缓冲功能遭到严重破坏。重化工行业沿海布局的空间扩张态势突出，根据各相关规划，将2020年规划的重点产业园区空间分布与环渤海区域自然生态风险分布图叠加，可形成2020年区域内产业聚集区与生态风险的空间关系图。结果显示（表9-4），根据2020年环渤海重点产业发展的空间分布，重点产业园区面积增加、空间外扩，未来重点产业园区分布呈现出较为集中的格局，集中分布的地区主要位于天津市滨海地带、沧州市和滨州市的东北部，唐山市东南部、秦皇岛、葫芦岛局部。这些地区多面临地面沉降、海水侵蚀、海水入侵、风暴潮、水土流失等危害，重点产业发展的生态风险较高。

表9-4　环渤海沿海地区2020年部分产业聚集区与生态风险的关系

主要产业园区	主要生态风险及综合生态风险等级
天津滨海新区	海水侵蚀、地面沉降、水土流失、风暴潮；高
沧州渤海新区	暴雨山洪、水土流失、风暴潮；高、较高
滨州东北部	地面沉降、水土流失；较高、中
唐山市东南部	地面沉降、水土流失、风暴潮；高
营口沿海新区	地面沉降、水土流失、风暴潮、海水入侵；较高
大连长兴岛	暴雨山洪；较高

渤海是我国海上石油开发与勘探活动最集中的区域，累积技术可采储原油量占全国海上原油储量58.6%、剩余技术可采储量占全国海区77.9%。环渤海沿海各地市除秦皇岛、烟台外都将炼油、石化项目列为重点发展产业。随着渤海海上石油开采规模扩大、沿渤海各地争设石化基地，以及由此带动的海上运输业和临港工业的高速发展，使得环渤海沿海地区石化产业布局呈沿海岸线分散态势，大大增加了生产、运输过程中溢油事故的发生概率，极大增加控制溢油风险的难度和成本，严重威胁近岸海域环境安全。

综合考虑渤海区域盛行风向、风速和气温、潮流场特征等因素，分别在辽河口、渤海湾、黄河口等溢油风险较大的区域选取一个石油开采平台，采用“油粒子”方法模拟典型溢油风险事故对海洋生态环境的影响。根据全国海域近14年来发生溢油事故的类型和溢油量，设定平台溢油量为1.4万吨。考虑到溢油事故发生后，有关部门将迅速采取应急措施，因此仅对事故发生后72小时内溢油的时空分布变化情况进行模拟预测。

在冬季盛行北风时，若溢油初始时刻平台处于高潮位，渤海湾、黄河口平台的溢油将分别在34小时、11小时抵达海岸，72小时后污染岸线长度分别达13公里、15公里，海滩上将积累原油0.9万吨、1.1万吨。渤海湾平台溢油将全面污染滨州北部的贝壳堤岛与湿地保护区的受保护岸线8公里左右，黄河口平台的溢油将全部堆积于东营北部的黄河三角洲保护区境内，对当地珍稀动植物、渔业资源、旅游资源等造成不可挽回的损失。辽河口平台的溢油油膜将逐渐向南偏移，油膜的面积不断扩大，影响范围达1044平方公里，72小时后油膜直径达到12公里，海上原油经蒸发后剩余0.9万吨（表9-5）。

表9-5　渤海湾、辽东湾、黄河口溢油事故情况对比

地点	季节	影响范围（平方公里）	污染岸线（公里）	抵岸时间（小时）	海岸累积原油（吨）	受威胁敏感目标	受威胁集聚区
渤海湾	夏	348	16	42	8638	古海岸与湿地保护区	南港工业区
	冬	552	13	34	8652	海兴鸟类保护区 贝壳堤岛与湿地保护区	渤海新区 北海新区
辽东湾	夏	—	17	52	8134	锦州大笔架山保护区	西海工业区 北港工业区
	冬	1044	—	—	—	—	—
黄河口	夏	813	—	—	—	—	—
	冬	—	15	11	10934	黄河口湿地保护区	东营港产业区

在夏季盛行东南风时，若溢油初始时刻平台处于高潮位，辽东湾、渤海湾平台溢油将分别在52小时、42小时抵达锦州湾、天津滨海新区海岸，72小时后污染

岸线长度分别达17公里、16公里，海岸上将积累原油0.8万吨、0.9万吨。辽河口平台溢油将造成锦州大笔架山保护区的整体污染，威胁当地海岛景观、珍稀动植物资源等；滨海新区沿岸的古海岸与湿地保护区，以及沿岸滩涂湿地将被原油侵占。黄河口平台溢油油膜将随潮流与东南风向西北方向漂移，影响范围达813平方公里，72小时候油膜直径达到13公里，海上原油经蒸发后剩余0.9万吨。

苏北地区沿海湿地面积占全国的1/4,是重要的湿地生物多样性保护区,是“东亚-澳大利西亚”鸟类迁徙通道上的重要中途停歇地和越冬地，每年逾5000万只水鸟通过这条迁徙路线。苏北沿海湿地面积不减少，对于实现2020年守住“8亿亩湿地保护红线”的要求至关重要，其生物多样性保护具有全球意义。同时，江苏沿海地区被规划为江苏省新经济增长极,港口、临港重化工业、集成电路加工业、能源资源等产业将加速发展。石化、钢铁等重化产业将向连云港、盐城和南通集聚，规划的部分临港产业园以石油化工、精细化工、钢铁、火电等高耗能、高污染、高消耗产业作为主导产业和发展方向，沿海地区将成为新兴的重化产业带。

将江苏沿海湿地等生态保护空间与产业发展布局进行空间叠加后发现，未来5~10年，城市化、港口、临港工业发展对生态保护空间的胁迫进一步加剧，尤其是连云港、南通还将实施一系列滨海开发项目，生态风险呈加剧状态。在生态保护红线的约束下，自然保护区空间被蚕食、挤占的情况有望改善，对非红线区的湿地围垦开发依然不会改变。

思考题

1. 中长期生态环境风险分为哪几种类型？分别具有哪些特征？

2. 选择一个区域为案例，查找相关资料，分析其生态风险源、风险受体、主要的风险类型，简述进行生态风险评估的步骤。

3. 试述地理信息系统技术在区域生态风险评估中的作用。

4. 生态占用类风险的定量评价方法有哪些？

参 考 文 献

白晓燕 , 丁华龙 , 陈晓宏 . 2014. 基于 HSPF 模型的东江流域土地利用变化对径流影响研究 [J]. 灌溉排水学报 , 33(2): 58-63.

柏慕琛 . 2017. 基于分布式水文模型的生态需水研究 [D]. 武汉 : 武汉大学 .

陈洪波 . 2006. 三峡库区水环境农业非点源污染综合评价与控制对策研究 [Z]. 北京 : 中国环境科学研究院 .

陈异晖 . 2005. 基于 EFDC 模型的滇池水质模拟 [J]. 环境科学导刊 , 24(4): 28-30.

丁一 , 贾海峰 , 丁永伟 , 等 . 2016. 基于 EFDC 模型的水乡城镇水网水动力优化调控研究 [J]. 环境科学学报 , 36(4): 1440-1446.

董欣 , 陈吉宁 , 赵冬泉 . 2006. SWMM 模型在城市排水系统规划中的应用 [J]. 给水排水 , 32(5): 106-109.

都小尚 , 周丰 , 杨永辉 , 等 . 2010. 不确定性下区域规划环评方案优化方法框架研究 [J]. 环境科学学报 , 30(6): 1331-1338.

龚然 , 徐进 , 邵燕平 . 2014. WASP 模型湖库水环境模拟国内外研究进展综述 [J]. 环境科学与管理 , 39(10): 15-18.

郭怀成 , 尚金城 , 张天柱 . 2009. 环境规划学 [M]. 北京 : 高等教育出版社 .

黄金良 , 洪华生 , 杜鹏飞 , 等 . 2005. AnnAGNPS 模型在九龙江典型小流域的适用性检验 [J]. 环境科学学报 , (8): 1135-1142.

姜雪 , 卢文喜 , 张蕾 , 等 . 2011. 基于 WASP 模型的东辽河水质模拟研究 [J]. 中国农村水利水电 , (12): 26-30.

赖冬蓉 , 秦欢欢 , 万卫 , 等 . 2018. 基于 MIKE SHE 模型的华北平原水资源利用情景分析 [J]. 水资源与水工程学报 , 29(5): 60-67.

李道峰 , 田英 , 刘昌明 . 2004. 土地覆盖与气候变化对黄河源区径流的影响 (英文)[J]. Journal of Geographical Sciences, (3): 75-83.

李怀恩 , 沈冰 , 沈晋 . 1997. 暴雨径流污染负荷计算的响应函数模型 [J]. 中国环境科学 , 17(1): 15-18.

李家科 , 李亚 , 沈冰 , 等 . 2014. 基于 SWMM 模型的城市雨水花园调控措施的效果模拟 [J]. 水力发电学报 , 33(4): 60-67.

李莉 . 2013. 典型城市群大气复合污染特征的数值模拟研究 [D]. 上海 : 上海大学 .
李天威 , 王会芝 , 徐鹤 . 2017. 我国战略环境评价的有效性研究 [M]. 北京 : 中国环境出版社 .
李巍 , 王淑华 , 王华东 . 1995. 累积环境影响评价研究 [J]. 环境工程学报 , (6): 71-76.
梁俐 , 邓云 , 郑美芳 , 等 . 2014. 基于 CE-QUAL-W2 模型的龙川江支库富营养化预测简 [J]. 长江流域资源与环境 , 23(s1): 103-111.
刘慧 , 郭怀成 , 盛虎 , 等 . 2012. 系统动力学在空港区域规划环境影响评价中的应用 [J]. 中国环境科学 , 32(5): 933-941.
刘毅 , 陈吉宁 , 何炜琪 , 等 . 2007. 基于不确定性分析的城市总体规划环评方法与案例研究 [J]. 中国环境科学 , 27(4): 566-571.
刘永 , 郭怀成 , 王丽婧 , 等 . 2005. 环境规划中情景分析方法及应用研究 [J]. 环境科学研究 , 18(3): 82-87.
罗川 , 李兆富 , 席庆 , 等 . 2014. HSPF 模型水文水质参数敏感性分析 [J]. 农业环境科学学报 , 33(10): 1995-2002.
马克明 , 傅伯杰 , 黎晓亚 , 等 . 2004. 区域生态安全格局 : 概念与理论基础 [J]. 生态学报 , 24(4): 761-768.
马蔚纯 , 林健枝 , 沈家 , 等 . 2002. 高密度城市道路交通噪声的典型分布及其在战略环境评价 (SEA) 中的应用 [J]. 环境科学学报 , 22(4): 514-518.
马晓宇 , 朱元励 , 梅琨 , 等 . 2012. SWMM 模型应用于城市住宅区非点源污染负荷模拟计算 [J]. 环境科学研究 , 25(1): 95-102.
牛志明 . 2000. 分散型物理模型在三峡库区小流域土壤侵蚀过程模拟中的应用研究 [D]. 北京 : 北京林业大学 .
欧阳志云 , 王如松 . 2000. 生态系统服务功能、生态价值与可持续发展 [J]. 世界科技研究与发展 , (5): 45-50.
秦耀民 , 胥彦玲 , 李怀恩 . 2009. 基于 SWAT 模型的黑河流域不同土地利用情景的非点源污染研究 [J]. 环境科学学报 , 29(2): 440-448.
司训练 , 张锐 , 宋泽文 . 2014. 累积环境影响评价方法研究综述 [J]. 西安石油大学学报 (社会科学版), (4): 11-16.
孙豪文 . 2013. 基于 WASP 模型的湘江中下游水质模拟研究 [D]. 长沙 : 长沙理工大学 .
谭成好 , 陈昕 , 赵天良 , 等 . 2014. 空气质量数值模型的构建及应用研究进展 [J]. 环境监控与预警 , (6): 1-7.
唐天均 , 杨晟 , 尹魁浩 , 等 . 2014. 基于 EFDC 模型的深圳水库富营养化模拟 [J]. 湖泊科学 , 26(3): 393-400.
田耀武 , 王宁 , 刘晶 . 2016. 伏牛山区陶湾流域径流泥沙模拟误差分析 [J]. 水土保持研究 , 23(5): 56-62.
王翠 , 孙英兰 , 张学庆 . 2008. 基于 EFDC 模型的胶州湾三维潮流数值模拟 [J]. 中国海洋大学学报 (自然科学版), 38(5): 833-840.
王飞儿 , 吕唤春 , 陈英旭 , 等 . 2003. 基于 AnnAGNPS 模型的千岛湖流域氮、磷输出总量预测 [J].

农业工程学报, 19(6): 281-284.
王吉华, 刘永, 郭怀成, 等. 2004. 基于不确定性多目标的规划环境影响评价研究 [J]. 环境科学学报, 24(5): 922-929.
王金南, 许开鹏, 陆军, 等. 2013. 国家环境功能区划制度的战略定位与体系框架 [J]. 环境保护, (22): 35-37.
王盛萍, 张志强, 唐寅, 等. 2010. MIKE-SHE 与 MUSLE 耦合模拟小流域侵蚀产沙空间分布特征 [J]. 农业工程学报, 26(3): 92-98.
王中根, 朱新军, 夏军, 等. 2008. 海河流域分布式SWAT模型的构建 [J]. 地理科学进展, 27(4): 1-6.
王自发, 谢付莹, 王喜全, 等. 2006. 嵌套网格空气质量预报模式系统的发展与应用 [J]. 大气科学, (5): 778-790.
谢华生, 包景岭, 温娟. 2012. 战略(规划)环境影响评价理论与实践 [M]. 北京: 中国环境科学出版社.
邢可霞, 郭怀成, 孙延枫, 等. 2004. 基于 HSPF 模型的滇池流域非点源污染模拟 [J]. 中国环境科学, 24(2): 229-232.
徐鹤, 白宏涛. 2008. 地理信息系统在战略环境评价中的应用及前景分析 [C].
徐鹤, 陈永勤, 林健枝, 等. 2010. 中国战略环境评价的理论与实践 [M]. 北京: 科学出版社.
徐进, 佘宗莲, 郑西来, 等. 2004. QUAL2E 模型在大沽河干流青岛段水质模拟中的应用 [J]. 生态与农村环境学报, 20(2): 33-37.
薛文博, 王金南, 杨金田, 等. 2013. 国内外空气质量模型研究进展 [J]. 环境与可持续发展, 38(3): 14-20.
薛亦峰, 王晓燕. 2009. HSPF 模型及其在非点源污染研究中的应用 [J]. 首都师范大学学报(自然科学版), 30(3): 61-65.
严勰. 2010. 累积环境影响评价研究综述 [J]. 化学工程与装备, (7): 109-113.
尹海伟, 罗震东, 耿磊. 2015. 城市与区域规划空间分析方法 [M]. 南京: 东南大学出版社.
恽晓雪. 2009. 情景分析法在城市总体规划环境影响评价中的应用研究 [D]. 上海: 同济大学.
曾思育, 杜鹏飞, 陈吉宁. 2006. 流域污染负荷模型的比较研究 [J]. 水科学进展, 17(1): 108-112.
曾远, 张永春, 张龙江, 等. 2006. GIS 支持下 AGNPS 模型在太湖流域典型圩区的应用 [J]. 农业环境科学学报, 25(3): 761-765.
张敏. 2012. GIS 在流域战略环境评价中的应用 [J]. 东北水利水电, 30(6): 22-24.
张水龙. 2007. 基于流域单元的农业非点源污染负荷估算 [J]. 农业环境科学学报, 26(1): 71-74.
张欣, 贾红雨, 朱俊. 1997. 港口发展战略情景分析决策支持系统的研究 [J]. 大连海事大学学报, (2): 14-17.
张玉斌, 郑粉莉. 2004. ANSWERS 模型及其应用 [J]. 水土保持研究, 11(4): 165-168.
张智, 李灿, 曾晓岚, 等. 2006. QUAL2E 模型在长江重庆段水质模拟中的应用研究 [J]. 环境科学与技术, 29(1): 1-3.
章茹. 2008. 流域综合管理之面源污染控制措施 (BMPs) 研究 [D]. 南昌: 南昌大学.
周敬宣, 宇鹏. 2011. 中国战略环境评价若干关键问题的探讨 [M]. 武汉: 华中科技大学出版社.

周影烈，包存宽．2009. 基于应对不确定性的战略环境评价管理模式设计与应用——以金坛城市规划环评为例 [J]. 长江流域资源与环境，18(7): 669-673.

周翟尤佳，张惠远，郝海广．2018. 环境承载力评估方法研究综述 [J]. 生态经济，34(4).

朱雪梅，晏巧伦，邵继荣，等．2011. 基于 CREAMS 模型的川北低山深丘区降雨侵蚀力 R 简易算法研究 [J]. 江苏农业科学，39(4): 428-430.

朱祉熹．2010. 我国战略环境评价中的情景分析研究 [D]. 天津：南开大学．

庄丽榕，潘文斌，魏玉珍．2008. CE-QUAL-W2 模型在福建山仔水库的应用 [J]. 湖泊科学，20(5): 630-638.

Bina O, Jing W, Brown L, et al. 2011. An inquiry into the concept of SEA effectiveness: Towards criteria for Chinese practice[J]. Environmental Impact Assessment Review, 31(6): 572-581.

Du X S, Feng Z, Yang Y, et al. 2010. An uncertainty-based modeling framework for countermeasure optimization in strategic environmental assessment of regional plans[J]. Acta Scientiae Circumstantiae, 30(6): 1331-1338.

Foley M M, Mease L A, Martone R G, et al. 2017. The challenges and opportunities in cumulative effects assessment[J]. Environmental Impact Assessment Review, 62: 122-134.

Gunn J, Noble B F. 2011. Conceptual and methodological challenges to integrating SEA and cumulative effects assessment[J]. Environmental Impact Assessment Review, 31(2): 154-160.

Ji Z G, Hamrick J H, Pagenkopf J. 2002. Sediment and Metals Modeling in Shallow River[J]. Journal of Environmental Engineering, 128(2): 105-119.

Liu Y, Chen J, He W, et al. 2010. Application of an uncertainty analysis approach to strategic environmental assessment for urban planning[J]. Environmental Science & Technology, 44(8): 3136.

Liu Y, Yang S, Chen J. 2012. Modeling environmental impacts of urban expansion: A systematic method for dealing with uncertainties[J]. Environmental Science & Technology, 46(15): 8236-8243.

Lung W S, Nice A J. 2007. Eutrophication Model for the Patuxent Estuary: Advances in Predictive Capabilities[J]. Journal of Environmental Engineering, 133(9): 917-930.

Park R E, Burgess E W. 1924. Introduction to the Science of Sociology[M]. Chicago: University of Chicago Press.

Partidario M R. 2011. SEA process development and capacity-building—a thematic overview [M]// Handbook of Strategic Environmental Assessment. London: Earthscan: 437-444.

Seinfeld J H, Pandis S N. 2016. Atmospheric Chemistry and Physics: From Air Pollution to Climate Change[M]. John Wiley & Sons.

Smit B, Spaling H. 1995. Methods for cumulative effects assessment[J]. Environmental Impact Assessment Review, 15(1): 81-106.

Spaling H. 1994. Cumulative effects assessment: Concepts and principles[J]. Impact Assessment, 12(3): 231-251.

Thérivel R. 2004. Strategic Environmental Assessment in Action[M]. London: Eearthscan.

Thérivel R, Ross B. 2007. Cumulative effects assessment: Does scale matter?[J]. Environmental Impact Assessment Review, 27(5): 365-385.

Thérivel R, Wood G. 2005. Tools for SEA[M]. Springer Berlin Heidelberg.

Thomas B F, Vincent O. 2012. Strategic environmental assessment-related research projects and journal articles: An overview of the past 20 years[J]. Impact Assessment & Project Appraisal, 30(4): 253-263.

Warwick J J, Cockrum D, Mckay A. 1999. Modeling the impact of subsurface nutrient flus on water quality in the Lower Truckee Rwer, Nevada [J]. Jawra Journal of the American Water Resources Association, 35(4): 837-851.

Zhao N, Liu Y, Chen J. 2009. Regional industrial production's spatial distribution and water pollution control: A plant-level aggregation method for the case of a small region in China [J]. Science of the Total Environment, 407(17): 4946-4953.

Zhou J, Liu Y, Chen J, et al. 2008. Uncertainty analysis on aquatic environmental impacts of urban land use change[J]. Frontiers of Environmental Science & Engineering in China, 2(4): 494-504.

Zhu Z, Bai H, Xu H, et al. 2011. An inquiry into the potential of scenario analysis for dealing with uncertainty in strategic environmental assessment in China[J]. Environmental Impact Assessment Review, 31(6): 538-548.

第三部分　实　践　篇

2007年至今，结合我国区域经济战略发展布局，先后开展了四轮区域发展战略环境评价实践，包括五大区域重点产业发展战略环境评价（2008~2011年）、西部大开发重点区域和行业发展战略环境评价（2011~2013年）、中部地区发展战略环境评价（2013~2015年）和三大地区战略环境评价（2015~2017年）。

已开展的区域发展战略环境评价涉及全国28个省、自治区和直辖市，重点评价范围面积约566万平方公里，占国土面积60%，所涉省市陆地面积约777万平方公里，占国土面积的80.4%；2015年GDP总量69.5万亿元人民币，占全国的95.8%；SO_2、NO_x、COD和氨氮排放量为1776万吨、1721万吨、2009万吨、216万吨，分别占全国总量的95.6%、93.5%、90.3%和94.1%。

随着区域发展战略形势的变化和环境管理需求的不断提升，各轮区域发展战略环境评价实践工作的评价思路也各不相同，评价内容各有侧重，应用方法不断演进，整体上取得了突破性的进展。

第十章　五大区域重点产业发展战略环境评价

第一节　项目总体设计

一、工作背景

党的十六届三中全会明确了东部率先发展、西部大开发、东北振兴、中部崛起的区域统筹发展战略，一系列重大区域规划随之出台。同时，以资源环境承载力为依据，注重人与自然和谐相处的发展理念，成为全面协调可持续发展进程中的重要部分。但该时期以经济为主体推进发展的总体战略对资源环境要素的空间配置、跨区域统筹协调考虑不足，布局性、结构型资源环境问题突出，资源环境问题成为制约经济社会可持续发展的重要瓶颈之一。

环渤海沿海地区、海峡西岸经济区、北部湾经济区沿海地区、成渝经济区和黄河中上游能源化工区(简称“五大区域”)是国家重要的基础性、战略性产业基地，同时这些区域涉及长江、黄河、辽河、海河等重要流域和渤海、北部湾、台湾海峡等重要海域，生态环境质量的好坏直接影响到我国未来中长期生态安全的总体水平和环境质量的演变趋势。在五大区域重化工业的快速扩张的过程中，部分区域产业发展与资源环境之间产生突出矛盾，已严重影响区域生态功能和环境质量，如不及时优化、引导和调控，将进一步恶化环境质量，降低生态功能，加剧生态风险，威胁区域可持续发展。

为深入落实科学发展观，加快经济发展方式转变，促进国土空间开发与环境的战略性保护相协调，从源头预防环境污染和生态破坏，2007年至2011年环境保护部（现生态环境部）组织开展了五大区域重点产业发展战略环境评价，旨在推动环境保护优化经济发展新格局的形成，实现区域经济可持续发展，确保中长期生态环境安全。

二、工作内容与技术路线

（一）工作内容

针对五大区域重点产业发展目标和定位，围绕产业布局、结构和规模三大核心问题，以区域资源环境承载力为约束条件，全面分析产业发展现状、趋势及关键性资源环境制约因素，深入分析重点产业发展与区域资源环境系统演变的耦合关系，定量评估区域资源环境综合承载能力及其空间分异特征，探索建立以环境保护促进经济又好又快发展的长效机制，深入评估五大区域产业发展可能产生的环境影响和潜在的生态风险，尝试构建跨流域、跨行政单元、前瞻性的环境综合管理模式，为落实国家“十二五”规划及制定区域产业中长期发展规划、区域环境管理与环境建设等重大决策提供技术支撑和依据。工作内容主要包括以下六个方面：

（1）区域生态环境现状及其演变趋势评估。摸清区域生态环境现状，分析其演变趋势，明确区域生态环境功能定位；回顾分析区域经济发展与生态环境演变的耦合关系；梳理经济社会发展中出现的区域性、累积性环境问题以及关键制约因素。

（2）区域产业发展现状及资源环境效率评价。判定区域重点产业的现状特征及发展趋势，评估重点产业发展的资源环境效率水平，分析重点产业的规模、结构、布局等对区域资源环境的压力，解析区域经济与环境协调发展水平以及存在的主要矛盾。

（3）区域资源环境承载力综合评估。根据区域产业布局特征和环境资源禀赋，评价区域水环境、大气环境、近岸海域环境容量；评价资源环境综合承载能力和空间格局特征。

（4）区域重点产业发展的环境影响评价和生态风险评估。预测、分析重点产业发展的中长期生态环境影响态势及其阶段性、结构性特征，评估产业发展的中长期重大生态风险，评价重点产业发展对关键生态功能单元和环境敏感目标的长期性、累积性影响。

（5）区域重点产业优化发展的调控建议。提出区域重点产业发展调控的基本思路、原则和方向，明确区域生态环境保护的目标和底线，提出区域重点产业发展空间布局、结构优化、规模调整、效率提升的调控方案。

（6）区域重点产业与资源环境协调发展的对策机制。提出节能减排、环境准入、跟踪监测与评价、生态恢复与补偿等中长期环境管理对策建议；探索促进跨流域、跨行政单元的环境综合管理模式和以环境保护促进经济又好又快发展的长效机制。

（二）技术路线

在深入评估五大区域资源环境演化规律、资源环境和产业发展耦合关系的基础上，辨识生态环境影响特征和关键影响因子，综合考虑国家区域发展战略、重大生产力布局和地方发展愿景，基于地方发展愿景（情景1）、国家战略需求（情景2）和生态环境约束（情景3）设置三种重点产业发展情景，预测分析产业发展的中长期环境影响和潜在生态风险，评价其对关键生态功能单元和环境敏感目标的长期性、累积性影响，提出五大区域重点产业优化发展的调控方案和对策建议（图10-1）。

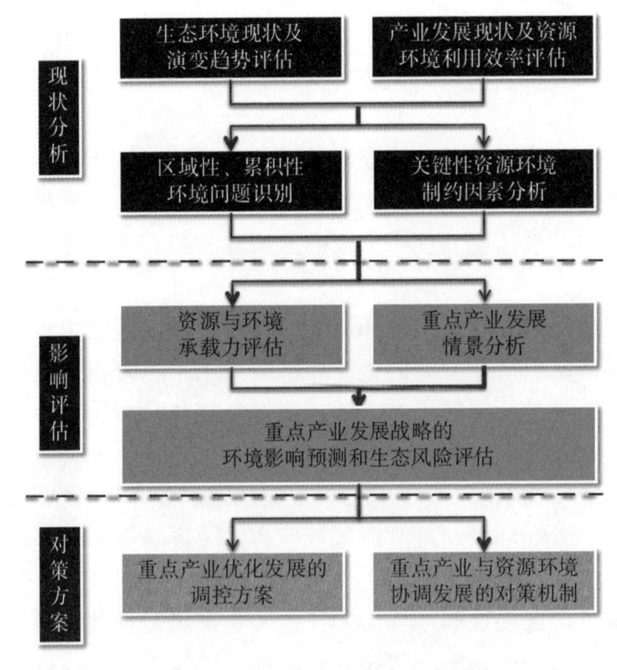

图 10-1　五大区域重点产业发展战略环境评价技术路线

三、评价范围与时限

五大区域重点产业发展战略环境评价区域包括环渤海沿海地区、海峡西岸经济区、北部湾经济区沿海地区、成渝经济区和黄河中上游能源化工区，涉及我国东、中、西部15个省（区、市）的67个地市及重庆、海南的37个县（区），国土面积110万平方公里（表10-1）。考虑产业发展态势和区域生态安全，选择第二产业中的重点产业作为评价对象。以污染物贡献率、经济贡献率和未来发展态势作为评价标准，遴选出五大区域的重点产业。

评价基准年为2007年，中期为2015年，远期为2020年。其中，部分重要的生态环境现状数据更新到2008年和2009年。

表10-1　五大区域重点产业发展战略环境评价区域及重点产业（金凤君，2013）

区域名称	涵盖地区	面积（万km^2）	重点产业
环渤海沿海地区	大连、营口、盘锦、锦州、葫芦岛、秦皇岛、唐山、天津滨海新区、沧州、滨州、东营、潍坊、烟台	12.9	石油、化工、冶金、装备制造、能源、建材、食品、造纸、纺织
海峡西岸经济区	福州、厦门、莆田、三明、泉州、漳州、南平、龙岩、宁德、汕头、潮州、揭阳、温州	16.1	石油化工、装备制造、电子信息、能源、冶金、林浆纸
北部湾经济区沿海地区	南宁、防城港、钦州、北海、湛江、茂名、海口、澄迈、临高、儋州、昌江、东方、乐东	8.2	石油化工、冶金、化工、林浆纸（造纸）、能源、食品、制药、建材、船舶修造
成渝经济区	重庆主城9区、潼南、铜梁、大足、双桥、荣昌、永川、合川、江津、綦江、长寿、涪陵、南川、万盛、璧山、万州、梁平、丰都、垫江、忠县、开县、云阳、石柱、成都、绵阳、德阳、内江、资阳、遂宁、自贡、泸州、宜宾、南充、广安、达州、眉山、乐山、雅安	20.6	农副产品加工、化工、装备制造、能源、高新电子技术
黄河中上游能源化工区	吴忠、银川、石嘴山、中卫、鄂尔多斯、乌海、阿拉善左旗、巴彦淖尔、包头、榆林、延安、渭南、铜川、咸阳、宝鸡、忻州、吕梁、临汾、运城	52.0	煤炭开采、电力、煤化工、冶金
合计		109.8	

第二节　区域发展特征与重大生态环境问题

一、环渤海沿海地区

（一）经济快速发展，沿海地区产业重型化和分散布局特征明显

环渤海地区既是当前国家经济发展的重要增长极，又是未来国家经济发展的重要区域，具备较好的发展基础。作为环渤海地区的重要组成与依托，天津滨海新区、辽宁沿海经济带、河北曹妃甸地区、山东黄河三角洲等地区已经成为国家利用国际、国内市场，支持国家区域经济发展的重点战略地区，也是环渤海地区发展与振兴的集聚区域。环渤海三省一市区域经济快速增长，在全国经济中的重

要地位持续提高。自1980年以来，环渤海三省一市经济总量在全国的比重总体呈上升趋势，从1980年19%上升到2007年22%。

环渤海沿海地区处于工业化中期发展阶段，产业结构重工业化发展特色非常明显。2007年，环渤海沿海地区轻重工业产值比重为27.1 ∶ 72.9，重工业比重高出全国平均2.4个百分点。其中，黑色金属冶炼、石油加工、石油天然气开采、化学原料及化学制品等重化工行业比重均高于全国平均水平。区域内十三地市中除滨州、潍坊外，重工业比重均高于轻工业。其中，滨海新区、盘锦、锦州、葫芦岛、东营的重工业比重超过80%，属于极重型的产业结构。

重化工行业沿海布局的空间扩张态势突出。近年来，国家和环渤海三省一市均将沿海地区作为产业发展的重点区域。沿渤海一线已形成众多产业集聚区。环渤海沿海地区已经形成的上百个产业集聚区中，近一半分布在海岸带地区，其中2000年以后新建的产业集聚区中有90%分布在海岸带地区。沿海地区已经形成和正在形成的产业集聚区，集中了全部的石油加工和石化、绝大部分造船等重点产业，其规划发展方向均以重化工产业为主。

（二）渤海生态环境质量恶化，海陆交汇带压力集中显现

环渤海沿海地区地处三大流域下游，资源环境压力巨大，生态退化和环境污染较严重。当地水资源紧缺，复合型水资源与水环境问题突出，生态用水和入海淡水量不足，海河、辽河、黄河三大流域地表河流和渤海近岸海域污染严重；沿海地区自然滩涂湿地锐减，海陆交汇带生态系统人工化趋势明显，近岸海域与河口生态基础改变，产卵场严重退化，渤海渔业“摇篮”地位降低，“渔仓”功能基本丧失。

环渤海沿海地区建设用地扩张迅速，海陆带空间形态不断变化。大量易于开发利用的土地类型诸如滩涂、盐田和水域等转化为建设用地，1995~2007年间渤海海陆交汇带地区耕地面积减少了1/4，建设用地规模年均增加6.1%，远远高于全国平均水平。2000~2008年，渤海填海造地总面积为551.4平方公里，自然岸线长度减少了10.8%，截弯取直、海岸线人工化趋势明显。随着天然滩涂湿地面积减少，围海造地和人工岸线增加，海岸带生境趋于破碎化，生态系统稳定性与服务功能降低。

（三）资源环境承载能力不足，区域性复合型水气问题突出

环渤海沿海地区本地自产水资源量不足，且上游来水量逐年减少。根据多年平均水资源量测算，环渤海沿海地区人均水资源量不到400 m^3/人，仅为全国平均水平的1/5、世界平均水平的1/20，已成为我国资源型缺水最为严重的地区之一。

环渤海沿海地区水资源开发利用已超出其本地水资源的承载能力，入境水和外调水依赖度大，锦州、秦皇岛、唐山、沧州等城市地下水超采问题突出，水资源利用效率相比国际水平仍有较大差距。

受到本区域和上游发展的共同影响，环渤海沿海地区河流水质污染严重，长期处于超标状态。主要河流国控断面中72%的断面水质不达标，劣Ⅴ类比例高达66%；入海河流断面劣Ⅴ类水质超过了70%。区域点源COD和NH_3-N全年入河量分别超载0.6倍、1.6倍（Lin et al., 2011），现状负荷量远大于环境承载力。2007年环渤海沿海十三市对渤海纳污量的贡献约为40%，其余来自上游地区（刘小丽等，2013）。入渤海污染负荷持续增加，导致近岸海域污染趋势加重。2001~2007年，渤海近岸海域轻度及以上污染海域面积不断扩大，受污染海域沿岸呈带状分布，平均宽度约10公里（图10-2）。

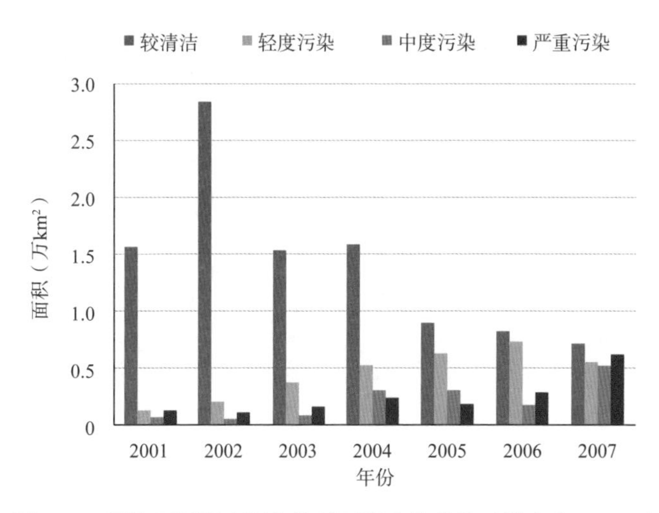

图 10-2 渤海不同程度污染海域面积变化趋势（陈吉宁，2013）

环渤海沿海地区传统煤烟型大气污染依然严重，城市和工业集聚区新型复合污染开始显现。环渤海沿海地区煤和石油约占一次能源消费总量的95%，能源结构落后导致环渤海沿海地区大气的煤烟型污染特征明显，冬季各类污染物的浓度均明显高于其他季节。大部分城市PM_{10}和SO_2超过国家二级标准，区域SO_2排放量超出环境容量的45%。近年来，以臭氧和细粒子等为特征的二次污染在环渤海沿海地区的发生频次逐渐增加，区域大气复合型污染已经显现。

二、海峡西岸经济区

（一）经济快速增长态势明显，产业结构不尽合理

2007年，海峡西岸经济区（以下简称“海西区”）GDP总量13224亿元，占全国比重5.6%，人均GDP约2.3万元，高于全国平均水平24%。近十年来海西区经济持续平稳快速增长，2007年增幅达到12.8%。第二产业在地区经济发展中始终占主导地位，2007年达到50.6%，工业化水平略高于全国平均水平，整体处于工业化中期阶段。

海西区工业门类较多，涵盖国家统计分类的全部33个工业行业。以纺织、服装、鞋帽制造为代表的出口加工型、劳动密集型等产业具有一定的先发优势，但进一步发展空间不大。随着海西区工业化、城市化的加速推进，工业结构逐渐向重化工业偏移，重工业占比从2000年的47%转变为2007年的55%，装备制造、石油化工、电力、冶金、建材等主要产业占区域工业总产值的比重已达52%。装备制造、石油化工、电子信息已经成为海西区支柱产业，年均增幅超过30%。

海西区产业结构不尽合理，技术水平有待提高。石化产业结构性矛盾突出，尚未形成集约发展格局；炼化企业属燃料化工型原油炼制，对石化中下游产业带动作用尚未充分发挥。区域发展重化工产业意愿强烈，呈现规模持续扩张的态势。2020年，海西区炼油能力将达到8500万吨，是2010年的7.1倍；粗钢生产能力达1950万吨，是已建和在建产能的2.2倍；火电总装机容量将达8333万千瓦，是已建和在建装机容量的2.2倍。

（二）陆源污染物影响显著，部分海域生态功能健康水平下降

海峡西岸经济区沿海环境本底总体较好，但近十年来近岸海域水质呈下降趋势，高锰酸盐指数、石油类主要污染物浓度整体呈上升趋势。海西区陆源污染物随径流入海对海湾水质影响明显，约55%的化学需氧量和61%的总磷来自农业源，约55%的总氮来自于生活源。海西区近30%的直接排海污染源存在超标排放现象，加之沿海地区人口相对密集，城镇污水大量排放，导致主要江河入海口海湾和部分大中城市近岸海域多为污染多发地带。沿海大型港口开发建设提速，含油类废水排放量和海洋溢油事故频率增加，使海洋生态系统的累积性环境风险也不断增加。

随着港口和临港工业区的加速发展，海湾滩涂和河口湿地等重要生态功能区水域面积减小，局部生态功能明显下降。自新中国成立以来，海西区各重点海湾累计围填海面积近900平方公里，大量占用了生境敏感的海湾滩涂湿地资源。海

西区特殊生态系统（红树林）面积一度急剧萎缩且呈零星分布，福建省红树林面积不到20世纪50年代的1/3，广东省红树林面积减少了80%之多。浮游生物、潮下带及潮间带生物种类减少、种群结构趋于简单化，生物栖息密度和生物量总体呈逐年下降趋势（任景明，2013）。

三、北部湾经济区沿海地区

（一）区域整体发展水平不高，工业化水平较低

北部湾经济区沿海地区整体发展水平不高，经济发展处于全国中下游水平。20世纪90年代中期以来，开始持续平稳发展，经过多年尤其近年来的快速发展，目前已具备一定的经济基础。2007年，区域生产总值4491.4亿元，占粤、桂、琼三省区11.7%；人均生产总值1.4万元，低于全国平均水平（1.9万元），比珠三角和长三角相去甚远。2007年，区域总人口约3209万人，占粤、桂、琼三省区21.0%，城镇化率约32.4%。

区域工业化水平整体较低，结构不完善。根据人均GDP和钱纳里模型，区域目前正处于工业化起步阶段，低于全国工业化水平。2007年，区域三次产业结构为19.5 ： 39.7 ： 40.8，尚未形成完善的工业体系，产业间发展极不平衡，石化产业一枝独秀，农副食品加工业居次要地位，其余产业比例极低，缺乏支撑工业化快速推动的主导产业。区域工业基础薄弱，钢铁、水泥以中小企业为主，生产较为粗放，资源利用率低。

（二）陆源污染物影响日益加剧，海洋生态环境压力已显现

近十年来，区域河流水质变化趋势总体保持稳定。但由于城镇污水处理率低和过度利用土地，部分流经城镇河段的水质恶化，主要受到氮磷营养盐和大肠菌群等的污染。港湾水域受陆源污染影响，加之密集的围塘养虾，致使大量生活污水及养殖废水、残饵直接或间接排入近岸水域，造成茅尾海海域、湛江港和廉州湾等局部分海湾和入海河流污染问题突出，主要污染因子为无机氮和粪大肠菌群。

密集分布的自然保护区和重要湿地等环境敏感区与重点产业沿海集聚发展的矛盾凸显。填海和航道工程建设以及围垦养殖等资源开发利用造成生物多样性降低，滩涂、红树林、海防林等重点生态功能单元面积减少、生境退化，还造成局部岸线受到侵蚀。主要临海产业聚集区及城市建设的快速发展，加快了自然岸线人工化，影响自然保护区和重要滩涂湿地的生态功能。

四、成渝经济区

（一）处于快速发展阶段，化工行业沿江布局态势明显

成渝经济区人地矛盾突出，经济发展不平衡。2007年，成渝经济区地区生产总值为1.3万亿元，占川渝两地生产总值的89.3%，占全国GDP的5.2%。区域经济密度和人均GDP空间分布呈现出“两高一低”态势，成都和重庆主城区密度高，三峡库区密度低，其他城市位于两者之间。成渝经济区人口近1亿，占西部人口的32%，人口密集度高，土地资源紧张是制约区域经济发展的重要因素之一。

成渝经济区有良好的工业、交通和科技基础，工业产业门类齐全，以资本密集型和技术密集型产业为主，两者工业增加值占区域总量的52.8%。装备制造业、高新技术产业高度聚集在重庆、成都两大都市区，冶金、化工产业沿成德绵乐和长江干流沿岸布局，能源产业沿盆周地带布局。在纳入成渝经济区的15个城市中，有13个城市的工业园区均将化工产业作为重点发展产业，化工产业广泛分布在各种类型的工业园区。成渝经济区46%的化学工业布局在岷江、沱江沿岸，42%的化学工业沿长江布局，化工产业沿江布局将加重长期累积性水环境风险和饮水健康风险，增加环境风险防范的难度。

（二）三峡库区水环境安全受威胁，部分区域复合型大气污染显现

成渝地区按人均水资源量计算仍属于中度缺水地区，主要缺水区域分布在人口集中、社会经济发展水平较高的平原、丘陵和低山地区。成渝经济区地表水环境质量总体良好，长江干流水环境质量基本稳定，但由于非点源贡献较大等原因，尚未实现稳定达标。2008年，成渝经济区五大流域和三峡库区支流174个地表水环境监测断面总体水质良好，断面达标率为75.8%。三峡库区干流出水满足Ⅱ类标准，但部分支流富营养状态呈加重趋势。

成渝经济区环境空气质量有所改善，但东南和南部部分城市SO_2浓度持续超标，主要为长江沿岸城市带的重庆主城区、南川区、涪陵区、永川区、宜宾市、泸州市和盆地西北的成都、德阳。重庆和成都两大都市以气溶胶、VOCs、臭氧及细粒子等为特征的复合型大气污染已经显现，$PM_{2.5}$约占PM_{10}的65%，导致灰霾天气加剧。酸雨污染未得到扭转，2008年成渝经济区酸雨频率均值为58.7%，其中广安、南川酸雨频率为100%。

（三）水电和矿产资源开发强度大，长江上游生态保护压力大

成渝地区内及周边的主要江河（包括长江干流上游、金沙江、大渡河、嘉陵江、沱江、岷江上游）均已被水电梯级枢纽工程截断，对“长江上游珍稀特有鱼类保护区”形成了合围之势。重大装备水运出川与“长江上游珍稀特有鱼类自然保护区”矛盾冲突凸显。水电航电梯级开发叠加影响导致珍稀特有鱼类生境逐渐丧失。赤水河干流和部分支流、岷江下游和越溪河支流等，可能成为仅存的长江上游珍稀特有鱼类等重要生物完成其生活史的自然生境。

区域内55%的煤炭资源、79%的铝土矿资源和75%的磷矿资源均位于生态功能重要区，且重要区内的矿产资源开发利用以中、小型矿为主。由于矿产资源的不合理开发，在盆周山区局部区域已出现矿山生态破坏严重，诱发滑坡、地面塌陷等次生地质灾害。此外，在国家能源政策的驱动下，页岩气产业正在加快实施，页岩气开采中带来的环境问题与传统矿产开发叠加，使盆周山区的生态保护更加困难。

五、黄河中上游能源化工区

（一）重化工产业比重高，发展态势迅猛

黄河中上游能源化工区是国家重要的能源供给基地、煤化工产业基地和黑色、有色冶金产品生产基地（表10-2）。区域是国家最主要的煤炭产区和调出区，煤炭资源丰富，已探明煤炭储量约5713.6亿吨，占全国煤炭探明储量的56%。黄河中上游能源化工区是“西电东送”北通道的重要输出地，宁东地区为国家规划建设的重要煤电基地。区域是国家传统煤化工产品，包括焦炭、电石、合成氨等的主要产地；新型煤化工渐成产业发展方向，现已形成宁夏宁东能源化工基地、鄂尔多斯能源与重化工基地、陕西榆林能源化工基地等以煤化工为主的大型产业集聚区。

表10-2 黄河中上游能源化工区主要能源、煤化工产品生产情况（2007年）

产品	产量	占全国比例
煤炭	58092.8万吨	22.9%
甲醇	307万吨	28.5%
焦炭	1.2亿吨	26%
电石	661万吨	44.6%
发电量	2111.7亿千瓦时	6.5%

2007年，黄河中上游能源化工区重工业比重为84%，比全国平均水平高14个百分点，仅冶金、煤炭、石油加工、电力、化学工业五个部门的比重就已达到78%，区域工业发展中初级重化工倾向尤为突出。黄河中上游能源化工区的煤炭生产及电力工业规模扩张迅速。2000~2007年，黄河中上游地区煤炭生产从9463万吨增长到5.8亿吨，年均增长率为30%，电力工业年均增长率达到27%。黄河中上游能源化工区现有工业园区大多靠近黄河的一、二级支流，沿河布局趋势明显。

（二）能源化工区生态脆弱性加剧，复合型水资源问题突出

黄河中上游能源化工区生态脆弱且水资源短缺，水资源不合理开发利用及其导致的生态环境问题十分突出。黄河中上游能源化工区多年平均水资源量为187亿立方米，人均水资源量不足黄河流域人均水资源量的一半。自产水资源贫乏，气候变暖和植被减少使得近年来水资源衰减明显。黄河中上游能源化工区不合理开发地下水总量达13亿立方米，运城、银川等地已形成大面积地下水漏斗。黄河主要支流水质持续严重超标，60%的监测断面连续7年为劣Ⅴ类水质，2007年水质达标断面仅占22%，无法满足功能区水质达标要求，严重的水污染加剧了区域水资源短缺问题。

区域土壤侵蚀依然严重，沙漠化整体上仍未得到有效遏制。土地沙漠化总体呈由南向北、由东向西加剧的态势。剧烈和极强度沙漠化地区占24.9%，集中分布在腾格里沙漠、乌兰布和沙漠、库布齐沙漠地区；强度和中度沙漠化地区占13.6%，主要分布于毛乌素沙地、巴彦淖尔北部、鄂尔多斯、吴忠、石嘴山、银川等地及陕西榆林等地。

第三节　区域环境与经济社会协调发展的对策建议

一、环渤海沿海地区

（一）产业提升与空间布局优化

依据生态空间约束和资源环境综合承载能力，坚持以环境保护促进重点产业结构优化，统筹重点产业空间布局，合理控制重点产业发展规模。根据不同地区重点产业发展特征和面临的生态环境约束，按照“北岸提升、西岸集约、南岸转型”的总体思路，以环境保护优化经济发展，实施“控规模、调结构、优布局、严标

准、保底线”战略对策，提升区域资源环境对重点产业发展的支撑能力，逐步扭转重点产业粗放式、外延式和分散式的发展方式，促进环渤海沿海地区经济与环境协调发展。

优化重点产业布局。辽宁沿海经济带以大连为龙头积极推进大连至盘锦一线炼油、石化、装备制造等重点产业统筹发展，加快提升重点产业集聚效应。按照天津滨海新区和河北沿海统筹布局的思路，发挥滨海新区大型装备制造业、现代制造业、电子信息产业等辐射和带动作用，形成优势互补、错位发展格局，着力提高区域综合竞争力。围绕黄河三角洲高效生态经济区和山东半岛蓝色经济区建设，发挥山东沿海四市装备制造、石化、轻纺等产业基础优势，加快新型工业化进程，积极发展生态农业，率先实现产业生态化转型。

专栏10-1　滨海新区产业发展

2015年，滨海新区装备制造业规模以上工业产值为4286.97亿元，占总产值的28%，较2007年上升262%；电子信息产业规模以上工业产值为1982.45亿元，占总产值的13%。目前，滨海新区围绕空客A320总装线、中航直升机总部等龙头项目及中国航天科技集团五院、天津航天长征火箭制造有限公司等行业领军企业和院所，形成了从研发设计、部件制造、集成测试到维修售后的航空航天装备产业链。在海洋工程装备、高技术船舶、大型工程机械、先进轨道交通等高端装备制造领域，拥有博迈科、太重集团、凯发电气等行业重点企业。部署了曙光云、华为云、联想云、滨海工业云等工业互联网平台，依托科大讯飞、唯捷创芯、诺思微等智能科技企业，逐步成为天津市电子信息产业聚集区。

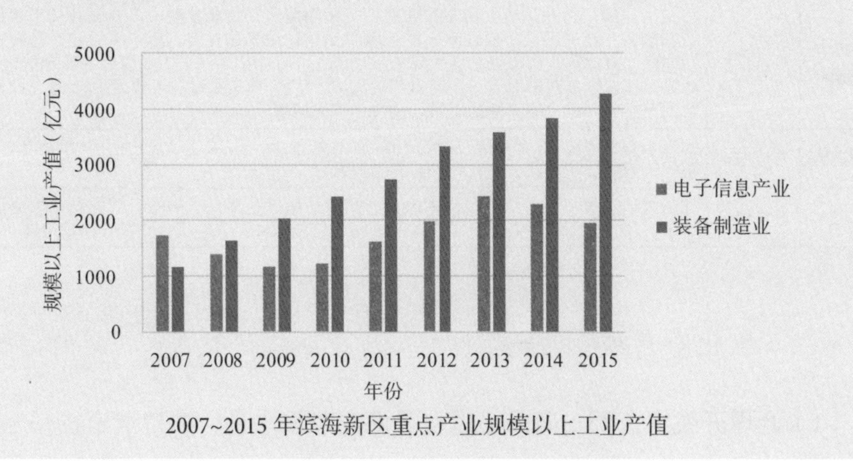

2007~2015年滨海新区重点产业规模以上工业产值

深化重点产业结构调整。优化能源结构，积极提高清洁能源、可再生能源在一次能源中的比重，合理布局风能、太阳能等新型能源开发利用。淘汰落后产能，发展大型炼化一体化项目，淘汰100万吨及以下低效低质落后炼油装置，积极引导200万吨以下炼油装置关停并转；提高淘汰落后炼铁、炼钢产能标准，分批淘汰400立方米及以下高炉，30吨及以下转炉、电炉；加快淘汰环渤海西岸规模以下造纸产能，加大淘汰小造纸和落后工艺。逐步降低重化工业比重，大力发展战略性新兴产业和现代服务业（陈吉宁，2012）。

（二）加强重点区域生态保护

保持重要生态用地面积不减少，生态功能不退化。划定生态红线控制区总面积3.5万平方公里，实施强制性保护，严格保护重要海岸带及滩涂、湿地（表10-3）。加强辽河三角洲湿地、黄河三角洲湿地的生物多样性保护，提升重要自然保护区的保护水平。研究建立复州湾-长兴岛、海河三角洲湿地自然保护区，逐步修复湿地的生态功能。各级开发区、工业园区布局建设应以重要湿地及生态功能区保护为前提，防止重点产业发展大面积占用自然湿地，协调盘锦辽滨沿海经济区与大辽河口湿地保护的关系。

控制围填海规模，防止自然岸线无序开发。围填海工程原则上不占用重点保护自然保护区内岸线以及砂质岸线，限制滩涂、苇地等自然湿地大规模开发，适度控制废弃盐田等生态敏感度高的未利用地类型转化。确保渤海大陆自然岸线长度不低于1880公里，占海岸线总长比例不低于66.8%，受保护自然岸线长度不低于830公里。

表10-3　环渤海沿海地区重点生态功能区

分类	措施	重点地区
生态红线控制区	重点保护	陆域：辽河三角洲湿地生物多样性保护三级功能区，冀北及燕山落叶阔叶林土壤保持三级功能区，辽河平原、西辽河上游丘陵平原、辽东半岛丘陵、冀东平原农产品提供三级功能区，京津冀大都市群人居保障三级功能区，辽中南城镇群人居保障三级功能区 海域：辽东半岛西部海域、辽河口邻近海域、辽西-冀东海域、天津-黄骅海域、辽河湾及黄河口毗邻海域、庙岛群岛海域、渤海中部海域等
海岸带	重点保护	大连东部和南部、盘锦南部、锦州西部、唐山南部、葫芦岛秦皇岛唐山西部、滨海新区南部、沧州滨海、滨州北部、东营和烟台的沿海区域
岸线	重点保护	加强大连渤海一侧、盘锦辽河入海口、葫芦岛南部至秦皇岛一带、滨海新区滨海湿地保护区、滨州北部古贝壳堤、东营黄河入海口以及烟台部分砂质自然岸线保护力度

（三）强化资源环境承载管控

（1）合理开发水资源，确保河道和渤海生态用水量。维持河道内最小生态用水，保证渤海入海淡水量。2020年保证河道内最小生态用水量105亿立方米，综合考虑生态基流量、自净需水和输沙需水量，建议河道内生态适宜用水量达到271亿立方米。加大近岸海域水环境支撑能力，保障渤海近岸河口鱼类产卵场生态功能的稳定，河口低盐区总面积维持在6000平方公里左右，确保2015年渤海入海淡水总量达到375亿立方米，2020年达到400亿立方米。

（2）大力推进污染减排，确保污染物排放总量不突破。力争地表水重要环境功能区水质和近岸海域主要功能区水质达标率明显提高，城市空气质量满足环境功能区要求。在达到国家“十一五”污染物总量减排目标的基础上，2020年主要污染物排放量有较大幅度降低。加强非常规污染物、有毒有害和持久性污染物防治，实施重点重金属排放总量控制。大力推进农业面源污染防治，削减农业面源污染排放总量。

（3）大幅提高资源环境效率，严格环境准入要求。2020年工业COD、SO_2排放强度在现状基础上分别降低60%、70%以上，单位GDP能耗降低50%以上。严格控制新建、改扩建项目污染物排放强度，大中型项目的资源环境效率不低于国际先进水平。严格限制高水耗项目，在地面沉降和海水入侵区禁止建设以地下水为主要水源的工业项目。新建电力、化工、冶金项目应按国家规定采取脱硫脱硝措施。新建、改扩建钢铁项目应首先淘汰相应规模的落后产能。原则上不新增煤化工产能。

二、海峡西岸经济区

（一）产业提升与空间布局优化

为了保证海西区在未来发展中保持优良的生态环境，保障重点产业发展，必须依据区域资源环境承载力、中长期环境影响和生态风险，以环境保护促进重点产业优化发展。按照“沿海地区集聚发展，内陆山区优化发展，承载调控规模，发展适度超前，加快建设我国东南沿海先进制造业基地”的总体思路，以加快经济发展方式转变为指导思想，大力推进环境保护的宏观调控作用。

（1）产业布局优化及升级。促进闽江口等四大产业基地建设，引导重点产业向闽江口、湄洲湾、厦门湾、潮汕揭沿海产业基地集聚发展。优化调整瓯江口、环三都澳、罗源湾、兴化湾、泉州湾、东山湾产业基地的空间布局和产业结构（表10-4）。推进内陆山区钢铁、建材等重污染行业进行结构调整、技术升级，逐步引导产业向条件较好的地区集中发展（黄沈发，2012）。

表10-4　海峡西岸经济区重点产业基地调控建议

产业基地	调控建议
闽江口产业基地	重点发展装备制造、电子信息产业和高新技术产业，强化服务功能和国际化进程，成为带动海峡西岸经济区发展的重要核心
湄洲湾产业基地	重点发展石化、装备制造、能源及林浆纸等临港型产业，建设现代化的石化产业基地
厦门湾产业基地	重点发展电子信息和装备制造业的规模优势，适时调整化工产业布局，引导化工企业向湄洲湾石化基地和古雷石化基地集聚
潮汕揭沿海产业基地	重点布局大型石化基地，同步发展装备制造、电子信息和能源产业
瓯江口产业基地	重点发展装备制造、新能源、新材料、电子信息和现代服务等产业。在环境综合整治的基础上，立足于传统产业结构调整与升级换代，促进重点产业集聚、集约发展。加快现有化工企业的整合和升级改造，逐步推进化工企业向大小门岛化工区集中，发展石化中下游产业
环三都澳区域	重点发展装备制造、冶金、能源产业及油气储备。引导装备制造、化工、冶金、物流等临港产业集聚发展，进一步论证环三都澳区域大型钢铁基地和炼化一体化基地的空间布局方案，湾内重点围绕电机电器和船舶修造大力发展装备制造业，适度发展污染较轻、环境风险较小的临港工业
罗源湾产业基地	重点发展装备制造产业，适量发展冶金、能源产业和污染相对较轻的石化中下游产业
兴化湾产业基地	重点发展电子信息、装备制造和能源产业，适度发展污染相对较轻的化工产业，加快推进环保基础设施建设和企业污染治理，统筹解决江阴工业区内企业与居民交错分布问题
泉州湾产业基地	整合提升现有纺织鞋服等传统优势产业，重点发展电子信息和装备制造产业，严格控制陆域废水排放
古雷石化基地	重点发展石化和装备制造产业，近期优先发展石化中下游产业

（2）推动重点产业结构升级和发展转型。调整装备制造和电子信息产业结构，承接台湾高端产业转移，扩大中高端产品比例。以节能、减排、低碳为发展方向，优化能源电力结构，逐步减少火电在能源电力结构中的比例。整合提升纺织服装、制鞋、建材和食品产业等优势产业，与重点产业协调发展。促进产业集聚发展，优化经济要素集约化配置。创建生态型石化工业园区，发展循环经济低碳经济。培育新能源、生物医药、节能环保、新材料等战略性新兴产业和海洋特色产业，提升区域经济发展水平。

（二）加强重点区域生态保护

（1）维护重点区域生态功能。维持自然保护区、重要湿地等重要生态敏感区面积不减少，天然湿地保护率不低于90%。重点保护浙闽赣交界山地、东南沿海红树林生物多样性保护重要区，以及西部大山带、中部大山带和沿海地带的重要生态敏感区。重点保护乐清湾海域生态系统、三沙—罗源湾水产资源、闽江口渔业资源和湿地、泉州湾河口湿地和水产资源、厦门湾海洋珍稀物种、东山湾典型海洋生态系统和粤东海域南澳候鸟自然保护区。

（2）控制围填海规模，规避敏感岸线。严格控制围填海，加大海岸带生态保护力度，切实保护红树林、湿地保护区等重要敏感生态系统。重点保护自然保护区内岸线及河口敏感岸线。确保自然岸线比例不低于70%，海洋保护区面积不少于领海外部界线以内海域面积的8%。严格控制围海造地，规避敏感岸线，特别控制三沙湾、厦门西海域和同安湾围填海，鼓励重化工业朝湾口布置，减少湾内围垦需求。

三、北部湾经济区沿海地区

（一）产业提升与空间布局优化

（1）促进重点产业优化布局。东翼以博贺新港区—东海岛为重点，积极推进石化和湛江装备制造，发展东海岛钢铁、茂名火电。西翼以防城港企沙工业区、钦州湾开发区为重点，企沙工业区着力发展冶金和能源，钦州港开发区积极发展石化、适度发展生物能源和林浆纸一体化，铁山港工业区积极发展林浆纸一体化、新材料和电子产业。北部发展高新技术产业，提升和优化铝型材、建材和轻工。南部集约发展洋浦开发区石油化工、林浆纸一体化和东方工业区天然气化工、能源，昌江着力发展新型建材、清洁能源，海口集中发展现代制造业和高新技术产业（表10-5）（韩保新，2013）。

表10-5 北部湾经济区沿海地区重点产业调控建议

产业	调控建议
石化	集约建设湛茂、钦州、洋浦等具有国际先进水平的大型炼化一体化项目及其延伸产业链基地，错位分工，适度发展。淘汰100万吨及以下低效低质落后的炼油装置；优先发展石化中下游产品，提升高附加值、高技术、低污染的精细化工产品比重。北海立足于对现有石化企业升级改造，适当发展石化中下游产品，防止以沥青、重油加工等名义新建炼油项目。区域内原则上不适宜新布局煤化工产业
钢铁	在符合国家“等量置换”、“减量置换”、“不新增钢铁产能”产业政策的前提下，适时建设湛江和防城港两个千万吨级钢铁项目，主要重点发展精品钢、碳钢板材类等高端产品，严格控制区域生铁、粗钢等产能扩张
造纸	适度发展林浆纸一体化产业，推动蔗渣与蔗渣浆循环利用，促进造纸集约化、规模化发展。加大对区域小造纸与落后工艺的全面淘汰，分阶段提高行业规模、技术与污染治理准入门槛，重点加快淘汰北部、东部和西部规模以下造纸产能，控制北部和东部新增木浆造纸产能

（2）推动重点产业结构升级和发展转型。积极发展清洁能源、可再生能源，优化和合理控制火电比重，积极发展气电、风电和生物质能源等清洁和可再生能源，安全发展核电。加快推进装备制造业规模化发展，重点扶持高技术、高附加值的大型装备和机械设备等行业，大力提高高端装备制造业比重。积极发展新能源、信息技术等战略性新兴产业，以及港口物流业、现代商贸等现代服务业，提升高新技术产业及现代服务业的比重；大力发展海南国际旅游岛特色旅游产业；

重点发展海水养殖、海洋生物制药、海洋食品等海洋特色产业；加大对纺织服装、制糖、造纸等行业的技术升级改造，打造区域优势主导产品。

（二）加强重点区域生态环境保护

（1）大力推进污染减排，保持区域生态环境质量不下降。强化工业污水治理工程，加快建设和完善城镇污水处理工程，提高区域城镇污水处理厂的处理率和收水率，建设十大沿海集聚区污水处理与深海处置系统工程。深入开展南宁邕江、茂名小东江等受污染河段的环境综合整治工程。划定畜禽禁养区，搬迁或关闭位于水源保护区、城市和城镇居民集中区的畜禽养殖场；加强海水养殖规划，推广先进养殖方式。

（2）确保生态用地面积不减少，服务功能不降低。保护重大生态用地面积不减少、保护级别不降低，确保占林地总面积40%的天然林面积不减少，保证生态公益林面积中期扩大5%、远期扩大10%，水源保护区面积不减少；保证1407平方公里重要海洋自然保护区及11286 平方公里水产种质资源保护区面积不减少、保护级别不降低，红树林保护区面积中期扩大3%、远期扩大6%（表10-6）。确保我国热带海岛和西南陆域生物多样性以及南海重要的海洋生物多样性湾区和渔场的地位不降低。遏制北部湾和海西近岸海域水质不断下降的趋势（李天威等，2013）。

表10-6　北部湾经济区沿海地区重点生态保护对象

类型	重点保护对象
重要生态用地	重点保护大明山、十万大山、防城金花茶、海南尖峰岭等自然保护区和森林公园中及其周边天然林的保护，控制海南、湛江、北海和钦州等地浆纸林基地单一物种速丰林面积在5670平方公里以内
重要生态用海	重点保护湛江徐闻、雷州、廉江和北海合浦、涠洲岛和钦州茅尾海、三娘湾和防城北仑河口、珍珠湾和海南临高、儋州等地的红树林、珊瑚礁、白碟贝、海草床等典型海洋生态系统和白碟贝、儒艮、文昌鱼等珍稀海洋生物

四、成渝经济区

（一）产业提升与空间布局优化

优化沿江产业布局。在生态环境敏感的沱江上游、岷江上游及中游的成都段，严格限制布局石油化工等高风险、高污染产业。成德绵以装备制造业、高新技术产业等为发展重点，将化工、造纸、纺织等产业向成德绵经济带的东部、南翼转移。按照“重点发展、适度发展、有选择地发展”原则，优化长江沿岸化工产业布局，长江沿岸化工园区的石化产业发展应与彭州石化基地密切结合，以发展中、下游产品为主，构建延伸工业园区化工产业链（舒俭民，2012）。长江沿岸化工产业布局优化调整建议见表10-7。

表10-7　长江沿岸化工产业布局优化调整建议

区域	调控建议
长寿化工园区	以资源优势和循环经济体系建设为基点，与天然气化工、盐化工产业链的耦合发展石油化工下游产品，该园区不建议发展煤化工
涪陵化工园区	利用现有天然气化工、氯碱化工产业向下游产品延伸为重点
万州化工园区	选择环境风险相对较低的产品发展；不宜同时重点发展盐化工和天然气化工，可选择具有相对资源优势的盐卤发展化工产业链
宜宾、泸州	以技术升级换代方向发展的天然气、盐化工产业；可结合天然气与煤化工产业链的耦合需要，适当发展煤化工产品
川东北	可选择环境约束相对小的区域建设天然气化工基地；应选择附加值高、有利于带动落后地区经济发展和产业链延伸的产品发展
南充	建设工业园区，发展以石化下游产业和生物质能源为主导的产业，加快解决现有炼油化工与城市发展的矛盾

（二）实施基于环境质量改善的污染物减排

建立包括营养盐、重金属、持久性有机物等污染物的排放控制体系，严格控制营养盐、重金属、持久性有机物等污染物的排放，促进节水型、低污染产业的发展，确保长江干流及主要支流汇入长江干流的水质目标为Ⅱ类，主要支流不超过Ⅲ类，持久性有机污染物和重金属在水生生物自然保护区内满足“渔业水质标准”。以河流多年平均径流量的10%为生态基流底线，必须予以保障，大力推进节水建设，提高区域水资源利用效率。

实施二氧化硫和氮氧化物的排放总量控制，对有机废气VOCs，特别是氯乙烯、苯、多环芳烃等致癌物的排放进行有效管制。在环境空气质量未达标的以及酸沉降负荷持续高居不降且本地贡献为主的地区控制火电、冶金等高耗能高污染产业规模的盲目扩张，严格控制新建、扩建除“上大压小”“优化布局”和热电联产以外的火电厂。

（三）加强重点区域生态保护

（1）维护生态安全格局，加强生态建设。维护盆周山地及长江、嘉陵江、岷江和沱江“一圈四江九节点”生态安全格局，确保成渝经济区水源涵养、水土保持、生物多样性保护，以及农产品提供功能不削弱。确定区域内的各类自然保护区得到严格保护，保护区总面积不减少。保护长江上游珍稀特有鱼类和土著种群生境，维护水生态的多样性，保留赤水河、岷江干流（月波以下河段）与长江干流的连通性，确保自然保护区范围不缩小、功能不降低，为漂流性、洄游性鱼类提供生存空间。加强龙门山、三峡库区、秦巴山地、武陵山、大娄山等区域的生物核心栖息地保护。

（2）优先盆周山区矿产资源生态保护。以生态环境保护优先实施矿产资源开发，加速矿山特别是小煤矿开采区生态治理、恢复的速度；加快淘汰和关闭浪费资源、污染严重的矿山开采企业。德阳什邡绵竹和乐山马边的磷矿开采区、南川铝土矿开采区的矿产资源开采应以生态保护优先、以资源整合、小矿整治为前提，采取更严格的措施维护其水源涵养、生物多样性等生态服务功能。

五、黄河中上游能源化工区

（一）产业提升与空间布局优化

（1）优化重点产业布局。河套内新兴产业区（即鄂尔多斯、榆林、宁东地区）重点发展煤炭开采、煤电、煤化工等产业，以新型能源重化产业区作为发展方向；汾河流域产业区（即吕梁、临汾、运城，辐射忻州）优化发展煤炭开采、煤电、煤化工及冶金等产业，支持建设“国家资源型经济转型综合改革配套实验区”，突破生态环境综合承载力困境；渭河流域产业区（即宝鸡、咸阳、渭南、铜川，辐射延安）依托现有工业基础，重点发展煤炭开采、现代煤化工等产业；包头及周边地区（即包头，辐射巴彦淖尔）建设特色冶金基地，合理布局钢铁、铝业、装备制造、电力、煤化工和稀土等产业；黄河上游产业区（即银川、石嘴山、中卫、吴忠）围绕“黄河上游城市带”建设，着力优化产业结构，发展配套产业和服务业，提升现有工业技术水平（表10-8）（周能福，2012）。

表10-8　黄河中上游能源化工区产业布局优化调整建议

产业	调控建议
煤炭	对煤炭资源进行统一规划、统一布局、统一管理，淘汰落后产能，加快中小煤矿整合和改造。充分论证鄂尔多斯和榆林东部煤炭资源开发方式，实现科学开发；推进汾河流域产业区煤炭行业整合，逐步淘汰30万吨以下小规模矿井，单井平均规模逐步达到120万吨
煤电	全面淘汰10万千瓦以下煤电机组，其中河套内新兴产业区应逐步淘汰20万千瓦以下煤电机组，提高区域煤电产业整体技术水平，推广清洁高效煤电技术。限制大气环境承载力较低地区的煤电产业发展规模，提高水电、风电和可再生能源等清洁能源的装机和发电比重，优化电源结构
煤化工	以区域水资源承载力为依据，科学规划煤化工产业发展，适度发展新型煤化工。进一步加大区域传统煤化工产业升级改造力度；提升汾河流域产业区焦化、合成氨行业技术水平；升级改造渭河流域产业区合成氨、电石行业；推进包头及周边地区焦化企业重组，淘汰小规模落后产能；对区域电石、焦化产能实施总量控制，提高产业集中度和技术水平
冶金	加快推进冶金产业向产业园区聚集，强化集约节约用地，提高工业用地综合利用效率。深入调整冶金行业产业结构，淘汰落后产能，提升技术装备水平和污染治理水平，加强氟化物控制，力争达到国内清洁生产先进水平

（2）鼓励产业多元化发展，完善产业体系。发挥渭河流域产业区人才、技术和区位优势，优化对外开放格局，承接东部产业转移，以装备制造和高新技术产业为重点，丰富区域产业结构。鼓励黄河上游产业区发展低耗水产业，优化产业结构，打造人才和服务基地，大力发展新能源、高新技术等新型产业，探索石嘴山等资源型城市产业转型和多元化发展道路。

（二）加强重点区域生态保护

加强生态建设力度，促进区域生态功能改善。确保受保护湿地面积、自然保护区面积不减少，剧烈沙漠化和剧烈土壤侵蚀区等禁止开发区面积不低于现状。优先保护陕西、山西沿黄湿地，重点加强红碱淖湿地自然保护区、鄂尔多斯遗鸥国家级自然保护区、山西黄河湿地自然保护区、乌梁素海湿地水禽自然保护区、毛乌素沙地柏自然保护区、贺兰山国家级自然保护区、沙坡头国家级自然保护区和白芨滩国家级自然保护区等生态敏感区的生物多样性保护。

专栏10-2 项目成果及点评

各分项目根据环境保护部（现生态环境部）“五大区域重点产业发展战略环境评价工作方案”及总体技术要求组织完成，形成专题、子项目、分项目和总项目研究报告共计51份，出版《五大区域战略环境评价系列丛书》共8本310万字，印发了促进五大地区重点产业与环境协调发展的指导意见（环函〔2011〕180~184号）。项目为国家“十二五”规划编制及区域中长期发展规划制定、区域环境管理与环境建设等重大决策提供技术支撑，成为相关地区火电、化工、石化、钢铁等行业环境准入的重要依据（李天威等，2015d）。

五大区域重点产业发展战略环境评价是大区域尺度战略环境评价的首次实践，也是国内外对不确定性更高的大区域范围内经济与产业发展综合环境影响评价的首次探索，是环保领域深入贯彻落实科学发展观的一次有益尝试。五大区域重点产业发展战略环境评价提出和建立了以区域产业发展与资源环境承载力动态响应关系识别、分析和评价为核心的区域发展战略环评理论模型和技术方法体系，构建了共轭梯度理论框架，集成环境系统分析方法、生态风险评估技术、区域环境质量时空模拟模型，构建了大尺度区域生态环境演变趋势模拟、环境影响情景预测以及多因子生态风险综合评估方法，为后续区域发展战略环境评价作出了理论框架与技术方法的样本。

思考题

1. 分析五大区域重点产业发展战略环评的工作重点，思考其工作思路及背景成因。

2. 举例分析五大区域重点产业发展战略环评对区域发展和生态保护的引导作用，评价其调控建议的落实情况。

3. 选取一个区域，举例分析当前的资源环境重大问题发生了哪些改变，并对调控建议进行优化补充。

第十一章　西部大开发重点区域和行业发展战略环境评价

第一节　项目总体设计

一、工作背景

2010年，《中共中央国务院关于深入实施西部大开发战略的若干意见》（中发〔2010〕11号）明确把西部大开发战略放在区域协调发展总体战略的优先位置。同时，党的“十八大”确立了包括生态文明建设的“五位一体”总布局，要求形成节约资源和保护环境的空间格局、产业结构、生产方式、生活方式，从源头上扭转生态环境恶化趋势。

云南、贵州、甘肃、青海、新疆等西部五省（区）是我国全面建成小康社会的攻坚区域，经济社会发展水平仍相对落后，加快经济社会发展、不断改善民生是进一步推进西部大开发的重大战略任务。但与此同时，区域生态环境脆弱，水土流失严重，水资源短缺，石漠化、沙漠化加剧，生物多样性退化等生态环境问题突出。加快推进生态文明建设，将生态环境保护放到优先战略地位，从根本上转变经济发展方式，优化调整产业结构，建设资源节约型、环境友好型社会，是西部五省（区）发展的必然选择。

为推动环境保护优化经济发展新格局的形成，确保西部地区中长期的生态环境安全，2011~2013年，环境保护部（现生态环境部）组织开展了西部大开发重点区域和行业发展战略环境评价工作，旨在协调好经济社会发展空间布局与生态安全格局、结构规模与资源环境承载之间的关系，从源头防范区域生态环境恶化，推动区域合理开发和产业有序布局，促进资源优势转化为产业优势和经济优势，保障西部大开发战略措施的落实，推动实现西部地区经济社会的全面协调可持续发展。

二、工作内容与技术路线

（一）工作内容

遵循“保生态、优布局、调结构、提效率、建机制”的总体思路，围绕发展定位、水平、空间、路径和转型，系统评价社会经济与生态环境之间的适宜性、协调性、相容性、可行性和可持续性。

（1）重点区域和产业发展战略分析。梳理西部地区经济社会发展的国家战略和规划、资源能源等重点产业发展规划、环境保护规划等，分析未来西部地区重点区域在全国区域发展格局中的战略地位、经济社会发展目标、资源开发与重点产业发展目标以及环境保护目标。

（2）重点区域生态环境现状及其演变趋势评估。评估西部地区生态环境现状，分析经济社会发展的资源环境压力和演变趋势，剖析区域经济社会发展导致的突出的区域性、累积性资源环境问题，识别区域资源开发和重点产业发展的关键性制约因素。

（3）重点区域和产业发展资源环境压力评估。分析西部地区重点区域和产业发展现状、技术水平和发展态势，评估资源环境效率。基于产业发展情景，预测资源环境压力及时空分布，解析经济与环境协调发展水平以及存在的主要矛盾。

（4）重点区域和产业发展资源环境承载力综合评估。根据区域经济社会发展水平和资源环境禀赋，分析评估重点区域资源环境承载力（水环境、大气环境、水资源、土地资源、生态承载力等）及其利用状况和空间分布特征，提出资源环境承载力可持续利用对策。

（5）重点区域和产业发展环境影响评价和生态风险评估。针对重点区域和产业发展情景，辨识中长期生态环境影响特征和关键影响因子。分析、预测中长期生态环境影响态势及其阶段性、结构性特征，分析、评估重点区域和产业发展的中长期生态风险。

（6）重点区域和产业优化发展的调控方案。根据重点区域和产业发展资源环境承载力水平，提出产业发展与布局优化调整方案，明确优先支持的重点产业发展方向和生产力优化布局建议，提出区域循环经济的发展模式和方案。

（7）重点区域和产业与资源环境协调发展的对策机制。根据重点区域和产业发展的生态风险，提出保障区域生态安全、促进资源高效利用、构建循环经济体系的环境保护管理策略，制定节能减排、环境准入、跟踪监测与评价、生态恢复与补偿的中长期环境管理对策，尝试构建跨流域、跨行政单元的环境综合管理模式，探索建立以环境保护优化经济发展的长效机制。

（二）技术路线

在深入分析西部五省（区）重点区域和产业发展战略的基础上，研究区域生态环境演化规律、重点产业发展情景及资源环境和产业发展耦合关系，辨识中长期生态环境影响特征和关键影响因子，预测资源开发及重点区域产业发展的中长期环境影响和潜在生态环境风险，评价其对关键生态功能单元和环境敏感目标的长期性、累积性影响，提出资源开发与重点产业优化发展、协调发展的调控方案和对策，建立以环境保护优化经济发展的长效机制（图11-1）。

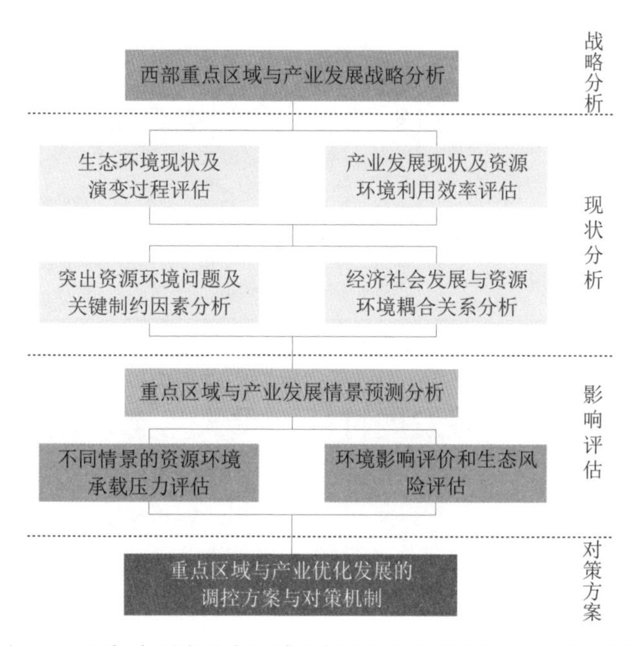

图 11-1 西部大开发重点区域和行业发展战略环境评价技术路线

三、评价范围与时限

西部大开发重点区域和行业发展战略环境评价工作涉及云南、贵州、甘肃、青海、新疆及新疆生产建设兵团，共61个地州市，国土面积341.1万平方公里。评价重点是西部五省（区）的重点开发区域和重点发展行业。重点区域遴选遵循三个原则：一是资源开发和重点产业布局的热点区域，二是重要生态功能区和生态环境脆弱区域，三是未来资源开发与重点产业发展的主要指向区域。同时，依据行业污染物贡献率、经济贡献率和未来发展态势，确定评价的重点产业门类（表11-1）。

项目评价基准年为2010年，近期评价年为2015年，远期展望年为2020年。

表11-1　西部大开发重点区域和行业发展战略环境评价区域及重点产业（李天威等，2015b）

区域	省（区）	重点区域	涉及主要行政单元	重点产业
甘青新地区	新疆及兵团	天山北坡经济带	乌鲁木齐市、克拉玛依市、石河子市、五家渠市、昌吉州、塔城地区、伊犁州、博州、吐鲁番市、哈密市，建设兵团第四师、第五师、第六师、第七师、第八师、第十二师、建工师、第十三师的部分农场	煤炭、煤电、煤化工、石油天然气开采及加工、钢铁、有色矿产资源开发及加工、新能源、农副产品加工
	青海	柴达木循环经济试验区 西宁河湟谷地	海西州、西宁市、海东地区、海北州、黄南州、海南州	盐湖化工、煤化工、能源、钢铁、有色冶金、新材料、生物制药、装备制造、纺织、农副产品加工业、现代物流
	甘肃	兰州白银经济区 陇东地区 河西地区	兰州、白银、平凉、庆阳、金昌市、张掖市、酒泉市、武威市、嘉峪关市	石化、煤化工、有色冶金、能源、装备制造、新材料、生物制药、农副产品加工
云贵地区	云南	滇中经济区 滇东北 滇西北 沿边经济区	昆明、曲靖、玉溪、楚雄、昭通、大理、怒江、丽江、迪庆、德宏、保山、临沧、普洱、版纳、红河、文山	矿产、有色冶金、钢铁、化工、装备制造、生物、电力
	贵州	黔中经济区 毕水兴地区 三州地区	贵阳、遵义、安顺、黔南、黔东南、六盘水、毕节、黔西南	矿产、能源、化工、有色冶金、钢铁、装备制造、建材

第二节　区域发展特征与重大生态环境问题

一、云贵重点地区

（一）经济持续快速增长，但整体发展水平仍相对落后

2010年，云贵两省经济总量分别为7220.1亿元、4593.9亿元（图11-2），仅为广东省GDP 的16%和10%，人均GDP 不足全国平均水平的一半，在全国31个省区市中位列最后两位。云贵两省总体上还刚刚进入工业化中期阶段，工业化进程低于全国平均水平。2010年，云贵两省的城镇化率均在35%左右，远低于全国50%的平均水平（谢丹，2014），处于城镇化开始加速发展的阶段。区域重大基础设施建设滞后，人均高速公路、城市道路、给排水设施、污水处理设施等均落后于全国平均水平，未来基础设施建设和城市发展的任务十分繁重。

西南地区经济总量空间分布极不均衡，经济发展内部差距非常显著，云贵两省经济和人口分别集中在滇中、黔中地区，滇中经济区人口和GDP 分别占云南

全省总量的37.6% 和57.6%，黔中经济区人口和GDP 分别占贵州省总量的56% 和76.1%。区域人均收入水平较低，城乡二元经济结构特征突出，2010年云贵两省城乡人均可支配收入比均为4.1 ： 1。

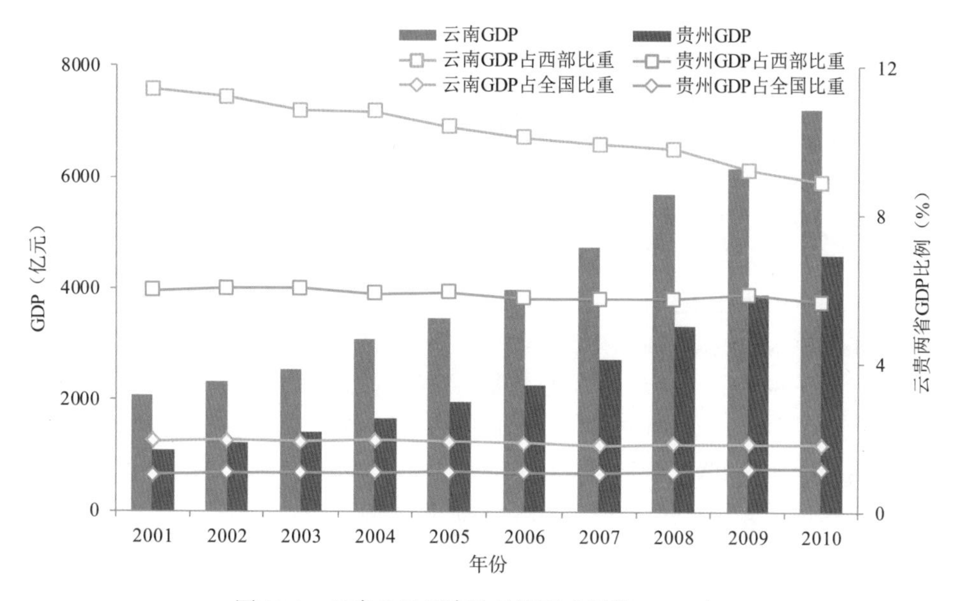

图 11-2 云贵地区经济总量演变（刘毅，2016）

云贵两省产业结构呈现出明显的重化工倾向，资源依赖型特征明显。云南省经过多年发展形成了以烟草、有色冶金、电力、钢铁、化工等五大产业为支柱的产业结构，2010年上述五大产业占云南省工业总产值比重为72.3%。2010年，贵州省煤炭、电力、钢铁、有色冶金、化工、食品和装备制造等七大产业占贵州省工业总产值比重达91.9%，以原材料和能源电力等基础重化工行业为主导的产业结构不断强化。重点产业带状分布格局明显，产业同构化趋势加剧，GDP、水能消耗集中分布在遵义—毕节—贵阳—黔南—曲靖—昆明—玉溪—红河一带。

（二）生态系统总体呈退化趋势，水土流失和石漠化问题严峻

西南地区为青藏高原生态屏障、黄土—川滇生态屏障和南方丘陵山地带的重要组成部分，是我国水资源、森林资源、生态景观、生物多样性最为丰富的地区，在国家生态安全格局中具有重要地位。西南地区生态环境总体上较为敏感，云贵两省土壤侵蚀高度以上敏感区域占区域总面积的26.1%，酸雨极敏感区占总面积的54.2%，区域干旱、地震、滑坡、泥石流等自然灾害频繁，再加上人为活动干扰强度不断加大，易造成生态环境破坏，甚至导致生态系统失衡。

西南地区天然林减少、草地退化，生物多样性水平降低，生态服务功能整体呈退化趋势。工业化、城镇化和矿产资源开发等人为活动侵占大量生态用地，使得生态系统整体性和景观连通度降低，局部生态系统功能退化。云贵地区天然林面积不断下降，2010年云南天然林面积仅为1975年的22%（刘小丽等，2015a），纸浆林、橡胶林等经济速生林和生态低效林面积增大，森林生态系统结构趋于单一化、空间分布趋向破碎化，森林资源总体质量呈下降趋势。近年来，云贵地区草地面积减少200.5万公顷，平均每年减少15.4万公顷，草地质量退化明显，草地植物种类日趋减少。云南特有或曾分布的物种已有13种灭绝，占全国绝灭物种总数的38.2%，贵州省动、植物种类受威胁的比例达20%左右。

区域水土流失和石漠化问题仍较为严峻。根据2004年云南省第三次水土流失遥感调查，全省水土流失面积占总面积的35.0%，水土流失严重区主要分布在滇中滇东北山原区、滇南中低山宽谷区和滇东南岩溶丘陵区；根据2000年贵州土壤侵蚀现状遥感调查成果，贵州水土流失总面积占总面积的41.5%，强烈流失面积区主要分布于黔西、黔北和黔东北部分地区。云南省、贵州省石漠化面积占国土面积比例分别为15.4%、20%，滇桂黔石漠化片区、重要生态功能区、水电矿产等资源开发区相互重叠，区域开发与生态保护的矛盾突出。

（三）资源开发与生态保护冲突显现，产业发展受环境承载制约

云贵地区土地刚性约束突出，可利用坝区面积十分有限。云南省、贵州省具有经济开发规模的坝区（坡度8°以下、面积大于8平方公里）面积分别占国土面积的9%、12%（李倩等，2013）。在考虑生态约束及不适宜开发的土地利用类型后，云、贵两省可开发利用坝区面积均约占两省国土面积的1%，主要集中在滇中地区和黔中地区，怒江、迪庆、西双版纳和六盘水可开发利用土地资源相对紧缺。

云贵两省近十年来水资源逐步衰减，水资源开发利用难度较大，水资源实际开发利用率偏低。2010年云贵两省水资源开发利用率分别为7.7%、9.6%，低于全国平均水平（20%）。农业用水分别占到云南省和贵州省生产用水的78%和61%（朱洪利等，2013）。2010年，云南省沿边经济带和滇中经济区用水量分别占全省的45%、34%，黔中经济区用水占贵州省的62%。电力、化工、钢铁、造纸、煤炭开采、建材等六大行业是云贵地区的重点用水行业，分别占云南、贵州工业用水量的95.7%、96.1%。

云贵地区河流水环境质量明显改善，但总体仍呈轻度污染，结构性水质污染较为突出，金沙江、乌江、红河、沅水、南盘江等水系局部污染较重。云贵地区湖库总体为轻度污染，高原湖泊受到生活污染、畜禽养殖、磷矿开采等的威胁，长期面临富营养化风险。云贵两省水环境污染物以生活源排放为主，2010年云南

省生活源COD、氨氮排放量占点源排放总量的64.4%和88.6%，贵州省COD、氨氮排放量占点源排放总量的78.4%、90.2%（李天威等，2015c）。城镇污水处理基础设施不足是云贵地区结构性水污染的重要原因，2010年云南省、贵州省城镇污水处理率分别为74.7%、74.8%，低于全国82%的城镇污水处理平均水平。

局部地区大气环境容量利用接近饱和或超载。2010年，云南省和贵州省SO_2排放量分别为70.4万吨和116.2万吨，NO_x分别为52.0万吨和49.3万吨。贵州省SO_2排放量占容量的比例已高达100%，云南省昆明市NO_x排放超载62%（向伟玲等，2016）。

重金属污染问题突出，重点地区风险水平较高（表11-2）。云贵地区土壤重金属污染较为严重，云南省土壤中砷、镉、铅污染，贵州省土壤中镉、砷污染较为突出；部分河段地表水中重金属超标，沉积物中重金属污染严重（李天威等，2013a）。云贵地区土壤重金属背景值普遍高于全国平均值，矿产资源开发、有色冶炼等涉重企业的长期粗放发展、分散式布局，加剧了云贵地区重金属污染。重金属污染已对云贵局部地区生态环境构成威胁，近年来云贵地区重金属重特大污染事件呈高发态势。

表11-2 云贵地区重金属污染较严重的区域

	土壤	地表水体	水体沉积物
云南	红河、文山、曲靖、昆明、大理、临沧、昭通、保山	红河流域、澜沧江流域、乌江水系、南盘江水系	长江、珠江、红河、怒江水系的干流和所属部分支流，滇池、阳宗海、个旧湖、大屯海、星云湖、杞麓湖和北坡水库等湖泊
贵州	安顺、黔南、黔西南、毕节		

二、甘青新重点地区

（一）总体发展水平低，工业化进程缓慢

甘青新三省（区）总体发展水平较低。2010年西北三省（区）GDP总量约1.1万亿元，占全国GDP总量的2.7%；2000年以来，西北三省（区）人均GDP为全国均值的70%左右，东西部地区经济建设的差距逐步扩大（图11-3）。2010年，西北三省（区）城镇化率为38.6%，落后于全国平均水平（77%）。区内各地经济发展水平差异明显，乌鲁木齐、兰州两大省会城市GDP占西北三省（区）GDP总量的22.4%，成为西北三省（区）经济发展高地（金凤君等，2013）。

甘青新三省（区）农牧业依然占据重要地位，工业化进程相对缓慢，整体处于工业化初中期阶段，产业结构层次较低。2010年，甘青新三省（区）第一、二、三次产业结构比重为16.6 ∶ 48.8 ∶ 34.6，农牧业在甘青新三省（区）国民经济中依然占重要地位。西北地区工业主要以资源型初加工产业为主，占工业总产值的

比重在60%以上，以石油及化工、冶金、电力为主。

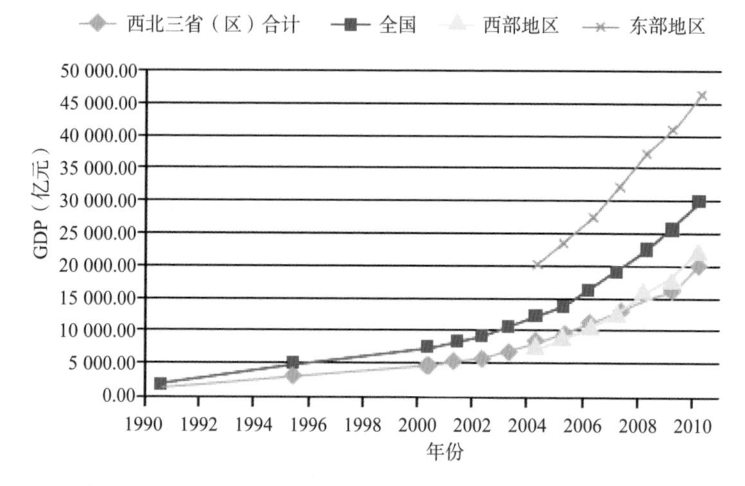

图 11-3 西北三省（区）人均 GDP 历史变化（舒俭民，2016）

甘青新地区工业总产值集中于几个重点地级市，产业主要分布在兰西格—河西走廊—吐哈盆地—天山北坡—伊犁河谷一带。甘青新重点地区共有国家级工业园区23个、省级工业园区49个，四分之三的工业园区与城市相邻布局或布局在城市建成区，使乌鲁木齐—昌吉、独山子—奎屯—乌苏、石河子—玛纳斯—沙湾、兰州—白银、金昌、西宁等城市（群）环境污染问题复杂。

（二）区域水资源极度匮乏，水土资源匹配严重失衡

甘青新地区水资源匮乏，水资源不足全国的7%，是全国最为缺水的地区。2001~2010年重点区域人均水资源量1914立方米，是全国人均淡水资源量的83%。内陆河区以资源型缺水、生态型缺水为主，黄河流域上游以指标型和工程型缺水为主。黄河流域人均水资源量仅为343立方米，属于极度缺水区域；河西走廊、天山北麓和吐哈盆地、黄河流域水资源利用率超过95%，普遍存在地表水过度引用和地下水超采。甘青新地区水资源空间分布与经济社会发展格局不匹配，重点区域水资源量占甘青新水资源总量的33%，支撑着60%的人口、80%的地区生产总值，水土资源匹配严重失衡。

甘青新地区水资源利用效率普遍较低，水资源短缺和粗放式用水并存。2010年甘青新地区第一产业占GDP的10%~20%，用水占比为67%~93%，与经济社会发展水资源短缺制约形成巨大反差。区域农业用水效率低下，重点农业区河西走廊、天山北坡的农田亩均用水量是全国平均值的1.6倍和1.3倍。甘青新三省（区）单位GDP资源环境效率水平持续提升，但与全国差距依然明显（表11-3）。

表11-3 甘青新三省（区）资源环境效率与全国平均水平比较（2010年）

地区	能耗（吨标煤/万元）	水耗（m^3/万元）	COD（kg/万元）	氨氮（g/万元）	二氧化硫（kg/万元）	氮氧化物（kg/万元）
甘肃	1.4	295.6	9.8	1050.8	15.1	10.2
青海	1.9	227.9	7.7	710.9	11.6	8.6
新疆	1.5	984.1	10.5	746.7	11.6	10.8
全国	0.8	150.1	6.4	659.0	5.7	5.7

（三）局部地区生态退化趋势难以扭转，土地荒漠化问题突出

经过十年的生态建设，西北三省（区）森林生态系统总体改善。现有森林面积约407.7万公顷，森林覆盖率从1994年的1.5%提高到现在的5.2%，森林类型以天然林为主，主要分布在天山、子午岭、六盘山、祁连山和阿尔泰山以及内陆河中下游沿河两岸。但内陆河流域依然存在天然林退化的问题，突出表现为中、下游河岸林和尾闾湖周荒漠林因水资源过度开发影响出现严重退化。

甘青新地区草地三化（沙化、碱化、退化）现象严重，质量下降。2010年，西北三省（区）草地三化总面积为5346.3万公顷，占可利用草地总面积的47.9%。青海中度以上退化草地面积占可利用草地面积的比例由1988年的23.2%急剧上升至2010年51.7%，退化草地主要分布在三江源地区；新疆草地退化率从2000年的61%快速增至2007年的80%；甘肃有90%的草地出现不同程度退化，并以每年10万公顷的速度递增。

甘青新地区土地荒漠化依然严峻。由于绿洲农田生态系统的扩张、水资源过度开发利用，导致绿洲与荒漠过渡带生态退化，土地荒漠化依然严峻。西北三省（区）的荒漠化土地面积占国土面积约51.2%，占全国荒漠化土地面积约55.3%，土地荒漠化类型以草地和未利用地为主，约占75.6%。其中，天山北坡经济带、河西地区、柴达木盆地是风蚀荒漠化集中区域，位于黄土高原的河湟谷地和兰白经济区则是水蚀荒漠化集中区域。

第三节 区域环境与经济社会协调发展的对策建议

一、云贵重点地区

（一）优化区域产业空间布局与优化

统筹考虑云贵地区资源禀赋、产业基础和资源环境承载能力，充分发挥比较

优势，优化区域资源配置，强化区域分工和经济联系，按照“农业提效、服务业提速、工业提升”的总体思路，促进三次产业互动、协调发展，构建相对均衡的现代产业体系。保障重点产业发展空间，促进产业结构升级转型，不断优化区域生产力空间布局，合理控制“两高一资”行业产能无序扩张（曾琳等，2013）。以滇中经济区和黔中经济区为核心构建特色鲜明、布局合理、优势互补、分工有序、协调发展的区域经济发展格局。

云南省应按“一圈、一带、七通道”的布局模式，努力构建滇中经济区、沿边经济带、滇东北和滇西北四大板块区域特色鲜明、优势互补、分工有序、协调发展的区域经济格局。滇中地区应以资本和技术密集型产业布局为主要导向，加快传统优势产业优化升级，大力培育战略性新兴产业，使之成为以化工、有色冶炼加工、生物为重点的区域性资源深加工基地。统筹规划滇中及其周边市州发展定位，避免无序竞争、低水平重复建设。滇池流域内除产业集聚区外原则上不再布局新的工业项目，原有工业企业要逐步搬迁（刘毅，2016）。

贵州省应按“黔中带动、黔北提升、两翼跨越、协调推进”的原则，充分发挥黔中经济区辐射带动作用，加快建设黔北经济协作区，积极推动黔西毕水兴能源资源富集区可持续发展，大力支持黔东南州、黔南州、黔西南州等“三州”民族地区跨越发展，形成全省中、西、北各具产业发展重点的工业化战略布局。将黔中经济区建设形成装备工业和高新技术产业聚集区、原材料及资源深加工产业聚集区、名优烟酒基地和医药产业基地。

促进重点产业集中布局、有序发展，支持贵州结合国家“西电东输”战略，形成国家重要的煤电外输基地；推动建设有色冶金生态环保型基地，提高能源资源利用效率、加强特征污染物排放控制；提高钢铁产业集中度，加快技术升级改造，提高产品附加值；促进煤、磷化工产业的绿色循环发展。深化能源产业结构调整，积极发展风能、太阳能、生物质能、地热、浅层地温能等新能源开发利用。大力培育和发展云南生物医药、生物育种、生物技术服务、光电子、新材料、新能源，贵州新材料、电子及新一代信息技术、生物技术、新能源汽车等战略性新兴产业（表11-4）。

表11-4　云贵地区重点产业调控建议

行业	调控建议
电力	分步建设六枝、织金、安顺三期、清江、黔北“上大压小”等大型坑口电厂和路口电厂；关停20万千瓦以下小火电机组；昆明、遵义、黔南州在大气环境质量未得到持续改善之前，除热电项目外不再新建或扩建燃煤机组
有色冶金	建设滇中地区全国钒钛资源综合利用产业基地，形成滇中铜、铝、钛冶炼及深加工、稀贵金属深加工基地，滇南锡、铝、铅锌深加工基地以及滇东北铅锌综合利用基地，推动建设贵阳铝深加工、遵义铝钛深加工基地
钢铁	支持昆明、楚雄、六盘水、贵阳建设以服务西南地区为主的钢铁工业基地；推动贵钢新特材料循环经济基地建设，支持水城钢铁升级改造，推进昆钢、贵阳城市钢厂搬迁

续表

行业	调控建议
煤、磷化工	引导煤化工产业向昭通、曲靖、红河和毕节、六盘水等地集中，建设规模化、高水平的新型煤化工基地；整合提升昆明、玉溪磷化工基地，推动贵州织金—息烽—开阳—翁安—福泉磷化工产业带的集聚布局和资源循环利用
造纸	淘汰昆明、曲靖、临沧、玉溪、遵义规模以下造纸企业，加大楚雄、保山小造纸和落后工艺的淘汰力度
装备制造	加快云南内燃机、电力装备、大型数控机床、大型铁路养护机械、轨道交通装备等装备制造业规模化发展，建设昆明、曲靖、大理、玉溪特色装备制造基地，培育发展新能源汽车产业、通用航空产业等。加快贵州—安顺民用航空产业基地建设，提升贵阳、遵义、六盘水能矿产业装备制造业水平，发展贵阳、遵义、安顺专用汽车工业基地

（二）维持区域生态功能

推进云贵地区生态保护与建设，确保天然林面积稳步增长，提高人工林树种多样性，逐步提高人工林培育天然林比重。加强滇东北、滇南、黔东、黔东南、黔西等地区森林和草原交界带保护，确保天然林线不继续退化。加强水源涵养林保护和建设，确保水源地安全。维持橡胶、烟草等种植面积不扩大。实施天然林资源保护、长江珠江防护林体系建设、小流域综合治理、草山草坡治理等生态建设工程。加强以西双版纳热带雨林、横断山区、武陵山山地区为重点的生物多样性保护，确保西南喀斯特地区、川滇干热河谷土壤保持区、珠江源水源涵养区等重要生态功能区得到有效保护，制定区域生态安全保障对策，对相应区域设立专项保护规划纲要和行动计划。

突出抓好水土流失和石漠化综合治理，加强水土流失小流域综合治理，提高区域水土保持能力。实施云南迪庆藏族自治州“两江”（金沙江、澜沧江）流域生态安全屏障保护与建设规划；实施哈尼梯田生态环境保护与建设工程；全面启动石漠化重点县（市、区）的综合治理，实施人工造林种草、封山育林育草；设立国家级石漠化综合治理示范区，全面推进贵州78个县石漠化综合治理工程。确保云贵地区江河上游水土流失面积明显减少，石漠化得到有效控制。

（三）合理配置资源环境容量

推进国土空间的精细化管理，严格限制土地开发利用的总量，加大产业用地调整力度，确保产业向园区集中发展。促进产业向园区集中发展，原则上在国家级开发区和省级园区以外不再布局工业项目，制定产业节约集约用地标准，限制“占地大、产出低”的项目进入。科学论证、妥善处理“工业上山、城镇上山”、“开发低丘缓坡”与生态保育的关系，坚持开发服从保护，谨慎推进丽江、昭通、保山、大理、迪庆、怒江，以及贵阳、毕节、遵义、六盘水等地土地开发活动。

严格实行用水总量控制，按照确保农业用水零增长或负增长，二产、三产及生活用水适度增长的原则制定用水总量控制方案。2020年云贵两省用水总量红线分别为241.1亿立方米、194.5亿立方米。有序推进水电水能开发，合理安排金沙江、怒江、澜沧江等干流水电开发规模和时序，严格控制二级及以下支流小水电开发，将生态环境成本纳入水电开发建设与运营成本中，切实保护好珍稀鱼类“三场一通道”等重要生境，保障河流生态基流用水。

专栏11-1　云贵地区水资源利用与管理

2017年，云南省、贵州省用水总量分别为156.6亿立方米、103.5亿立方米，均远低于2020年用水总量红线控制要求；两省2017年农业用水量较2010年均略有上升。云南省先后印发了《关于实行最严格水资源管理制度的意见》（云政发〔2012〕126号）、《云南省“十三五”水资源消耗总量和强度双控行动实施方案的通知》（云水资源〔2017〕27号）等文件，对全省及各市的用水总量、万元国内生产总值用水量、万元工业增加值用水量和农田灌溉水有效利用系数提出了要求。贵州省印发了《关于实行最严格水资源管理制度的意见》（黔府发〔2013〕27号），对全省用水总量、万元工业增加值用水量和农田灌溉水有效利用系数提出了要求，并对水资源费征收标准进行了合理调整。

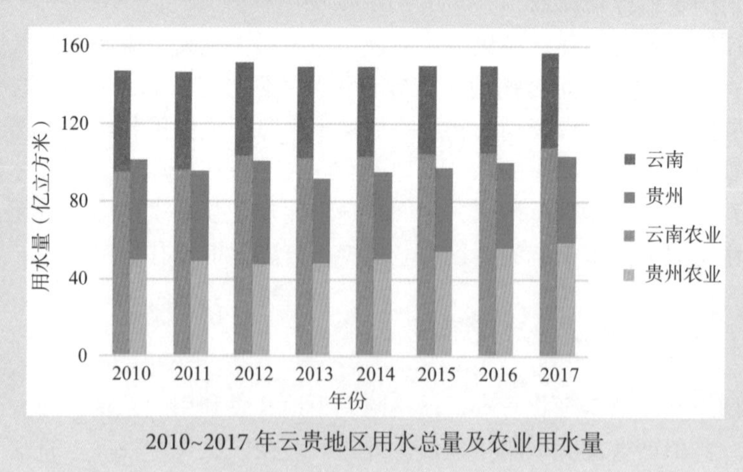

2010~2017 年云贵地区用水总量及农业用水量

以确保环境质量持续改善为目标，制定污染排放总量控制与管理的差别化政策。优化省内主要污染物总量控制指标分配方案，加快污水处理厂和配套管网建设，稳步提高城镇污水收集和集中处理率。优先开展滇池、金沙江、南盘江、牛栏江、异龙湖、洱海、抚仙湖、乌江、赤水河、三岔河、清水江等流域水污染防治工作。2020年，云贵两省县级及以上城市污水集中处理率平均达到85%以上，水环境容量紧张地区的污水处理厂出水水质应达到一级A要求。扩大城市高污染燃料禁燃区范围，逐步由城市建成区扩展到近郊。

昆明、曲靖、玉溪、昭通、普洱、楚雄、大理、怒江、贵阳、安顺、黔西南等地废水排放重金属污染物应进一步削减，控制红河、文山、大理、铜仁、黔西南、黔南等地废气排放重金属污染，严格落实“等量置换”或“减量置换”原则。推进矿产资源开采区和污灌区重金属污染控制，适时开展重点污染矿区土壤修复，遏制重特大重金属污染事件频发的势头。

二、甘青新重点地区

（一）促进产业集聚布局

在西北地区依托石油天然气、煤炭、有色金属、盐湖资源以及特色农畜产品等传统特色优势资源大力发展资源加工型产业，推动产业加速集聚、生产力优化布局、区域中心城市核心竞争力和辐射带动作用大幅增强，迅速成长为国家协调区域发展的战略支撑点。促进天山北坡经济带、兰—西—格经济区建设西部经济新高地，坚持绿色发展、循环发展和低碳发展的理念，有序开发石油天然气、煤炭、有色金属、盐湖资源，以及特色农畜产品等传统特色优势资源。促进产业集聚布局、有序发展，积极推进石油储备、化工、煤炭、资源开发利用等产业基地的布局建设（邹广迅等，2015）。大力发展建设循环经济产业体系，着力培育一批资源开发、加工、转化一体化的循环型工业园区和生态型工业园区。促进能源资源综合加工产业优化布局，坚持生态保护优先，有序开发煤炭资源，积极推动煤炭资源富集区煤电煤化工产业健康发展（表11-5）（舒俭民，2016）。

表11-5 西北三省（区）产业基地布局调控建议

产业基地	调控建议
石油储备基地	积极推进独山子、鄯善国家级石油储备基地和乌鲁木齐、克拉玛依国家级成品油储备基地建设
化工基地	推动以兰州、乌鲁木齐、独山子—克拉玛依为主体的石化产业集群和格尔木区域性石油天然气化工基地科学规划、集约集聚发展，大力推动石化产业结构调整和技术升级
煤炭基地	推动准东、吐哈、伊犁等地在生态环境可承载的前提下建设现代化大型煤炭基地，有序推进准东、伊犁、陇东能源综合利用示范区建设
资源开发利用基地	支持金昌、酒泉、嘉峪关金属综合加工利用基地建设，推进电-冶-加一体化发展；积极推进青海格尔木“光伏城”、甘肃河西走廊新能源基地建设；引导河湟谷地、准东等地电解铝产业合理布局，有序发展；稳步推进青海盐湖大型钾肥基地建设，鼓励盐湖锂、镁、硼深加工基地建设；加快建设石河子纺织工业城，以及呼图壁、奎屯等纺织产业区；高起点、高标准建设东部产业转移示范区，积极鼓励甘肃省兰州新区、青海省海东地区建设“承接产业转移示范区”

协调工业化与城市化合理空间布局。协调工业园区与城市发展布局，着力解决和预防布局型大气污染和人群健康风险等突出环境问题（任景明等，2015）。乌鲁木齐—昌吉城市周边要限制传统煤化工、氯碱化工、电解铝产业盲目布局，乌鲁木齐主城区和周边工业园区不应布局煤化工，不再扩大石化、钢铁产能；独山子—奎屯—乌苏地区的石化产业基地应严格限制光气等高风险项目；严格限制兰州主城区重化产业上游产品发展；西宁及周边城市群应严格限制冶金产业，不应布局煤化工；积极推动金昌、白银解决历史遗留有色金属产业与城市发展的布局性矛盾。

（二）加强生态保护与修复

加快建设区域生态安全屏障。全力推进三江源国家级生态保护综合试验区建设，加快天山北坡经济带、兰—西—格经济区生态安全屏障建设（杨荣金等，2013）。积极推进天山北坡河谷森林植被保护与恢复，林草交错带畜牧业发展模式调整，加强受损水源涵养区生态修复。大力推进艾比湖流域预防性综合治理工程、玛纳斯河流域下游生态保护与恢复、祁连山水源涵养区生态建设与保护、河西三大流域（疏勒河、黑河、石羊河流域）生态综合治理、敦煌生态环境和文化遗产保护区建设、黄河流域上游地区（大通河、湟水河、渭河、泾河等流域）水源涵养和水土保持、柴达木盆地生态保护与综合治理等生态保护与建设工程。加强矿山生态治理和污染控制，着力解决历史遗留矿山生态修复、污染治理和环境隐患。

改善区域生态功能。加强生态建设力度，促进区域生态功能改善。确保受保护湿地面积、自然保护区面积不减少，剧烈沙漠化和剧烈土壤侵蚀区等禁止开发区面积不低于现状。优先保护陕西、山西沿黄湿地，重点加强红碱淖湿地自然保护区、鄂尔多斯遗鸥国家级自然保护区、山西黄河湿地自然保护区、乌梁素海湿地水禽自然保护区、毛乌素沙地柏自然保护区、贺兰山国家级自然保护区、沙坡头国家级自然保护区和白芨滩国家级自然保护区等生态敏感区的生物多样性保护。

（三）促进资源集约高效利用

合理开发水资源。以确保区域生态用水为前提，优先利用非常规水源，合理开采地下水，控制地表水取用，调配区域水资源，保障水资源消耗总量不突破红线，维护区域生态安全。汾河、渭河、无定河等产流面积较大的河流，总体生态水量应达到天然径流量的30%~40%，满足河流生态环境用水；地下水超采区退减超采地下水水量，缓解地下水降落漏斗等次生地质问题。加快艾比湖流域、玛纳斯河流域、石羊河流域水环境综合整治，以及湟水河、渭河、泾河等支流水污染治理，加强伊犁河流域的水环境保护。

加强农业节水。大力发展设施农业、现代节水灌溉技术，加快推进艾比湖流域、石羊河流域、黑河流域、湟水流域、柴达木盆地高效节水灌溉设施建设，扶持伊犁河流域建设规范化高标准粮田，配套高效节水灌溉设施；2015年，天山北麓实现农业灌溉用水总量“零增长”，河西走廊基本实现“负增长”（李彦武等，2013）。积极推动建设一批高效节水型现代农牧业示范区和种植、养殖、制种基地，培育一批特色农副产品、畜产品精深加工产业和品牌。

积极推进农村环境综合整治。积极推进以加强农村水源地保护、改善乡村人居环境为重点的农村环境综合整治。实施农村清洁工程，加快农村垃圾集中收集处理，因地制宜开展农村污水治理；大力推动合理使用农药、化肥、农膜，有效控制规模化养殖场污染，积极推进土壤环境保护和综合治理工作。

专栏11-2 项目成果及点评

本次战略环评形成专题、子项目、分项目和总项目研究报告共计17份，出版《西部大开发重点区域和行业战略环境评价系列丛书》共3本119万字，印发了《关于促进云贵地区重点区域和产业与环境保护协调发展的指导意见》（环发〔2013〕82号）和《关于促进甘青新三省（区）重点区域和产业与环境保护协调发展的指导意见》（环发〔2013〕83号）。项目设立了领导小组、协调小组和项目管理办公室三级管理机构，保证了项目的顺利实施（刘小丽等，2015a）。

西部大开发重点区域和行业发展战略环境评价重点研究了发展相对落后生产力与保护生态环境之间的关系，在首轮战略环境评价关注区域重点产业发展的基础上，将研究重点拓展到经济社会发展空间布局与生态安全格局、结构规模与资源环境承载之间的关系，进一步拓展和完善了区域发展与资源环境承载力动态响应关系识别、分析和评价为核心的区域发展战略环评理论模型和技术方法体系，评价思路更侧重从源头防范区域生态环境恶化，推动区域合理开发和产业有序布局。项目成果中体现了大区域尺度战略研究的系统性分析、多学科交叉、中尺度模拟、定量化集成等创新性成果，为区域战略环境评价提供了可借鉴的技术方法。

思考题

1. 分析西部地区重点产业发展战略环评的工作重点，思考其工作思路及背景成因。

2. 举例分析西部地区重点产业发展战略环评对区域发展和生态保护的引导作用，评价其调控建议的落实情况。

3. 选取一个区域，举例分析当前的资源环境重大问题发生了哪些改变，并对调控建议进行优化补充。

第十二章　中部地区发展战略环境评价

第一节　项目总体设计

一、工作背景

2012年8月，国务院发布了《关于大力实施促进中部地区崛起战略的若干意见》（国发〔2012〕43号），明确了中部地区作为我国的粮食生产基地、能源原材料基地、现代装备制造及高技术产业基地和综合交通运输枢纽的战略地位，提出中部地区已经步入了加快发展、全面崛起的新阶段。同时，党的十八大把生态文明建设纳入"五位一体"总体布局，提出了优化国土空间开发格局、全面促进资源节约、加大自然生态系统和环境保护力度及加强生态文明制度建设等战略任务。

中部地区区位优势明显、发展潜力巨大，是推进新一轮工业化和城镇化的重点区域，在我国区域发展总体战略中具有突出地位，对于我国区域协调发展具有重大的战略意义。但中部地区经济结构不尽合理、城镇化水平偏低、资源环境约束较强、对外开放程度不高等矛盾和问题仍然突出。同时，中部地区是我国重要的水源涵养区、水土保持区、洪水调蓄区和生物多样性保持功能区，其生态环境质量具有全局性和战略性意义，但由于区域人口众多、开发历史悠久，人地关系、用水关系较为紧张，流域性水环境、城市群大气环境污染、生态空间遭受挤占形势严峻，持续改善环境质量的任务艰巨。

为了处理好城市群发展规模与资源环境承载能力、重点区域及流域开发与生态安全格局之间的矛盾，确保粮食生产安全、流域生态安全和人居环境安全，环境保护部（现生态环境部）于2013~2015年组织开展了中部地区发展战略环境评价，为实施中部地区生态环境战略性保护提供重要技术支撑，推进以人为核心的城镇化、新型工业化和农业现代化，落实环境保护优化经济发展、推动中部地区经济绿色崛起。

二、工作内容与技术路线

（一）工作内容

以确保粮食生产安全、流域生态安全和人居环境安全为目标，基于资源环境承载力，统筹协调生产空间、生活空间和生态空间，提出优化国土空间开发的生态环境保护基本策略，完善重要生态系统保护和关键环境资源集约利用的机制对策，确定环境准入、空间准入和效率准入的原则要求，构建中部地区生态环境战略性保护的总体方案。

（1）区域经济社会发展战略分析。梳理区域经济社会发展战略和规划、资源能源等重点产业发展规划、环境保护规划等，分析中部重点区域在全国区域发展格局中的战略地位，确定经济社会发展、资源开发与重点产业发展以及环境保护的战略目标，提出区域发展战略情景。

（2）区域生态环境现状评估与主要环境问题演变分析。评估中部重点地区生态环境现状，评估区域资源环境利用效率，分析主要资源环境问题的演变趋势及其与经济社会发展的耦合关系；剖析区域经济社会发展导致的区域性、累积性资源环境问题，识别区域经济社会发展和主要资源开发利用的关键性制约因素。

（3）重点区域经济社会发展资源环境压力评估。分析重点区域经济社会发展现状、阶段和态势，分析区域资源环境压力及其时空分布特征；结合重点区域资源环境现状和关键性制约因素，评估重点区域和主要行业资源环境效率，分析经济社会与环境协调发展水平以及主要矛盾，系统评估重点地区发展的资源环境压力状态及空间演变。

（4）重点区域发展的资源环境承载力综合评估。根据区域经济社会发展特征和资源环境禀赋，分析区域水土资源承载力；评估区域主要污染物减排现状，分析重点流域水环境、重点城市群大气环境容量利用水平及减排潜力；分析重点区域资源环境综合承载力及其关键影响因素，评估区域综合承载力及其利用水平的空间格局。

（5）重点区域发展的环境影响和生态风险评估。基于区域经济社会发展态势与战略情景，以流域和城市群为基本单元，分析环境影响的布局性、结构性特征，辨识其规律性和不确定性，预测重点区域发展的中长期环境影响，评估关键生态功能单元演变趋势和生态风险。

（6）环境保护优化区域经济社会发展的总体战略方案。探索工业化、城镇化、农业现代化协同发展的路径和手段，推进绿色、循环、低碳发展；提出水土资源和环境资源配置方案，划定区域开发的生态红线，促进生产空间、生活空间和生态空间的统筹协调；提出环境准入、空间准入和效率准入的原则要求，构建重点流域和城市群污染防治和生态修复的战略框架，推进区域生态环境的战略性保护。

（7）重点区域经济社会与资源环境协调发展的对策建议。提出确保区域生态环境保护和发展目标的政策、考核、评估机制；提出生态环境保护的优先领域和重点任务的保障措施；提出城市群、流域上下游的统筹协调对策；提出重点行业和重点领域的节能减排、生态补偿等环境经济措施，探索建立以环境保护优化经济发展的长效机制。

（二）技术路线

在深入分析中部地区区域开发和经济社会发展战略的基础上，对区域产业、城镇化历程和生态环境现状与趋势进行评估，识别经济社会发展特征及其与资源环境的耦合关系，辨识产业发展、城镇化与生态环境的重大问题及相互影响制约；分析区域资源与环境的综合承载能力并分析其空间分布特征，基于区域发展战略情景，预测分析区域中长期环境影响和潜在生态环境风险对关键生态功能单元和环境敏感目标的长期性、累积性影响，提出区域优化发展、经济社会与资源环境协调发展的调控方案和对策和长效机制（图12-1）。

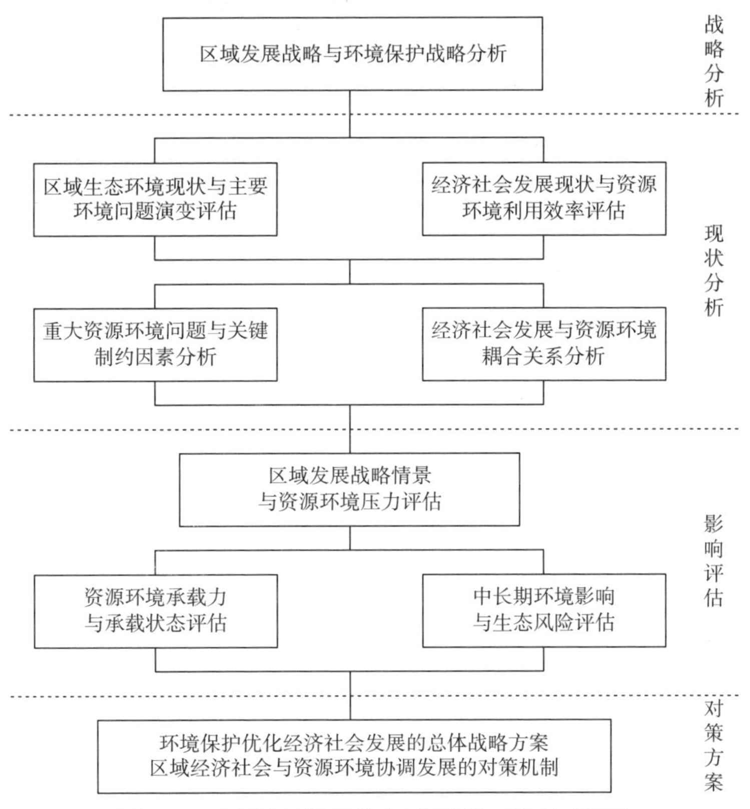

图12-1 中部地区发展战略环境评价工作技术路线

三、评价范围与时限

中部地区发展战略环境评价工作范围包括中原经济区、武汉城市圈、长株潭城市群、皖江城市带、鄱阳湖生态经济区等重点区域，涉及河南、安徽、山西、山东、河北、湖北、湖南、江西八个省份60个地市，总面积55.25万平方公里。本轮战略环境评价重点关注地区：一是主要城市群和重点流域，二是重点产业聚集区域，三是重要生态功能区和生态环境敏感区。对于涉及区域性、流域性环境影响问题，相应拓展评价范围。本轮战略环境评价关注的工业重点行业主要涉及经济发展贡献大、生态环境影响大的行业门类，包括煤炭、电力、钢铁、有色、石油加工及炼焦、装备制造、纺织、化工、食品加工、造纸、建材等11个重点行业（表12-1）。

项目评价基准年为2012年，部分数据更新至2013年；近期评价年为2020年，远期展望年为2030年。

表12-1　中部地区发展战略环境评价工作范围表

地区	省份	重点区域	市（县）	面积（万km²）
中原经济区	河南	全省	全省18地市	16.60
	安徽	皖北地区	宿州市、阜阳市、淮北市、亳州市、蚌埠市、淮南市凤台县、潘集区	3.62
	山东	鲁西地区	菏泽市、聊城市、泰安市东平县	2.21
	河北	冀南地区	邯郸市、邢台市	2.45
	山西	晋东南地区	晋城市、长治市、运城市	3.76
长江中下游城市群	湖北	武汉城市圈	武汉市、黄石市、鄂州市、孝感市、黄冈市、咸宁市、仙桃市、潜江市、天门市、荆州市	7.21
	湖南	长株潭城市群	长沙市、株洲市、湘潭市、岳阳市	4.29
	江西	鄱阳湖生态经济区	南昌市、景德镇市、鹰潭市、九江市、上饶市	5.78
	安徽	皖江城市带	合肥市、芜湖市、马鞍山市、铜陵市、安庆市、池州市、滁州市、宣城市、六安市	8.12

引自：李天威, 等. 中部地区发展战略环境评价[M]. 北京: 中国环境出版社, 2018.

第二节 区域发展特征与重大生态环境问题

一、长江中下游城市群

（一）经济总量呈加速增长态势，产业结构升级缓慢

自2000年以来，长江中下游城市群经济总量年均增长13.1%。伴随区域经济的快速发展，该地区在全国经济格局中的比重也呈现出上升态势，GDP占比从7%增长到8.9%（图12-2）。长江中下游城市群是沿江各省份经济发展的核心区域，各城市群的经济规模占相应省份比重较高。2012年，武汉城市圈、长株潭城市群、皖江城市带、鄱阳湖生态经济区经济总量分别达到15080亿元、11644亿元、12317亿元和6796亿元，占相应省份经济总量的68%、53%、72%和52%，是区域经济的重要载体。

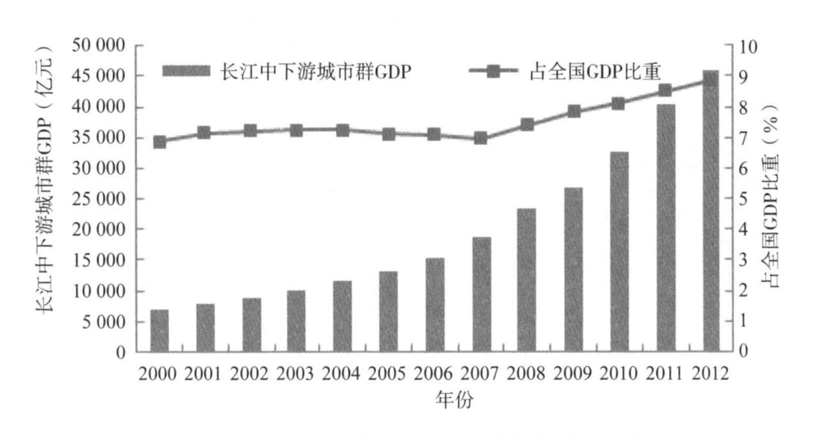

图 12-2 长江中下游城市群经济总量增长趋势

长江中下游城市群三次产业结构从2000年的19 ∶ 40 ∶ 41调整为2012年的10 ∶ 57 ∶ 33，第二产业快速提升，除武汉外，各地市均呈现第二产业占据主导的格局。与全国平均水平相比，长江中下游城市群地区具有绝对竞争优势的行业主要以能源重化工行业为主，主要包括有色冶金、专用设备制造、电气机械制造、非金属采选、非金属制品、农副食品加工、交通运输设备制造等14个行业，多为传统优势产业。整体看来，长江中下游城市群的优势产业均带有明显的基础原材料特征，在14个竞争优势行业中，有8个行业为原材料加工型产业，产业层次较低，

产业结构升级进程缓慢（图12-3）。

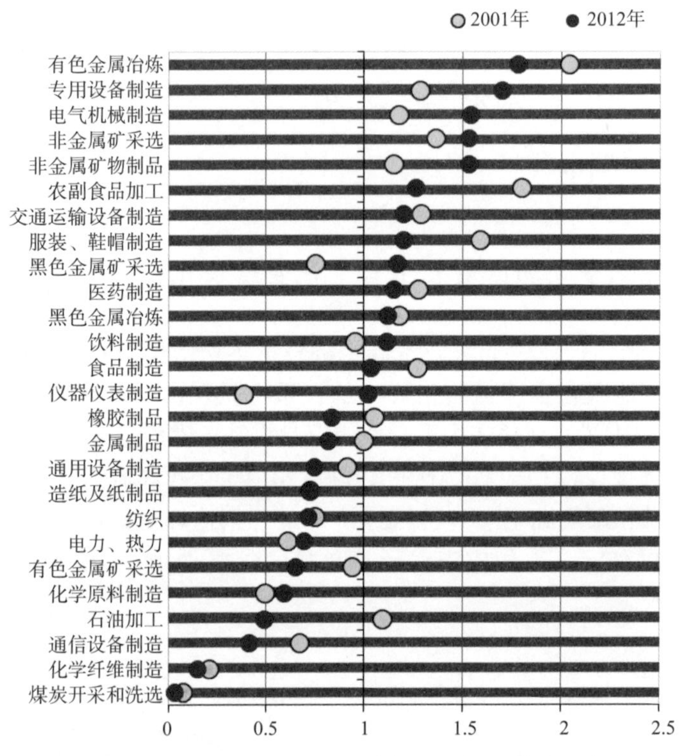

图 12-3　2001 和 2012 年长江中下游城市群工业行业区位商对比

长江中下游四大城市群产业结构趋同态势非常明显。从产业结构相似系数来看，武汉、长株潭、皖江三大城市群产业相似系数超过0.9。四大城市群目前主要以产业链上游产品为主导，重工业化比较明显，初级产品、粗加工生产比重居高不下，形成单一资源型产业，而后续产业和替代产业缺乏，产业结构优化升级压力较大。

（二）城镇化加速推进，建成区连片发展、生产生活交错

长江中下游城市群2012年共有城镇人口5923.1万人，占全省城镇人口总数的53.3%，平均城镇化率为54.9%，高出全国平均水平2.3个百分点；所有城市中，仅12个城市高于全国平均，主要为省会城市和工矿城市（铜陵、马鞍山、黄石等）。因此，未来该区域整体城镇化发展势头较快，城镇化发展潜力巨大。

城市群内各城市纷纷提出建设新城新区的计划。据不完全统计，长江中下游城市群内规划建设新城69个，累计规划面积5741平方公里，接近湖北、湖南、江西、安徽4省现有建成区面积的82%。区域内城市间距小，城市新区建设的大力

推行，造成了城市连片建设现象的出现。根据夜间灯光图进行分析，马芜铜（马鞍山、芜湖、铜陵）地区、武鄂黄黄（武汉、鄂州、黄冈、黄石）地区以及长株潭（长沙、株洲、湘潭）地区建成区呈现明显沿江连片建设的趋势。据统计，研究区域内长江两岸10公里范围内建设用地的总量占所有沿长江城市建设用地总量的35.6%，各城市群当前建设的各类新区以及工业园区交错布局于江湖两岸。

（三）江湖关系和水资源时空分布改变，水生态安全问题突出

长江中下游城市群的水资源时空分布不均匀，存在明显的丰枯季节差异。区域引江济汉、引江济淮、引淮济亳、淮水北调、鄂北引水等流域/区域调水工程的实施和运行，加速了长江与湖泊关系的演变。区域湖泊面积由20世纪50年代初的1.7万平方公里减少到现在的不足6600平方公里，约2/3的湖泊已经消失。如图12-4所示，洞庭湖蓄水容量从1949年的295亿立方米锐减至2010年的175亿立方米（尹辉等，2012），鄱阳湖蓄水容量从1954年的320亿立方米减少到2012年的262亿立方米（霍雨，2011；何坦等，2013）。自2003年11月三峡水库截流以来，鄱阳湖与洞庭湖水域面积明显减少，与2000~2003年相比，2004~2010年洞庭湖和鄱阳湖枯水期平均水域面积分别减少了11.9%、13.4%（陈凤先等，2016）。长江干流、支流及湖泊上的众多水利工程导致了江湖阻断。新中国成立初期，长江共有通江湖泊20余个，受“蓄洪垦殖”工程的影响，仅有洞庭湖、鄱阳湖与石臼湖与长江相连，部分河湖湿地萎缩严重。水利工程群和流域控制性工程使湖泊分流减少，断流时间提前，断流期延长；枯水期出流加快，湖区提前进入枯水期，影响一些洄游性鱼类的繁殖。长江干流来水对湖口产生顶托、湖口倒流以及湖泊对洪水的调节作用，改变了江湖水沙交换进程，使湖泊枯水程度加剧。

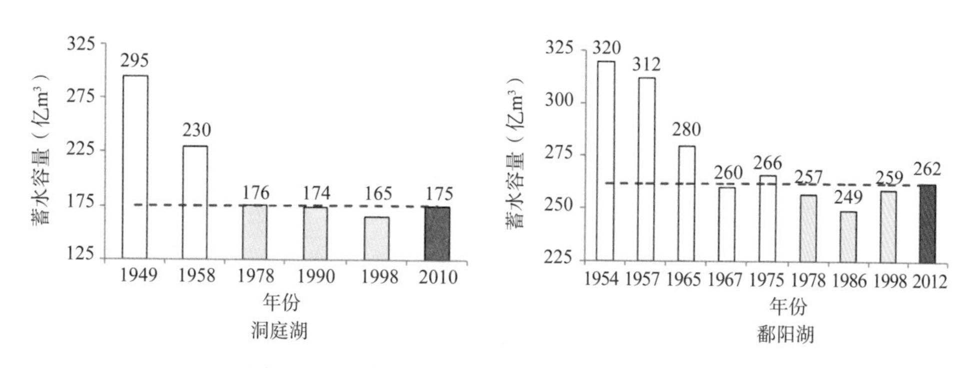

图 12-4 洞庭湖、鄱阳湖蓄水容量历史变化趋势

长江中下游城市群湖泊群洪水调蓄功能、环境净化与水量调节等生态服务功能不断退化，鱼类的群落结构变化显著、长江特有水生物种种群数量锐减等水生

态安全问题突出。近年来，长江中下游地区渔业资源与特有水生物种种群数量呈不断下降趋势，水生生物多样性资源萎缩的态势十分严峻。2003年三峡工程第二期蓄水后，长江中游“四大家鱼”鱼苗径流量直线下降，2009年监利断面监测到鱼苗径流量为0.42亿尾，仅为蓄水前（1997~2002年）平均值的1.2%。白鱀豚宣告功能性灭绝；2006~2012年长江干流长江江豚种群数量平均每年下降13.7%；中华鲟野生种群数量从20世纪80年代的数千头下降至2013年不足100头，且全年未观测到幼鱼与自然繁殖活动发生。

二、中原经济区

（一）资源加工型重工业优势突出，城镇化质量整体水平偏低

2000年以来，中原经济区经济总量整体呈现波动增长态势（图12-5）。2000年至2012年间，GDP总量从7731亿元提高到46719亿元，年均增长11%。2012年中原经济区三次产业结构为12.6 ∶ 55.7 ∶ 31.7，由20世纪80年代的“二、一、三”结构转变为第二产业占绝对优势的“二、三、一”型，产业结构与中部地区保持一致。与全国和东部的产业结构相比，中原经济区产业结构层次较低，三次产业结构水平比较落后。

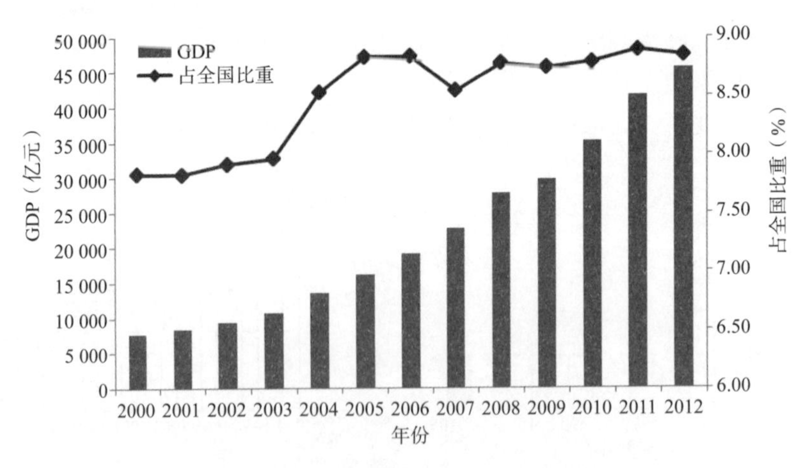

图 12-5 中原经济区 GDP 总量演变趋势

中原经济区形成了煤炭、电力、钢铁、有色冶金、石化及炼焦、装备制造、纺织、化学、食品、造纸、建材工业为主导的产业格局。煤炭、钢铁、有色冶金、石化及炼焦等优势产业的工业产值占全国的15.0%、7.7%、15.5%和5.6%，在全国经济

发展中具有重要地位。竞争优势较大的行业主要有煤炭开采和洗选业、黑色金属采矿冶炼业和有色金属冶炼及压延加工业，具有明显的基础原材料特征，产业层次较低。

中原经济区城镇化质量整体偏低。在全国286个城市的城镇化质量指数排序中，前100位中原经济区占2席，后100位中原经济区占17席。中原经济区各地市的城镇化质量差异较大，中原城市群、北部城市密集区和豫东皖北城市密集区的东部地区城镇化质量相对较高，但仍低于全国平均水平，豫东、豫南及鲁西的城镇化质量较低。

（二）生态环境面临多重压力，粮食生产安全保障压力大

中原经济区作为国家重要的粮食生产和现代农业基地，保障粮食生产安全与城镇化、工业化发展的矛盾十分突出。人均土地面积1560平方米，远低于全国人均土地面积7090平方米；人均占有耕地面积0.07公顷，不足全国平均水平的70%。耕地总量和人均耕地面积呈下降态势，2000~2010年间区域农田面积累计减少4300平方公里，占农田面积的2%；河南省人均耕地2010年较2005年下降了13.6%。中原经济区的城镇主要分布在平原地区，镶嵌于农业生态系统中，城镇化、工业化发展对土地刚性的需求造成周边农业用地被侵占。平原城市周边多是优质的农田，导致农业用地“占优补劣”问题普遍存在。

农业生态系统面临土壤质量退化、养分失调等困境。区域耕地总体质量偏低，高标准基本农田不足耕地面积的30%。化肥农药的施用量和施用强度呈上升趋势，化肥施用强度为805.7千克/公顷，约为全国平均水平的1.9倍，大大超出发达国家225千克/公顷的标准（赵玉婷，2015）。化肥、农药利用率较低，河南省氮肥、磷肥、钾肥利用率分别为30%~35%、10%~20%、35%~50%，约70%~80%的农药流失到土壤、水域或飘失到环境。

区域复合型水环境问题日趋严重，加剧对粮食生产安全的威胁。中原经济区农业生产格局和水资源空间分布不均的矛盾、农业用水需求保障与水资源利用效率低下和水质污染严重的矛盾，以及地下水资源大量超采导致出现地下水位大幅降低等问题，加剧了水危机对粮食生产安全的威胁，成为粮食生产安全的重大隐患。

（三）水资源紧缺与水环境污染并存，流域水安全面临胁迫

中原经济区以全国2.3%水资源量承载全国1/8的人口，承担全国1/6粮食生产任务，区域水资源严重短缺。2012年人均水资源占有量不足393立方米/人，不到全国人均水资源占有量的1/5（刘小丽等，2015b），资源型缺水、工程型缺水和

水质型缺水并存。各地市水资源开发利用率均超出40%安全警戒线。

地下水超采严重，2/3以上的省辖市不同程度地出现大范围地下水漏斗。中原经济区平原区固有脆弱性较高和高的区域面积占47.95%，主要分布在沿淮地区、皖北平原和黄泛平原（马建锋，2016）。

河流生态基流和洪水过程的生态需水均得不到满足，部分河道水体功能丧失。海河流域平原区河道以及淮河流域支流河道季节性断流问题十分突出，全流域河流断流总长度从20世纪60年代的683公里增加到21世纪初的2000多公里，断流天数从83天增加到270多天，河流生态系统遭到严重破坏。

水资源空间分布与土地资源和生产力布局不相匹配的矛盾、城镇生活用水、工业用水增长与农业用水的矛盾，以及经济社会发展用水与生态用水的矛盾日益加剧，加上跨省河流多、省界控制断面复杂、流域控制性大工程少，导致河流断流、湿地萎缩、地表水污染等问题加剧，地下水位大幅下降、土地沙化等一系列生态退化问题依然十分严峻。

中原经济区流域水污染和生态环境问题依然十分突出，部分水体功能下降甚至丧失。2012年中原经济区的221个国控和省控监测断面中，Ⅴ类和劣Ⅴ类水质断面占43.9%，海河流域平原区整体处于重污染状态，淮河流域水污染问题已威胁供水安全（李天威等，2015a）。

第三节　区域环境与经济社会协调发展的对策建议

一、长江中下游城市群

（一）推进传统产业的绿色化改造

（1）构建区域协调发展格局。依据资源禀赋、产业基础和资源环境承载能力，构建城市功能完善、产业布局合理、各具特色的城市经济发展空间格局。推动武汉城市圈一体化发展，提高长株潭城市群核心竞争力，皖江城市带积极参与泛长三角区域发展分工，鄱阳湖生态经济区积极培育和发展生态产业（表12-2）（刘毅等，2019）。

表12-2 长江中下游城市群重点区域发展战略调控建议

重点区域	调控建议
武汉城市圈	提升武汉中心城市功能，在科学承接武汉产业绿色化转移的基础上，积极推进鄂州—黄冈—黄石产业分工合作、同城化发展，培育仙桃—潜江—天门、孝感—应城—安陆、咸宁—赤壁—嘉鱼三个城镇密集发展区，根据城市特色和承载能力合理规划城市人口增长
长株潭城市群	在优化区域产业分工布局的基础上，推动长沙与株洲、湘潭一体化发展，提高东部开放型经济走廊发展水平，增强长沙产业集聚能力；加快洞庭湖生态经济区建设，以生态经济为驱动提升区域发展整体质量
皖江城市带	坚持环境准入标准，科学承接上海和江浙产业转移；加快合肥经济圈发展，以巢湖水质持续改善为前提加快建设环巢湖生态文明先行示范区
鄱阳湖生态经济区	提升南昌要素集聚、科技创新、文化引领和综合交通功能，打造长江以南新的增长极；以长江岸线保护和可持续开发利用为基础深入推进九江沿江开放开发，促进南昌—九江经济带协调发展

（2）全面提升重点产业资源环境效率。积极推进企业清洁生产和ISO14000环境管理体系认证，引导和鼓励企业采用先进工艺、技术和装备，改善生产和管理，提高资源效率，减少或避免废弃物的产生，实现由末端治理向全程控制的转变。对钢铁、电力、化工、建材等高耗水、高耗能、高污染行业推广高效设备和工艺，淘汰落后产能，加强节水、节能和污染排放控制。通过生产工艺改造和末端治理，提高冷却水的循环率，加大非传统水资源利用的规模；要求电力、热力生产和供应业发展热电联产，提高能源综合利用率；加强废气脱硫脱氮治理，开展炉渣飞灰回收综合利用等工程，实现重点行业的生态化改造（表12-3）。

表12-3 长江中下游城市群重点行业调控建议

产业	调控建议
有色冶金	2020年汞脱除率达85%以上，2030年汞脱除率达90%以上；淘汰铝自焙电解槽、100kA及以下电解铝预焙槽；淘汰采用烧结锅、烧结盘、简易高炉等落后方式炼铅工艺及设备，以及未配套建设制酸及尾气吸收系统的烧结机炼铅工艺；淘汰其他资源利用水平、冶炼能耗、环保和劳动安全达不到国家要求的落后工艺设备
火电	2020年汞脱除率达85%以上，2030年汞脱除率达90%以上；淘汰运行满20年、单机容量10万千瓦级以下的常规火电机组，服役期满的单机容量20万千瓦以下的各类机组，以及供电标准煤耗高出全国平均水平的各类燃煤机组
钢铁	提高淘汰落后炼铁、炼钢产能标准，加快淘汰落后产能，淘汰土烧结、30平方米及以下烧结机、化铁炼钢、400立方米及以下炼铁高炉（铸铁高炉除外）、公称容量30吨及以下炼钢转炉和电炉（机械铸造和生产高合金钢电炉除外）等落后工艺技术装备
石化	淘汰100万吨及以下低效低质落后炼油装置，积极引导100~200万吨炼油装置关停并转，防止以沥青、重油加工等名义新建炼油项目

（3）调整能源结构。以发展低碳城市为目标，努力调整和优化能源结构，逐步降低煤炭消费占比，提高清洁能源占比。力争2030年煤炭占比下降到50%以下，清洁能源比例提高到15%以上，单位GDP碳排放强度比2012年下降50%，碳排放强度达到国内先进水平。

（二）倡导高效节约的新型城镇化模式

（1）有序推进城镇化进程。合理调控农村人口向城市转移规模，到2020年长江中下游城市群城镇化水平提高到60%左右。积极对接长江经济带规划建设，提升区域性中心城市功能和辐射发展能力，将武汉建设成为长江中下游地区重要的中心城市，长沙、合肥和南昌建成区域性核心城市。以资源环境承载能力和城市基础设施服务能力为约束条件，构建健康有序稳定的城镇人口规模体系。适度加快荆州、咸宁、安庆、池州、岳阳、宣城等地城镇化进程，促进城镇化、工业化同步发展，构建大中小城市和小城镇协调发展的城市集群。

（2）控制建设用地规模。城市建设用地规模增长速度不超过城镇人口增长速度，规范新城新区规划与建设。科学规划城市建设用地布局，促进各类建设用地集约化发展，减少建设用地扩张对耕地的侵占和对自然生态空间的蚕食。提升城镇空间利用效率，实施建设用地面积总量控制，划定城市开发边界、永久基本农田和生态保护红线，严格控制城市建设用地规模，在城市之间预留生态缓冲地带，作为城市之间的生态屏障和通风走廊，避免建成区连片建设，强化规划硬约束，避让优质耕地。

（3）合理布局工业用地。促进产业园区与城区基础设施共享，以低污染、低环境风险产业与城市融合协调发展作为未来城市空间拓展、战略型新兴产业布局的前提条件，降低空间失序隐患；严格限制在重化工等高污染、高风险产业为主体的产业集聚区推行产城融合发展，强化重化工等高污染、高风险产业集聚区周边地区的空间管制，严格按照国家相关要求设立生态隔离带。进一步明确沿江、沿湖以及荆州、皖中等地区规划面积较大开发区的功能定位，合理规划、优化布局，提高工业用地的资源利用产出效率。

（三）提高区域水安全保障能力

（1）建立总量控制与定额管理相结合的用水管理制度。根据长江中下游城市群的用水总量控制目标体系，实行用水总量控制，遏制对水资源的过度开发和无序开发（张嘉琪等，2017）；根据节水型社会建设的要求和各地的水资源条件，完善各级行政区用水定额，严格控制超定额用水。鼓励城市非常规水资源利用，采用雨水资源化、城市废污水集中式处理和再利用工程等非常规水措施，合理配置水资源，解决水资源供需矛盾，缓解城市发展对自然水循环的负面影响，降低水患对城市的危害。以循环经济为主导，树立节水减污新理念，提高水循环利用率、污水处理率和回用率。

（2）实施控制性水利工程联合调度。综合考虑防洪、生态、供水、航运和发电等需求，进一步开展以三峡水库为核心的长江上游水库群联合调度研究与实践。完善防洪保障体系，实施长江河道崩岸治理及河道综合整治工程，尽快完成长江流域山洪灾害防治项目，推进长江中下游蓄滞洪区建设及中小河流治理。积极探索，逐步实现控制性水利水电工程的统一生态调度，以实现区域整体经济效益、社会效益和生态环境效益的最大化。

（3）按环境容量优化临水产业分布。临水产业布局必须坚持产业发展与生态环境保护的协调性，按照生态功能区划、水环境功能区划、区域环境容量要求和资源条件，沿江有序布局造纸、化工、冶金等耗水重点行业建设项目和船舶制造、港口开发等项目，加快淘汰小造纸、小印染、小水泥、小火电等落后产能。2020年，氨氮和COD的入河总量控制在6.8万吨、59.3万吨；2030年，氨氮和COD的入河总量控制在6.4万吨、55.3万吨。

专栏12-1　长江中下游水环境质量

对比2012年与2017年/2018年湖北、湖南、江西和安徽的地表水质总体状况，可以看出除湖南省外其他三省地表水质均有较大改善，优于三类水质比例增高2.7%~9.5%，湖南省劣Ⅴ类水体比例下降约1%，也有一定改善。

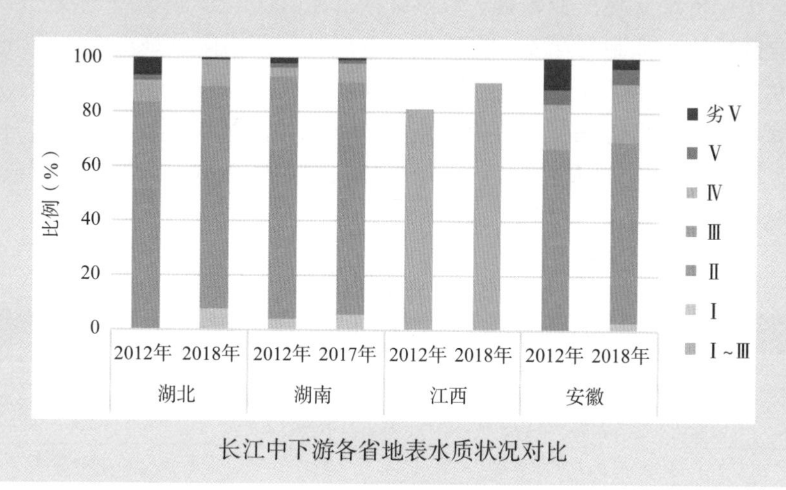

长江中下游各省地表水质状况对比

（4）建立差异化水资源、水环境分区管理措施。未来情景年长江中下游城市群将面临区域性的水资源超载和普遍性的水环境超载问题，根据城市水资源、水环境的超载情景，应采取差异化的水管理方式（表12-4）。

表12-4 长江中下游城市群水资源、水环境分区管控措施

分区	主要城市	管控措施
水环境超载区	除安庆、铜陵、九江、株洲、湘潭、六安、仙桃、咸宁外各市	提高污水处理厂处理标准，将原来出水水质是一级B的污水处理厂全面升至一级A以上的处理标准；城镇生活污水处理率达到98%以上，并提高农村生活污水处理率
水资源超载区	长沙、株洲、岳阳、武汉、合肥、滁州	大幅提高工业水重复利用率，在2020年工业用水重复率达到90%以上，严格限制耗水行业进入

二、中原经济区

（一）推动新型发展模式

（1）推进绿色循环低碳的新型工业化发展。实施质量优先、适度发展的策略。强化产业结构调整，以信息化带动工业化，大力发展高成长型产业、培育战略性新兴产业，壮大新兴的绿色、低碳、环保产业，优化传统主导产业，构建绿色产业体系。到2020年，电子信息、装备制造、汽车及零部件等高成长性制造业的发展速度明显高于传统支柱产业的发展速度，生物医药、节能环保、新能源、新材料等战略性新兴产业增加值占地区生产总值比重达到20%以上。

（2）优化传统支柱产业发展。以高新技术和信息化带动传统产业的升级改造，促进产业链延伸，抑制高耗能、高排放行业增长。严格限制高耗能产业低水平重复建设及其在中原城市群地区集聚。加快钢铁、有色金属、电解铝、石油化工、盐化工等产业产品结构调整、节能减排和效率提升，淘汰落后产能。大力推动济源铅锌、洛阳钼钨、三门峡黄金产业绿色化发展，推进洛阳炼油扩能改造、濮阳石化基地建设（表12-5）（李彦武，2018）。

表12-5 中原经济区传统支柱产业优化调控建议

重点区域	调控建议
铝加工	郑州、洛阳现有铝加工产业集群转向下游铝制品深加工发展，不再扩大氧化铝、电解铝产能
钢铁	加快邯郸、邢台、安阳、济源、平顶山等地钢铁产品结构升级，向优特钢产业基地发展，并以淘汰、压减粗钢产能为前提，实现大气污染物排放总量倍量削减替代
煤化工	严格限制现代煤化工产业布局，以水定产业链规模；地下水严重超采、地下水位持续下降的地区以及南水北调工程受水地市，不再布局高耗水煤化工产业；煤焦化、电石、煤制化肥等传统煤化工必须以技术升级改造、延伸产业链为基础，全面达到清洁生产二级水平以上，2020年前中原城市群地区逐步退出焦化、电石等大气污染严重的传统煤化工产业
火电	严格控制中原城市群燃煤火电的布局发展，不再新增燃煤电源点；以大代小、以热定电的改扩建项目实行大气污染物排放总量倍量削减替代；两淮基地、鲁西基地煤电建设实行定向供需、适度发展；晋东南“煤、电、气、化”综合能源产业基地转向煤炭综合加工、清洁利用为主

（3）优化能源原材料基地发展。坚持生态保护优先，严格限制在农业型限制开发区、水源涵养功能重要区和地下水源功能区进行煤炭等矿产资源开采，稳定河南、两淮、鲁西大型煤炭基地产量，"保护性"开发晋东大型煤炭基地无烟煤资源，严格控制鹤壁、焦作、义马、郑州、平顶山、永夏矿区煤炭产能扩张。矿产资源开发要实行"先还旧账，不欠新账"，全面推进矿山生态功能修复和生态补偿，实现矿山生态恢复治理率100%。

（4）推进质量优先的新型城镇化发展。推进节约集约、生态宜居城市建设，强化资源能源节约高效利用和环境综合整治，促进城镇集约、智能、绿色、低碳发展，优化城市功能布局。统筹工业化、城镇化与生态景观建设的合理空间布局，着力推动低污染、低环境风险产业与城市融合协调发展。城市建成区内现有钢铁、有色金属、造纸、印染、原料药制造、化工等污染较重的企业应有序搬迁改造或依法关闭。推进资源型城市功能转型和布局调整，全面推进节水型城市建设，严格控制粮食生产核心区的城市建设用地总量。

（二）构建现代农业格局

（1）构建高产高效生态安全的现代农业格局。耕地数量保障和质量提升并重，全面落实最严格的耕地保护制度，划定永久基本农田，2020年耕地保有量不减少、质量不下降、土壤污染等级不上升。实施中低产田改造，建设一批百亩方、千亩方和万亩方高标准粮田，建设区域化、规模化、集中连片的国家商品粮生产基地，支持黄淮海平原、南阳盆地、豫北豫西山前平原优质小麦、玉米、大豆、水稻产业带建设。

（2）大力促进生态农业和节水农业发展。推进农业标准化和安全农产品生产，加快无公害、绿色、有机农产品生产基地和生态循环型现代农业产业化集群建设。加快现代畜牧业发展，推进畜禽标准化规模养殖场（小区）建设，采用先进技术装备收集、处置畜禽废弃物，实现畜禽废弃物的无害化综合利用。着力推进粮食主产区农业废弃物的综合利用和能源转化，发展畜禽粪便的沼气利用、秸秆"肥料化、饲料化、原料化、能源化和基料化"利用及林业剩余物的材料化利用。加强大中型灌区续建配套和节水改造工程建设，增加节水高效经济作物种植面积，在海河流域的邯郸、邢台、新乡、濮阳、聊城等地市建设标准化、规范化高效节水综合示范区。

（3）实施粮食主产区耕地质量的全方位监管。在粮食主产区全面实施化肥、农药使用环境风险管理和土壤重金属污染源头控制。全面强化测土配方施肥和农药施用强度限值，逐步开展蔬菜基地、基本农田土壤质量监测与重金属污染潜在生态风险评估，建立完善化肥、农药、有机肥、有机-无机复混肥、灌溉水质的监测与监管，建立耕地土壤质量管理与工业污染源控制联动机制。2020年基本实现农药施用强度监控覆盖率、灌溉水质达标率、可降解农膜使用率100%；耕地土壤污染监测监控覆盖70%以上，蔬菜基地、污水（再生水）灌区耕地土壤重金属污染监控覆盖100%；流通市场的化肥、有机复混肥、有机肥、农药、农膜质量监控覆盖率100%。海河流域、淮河流域对工业废水中国家重点控制的重金属实行“零排放”。

（三）提高区域水安全保障能力

（1）保障节水型经济用水。将节水型农业、城市和产业作为中原经济区发展的优先战略发展方向。遵循最严格的水资源制度，着力提升用水效率，优化用水结构，控制经济社会用水总量增长，构建不同主体功能区的用水优先保障策略和高耗水产业退出机制。主体功能区的农业型和生态型限制开发区，优先保障城镇生活用水和农业生态系统用水需求；优先强化农业节水、提升灌溉用水效率，有效控制地下水超采。主体功能区的重点开发区，以水定城市人口规模，以水定产业准入门槛，优先强化城市、工业节水和再生水利用，优先地下水补源，逐步补偿被挤占的河流生态系统用水。在水资源严重超载的邢台、邯郸、安阳、鹤壁、聊城、漯河、商丘、平顶山、淮南等地市，严格限制或禁止引入高耗水低端制造业项目。

（2）全面提升水污染源控制水平。按照“厂网配套、管网先行”的原则，积极推进城镇污水处理厂配套管网建设，提高城镇污水收集能力。2020年，城镇污水处理系统全部实现“厂网配套”。城镇污水处理系统纳入地市、县级财政预算，保障城镇污水处理系统正常运行。加快工业园区污染集中处理设施建设，2020年前所有工业园区配套建设并稳定运行集中处理设施。在河流常年断流或季节性断流的地区，实施尾水排放“非入河”。在国家划定的水污染优先控制单元，强化畜禽养殖业废弃物的肥料化和沼气化综合利用。开展农田面源污染控制工程示范。

专栏12-2　项目成果及点

项目形成专题、分项目和总项目研究报告共计11份，出版《中部地区发展战略环境评价系列丛书》共3本，印发了《关于促进长江中下游城市群与环境保护协调发展的指导意见》（环发〔2015〕130号）和《关于促进中原经济区产业与环境保护协调发展的指导意见》（环发〔2015〕131号）。

中部地区发展战略环境评价以转型升级中的城市群为重点研究对象，首次提出“粮食安全”“流域生态安全”“人居环境安全”三个评价维度，以协调“三化发展”、合理配置“三生空间”、保障地区“三大安全”为目标，制定了区域农业现代化、工业化、城市化协调发展的模式与路径。此次评价中，基于空间单元的环境管控思想已经萌生，结合区域生态功能分区、生态功能敏感区、资源环境承载力利用水平评估结果以及禁止开发区范围等，划定综合控制单元，提出相应的生态环境保护策略。尽管综合控制单元划定工作还比较粗糙，环境策略制定还不够细致，但为后来分级分类的空间环境管控开展了有益探索。

思考题

1. 分析中部地区重点产业发展战略环评的工作重点，思考其工作思路及背景成因。

2. 举例分析中部地区重点产业发展战略环评对区域发展和生态保护的引导作用，评价其调控建议的落实情况。

3. 选取一个区域，举例分析当前的资源环境重大问题发生了哪些改变，并对调控建议进行优化补充。

第十三章　三大地区战略环境评价

第一节　项目总体设计

一、工作背景

十八大以来，党中央先后提出了区域发展的三大战略，包括京津冀协同发展战略、长江经济带和“一带一路”战略。同时，十九大作出中国特色社会主义进入新时代的重大判断，深入贯彻落实党的十九大精神，统筹推进“五位一体”总体布局，协调推进“四个全面”战略布局，贯彻落实创新、协调、绿色、开放、共享的新发展理念，将三大地区建设成为世界级城市群，打造绿色发展先行区、创新发展引领区、开放发展先导区，对推动实现“两个一百年”奋斗目标和中华民族伟大复兴中国梦具有全局性的战略意义。

京津冀、长三角和珠三角地区（以下简称“三大地区”）是我国重大发展战略的指向区和承载区，是我国开放程度最高、发展基础最好、综合实力最强和最具国际竞争力的地区，在我国区域发展格局中占有重要的战略地位。同时，三大地区是我国发展与保护矛盾最突出、生态环境短板制约最凸显的地区。改革开放以来，三大地区在经济社会快速发展的同时，付出了巨大的环境代价，资源约束趋紧、环境污染严重、生态系统退化，区域性、累积性、复合型环境问题已经成为区域可持续发展的重大瓶颈。

为破解三大地区开发布局与生态安全格局、结构规模与资源环境承载两大矛盾，环境保护部（现生态环境部）决定开展三大地区战略环境评价工作，旨在贯彻“五位一体”总体布局要求，深化落实生态文明建设的途径、措施和机制，推动供给侧结构性改革和经济社会发展绿色转型；紧紧围绕改善区域环境质量和确保人居环境安全两大任务，补齐全面建成小康社会的生态环境短板，实现环境保护治理体系现代化，全力推动生态文明和美丽中国建设。

二、工作内容与技术路线

（一）工作内容

系统评估三大地区发展战略及其资源环境支撑，全面诊断中长期环境影响和生态风险，紧紧围绕改善区域环境质量和确保人居环境安全两大任务，以加快构建生态功能保障基线、环境质量安全底线、自然资源利用上线三大红线为抓手，加强空间、总量和准入环境管控，明确提出三大地区基于空间单元的综合环境管控要求。

（1）区域生态环境现状及其演变趋势评估。研究三大地区生态环境保护的战略定位和需求，利用资源环境等领域已有的调查、统计、监测数据和科研成果，开展必要的生态环境专项调查和补充监测，摸清区域生态环境现状和演变趋势，辨识区域性、累积性生态环境安全问题，评估三大地区空间利用、行业总量、环境准入的基本特征和关键问题。

（2）区域发展现状及资源环境效率评价。梳理国家和区域经济社会发展战略，分析三大地区经济与城镇化发展特征和演变趋势，比较三大地区城市群与世界主要城市群在经济发展模式、空间利用方式、资源环境效率、环境管理水平等方面的主要差距，构建空间利用、行业总量、环境准入的评价指标体系，评估三大地区资源利用效率和环境压力水平。

（3）区域资源环境承载力综合评估。根据区域经济社会发展特征、资源环境禀赋和生态环境状况，研究资源环境与经济社会发展之间的耦合关系，识别区域大气、流域水系统、生态系统变化的关键影响因素，分析资源环境利用水平、承载状态及空间分布特征，确定生态保护红线优布局、行业总量控规模、环境准入促转型的准则和要求，评估生态保护红线、环境质量底线、资源利用上线的总体状态及其对经济社会发展的支撑能力。

（4）区域性、累积性环境影响和中长期生态风险评估。研究提出区域发展中长期战略情景，分析区域经济社会与生态环境协调发展水平和存在的主要矛盾及其阶段性、布局性、结构性特征，辨识中长期生态环境影响特征和关键影响因子，预测区域发展的区域性、累积性环境影响，评估区域性、行业性重大资源环境问题的演变态势，从空间利用、污染排放、环境质量三个角度，预警中长期生态环境风险。

（5）区域生态环境战略性保护总体方案研究。遵循生态保护红线优布局、行业总量控规模、环境准入促转型的基本原则，提出三大地区经济绿色转型、生态安全提升、环境质量改善的生态环境战略性保护的路线图、优先领域及重点任务，构建区域生态环境风险预警的框架体系，探索区域经济绿色转型发展的模式和路径。

（6）促进区域绿色发展与生态文明建设的体制机制研究。在分析三大地区现行环境管理体制机制特征及存在问题的基础上，研究健全跨区域大气污染联防联控、流域水环境保护的协作机制，探索生态保护红线、环境质量底线、资源利用上线和环境准入负面清单及生态环境风险预警的落地保障机制，创新有利于绿色转型发展的技术政策及环境保护管理制度。

（二）技术路线

针对三大地区经济社会发展和生态环境保护的战略目标，全面分析经济社会发展状况及制约人民群众生活质量的关键资源环境因素，系统评估三大地区面临的生态环境压力和资源环境承载力状况，评估区域性、累积性环境影响和中长期生态风险，研究三大地区空间开发优化、经济绿色转型与资源环境协调发展的调控对策，制定区域生态环境战略性保护总体方案，提出促进绿色发展和完善生态文明建设体制机制的建议（图13-1）。

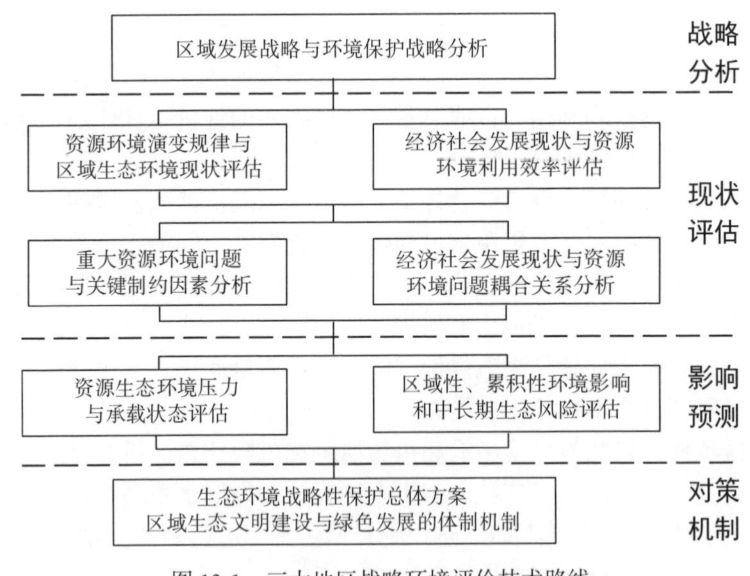

图 13-1　三大地区战略环境评价技术路线

三、评价范围与时限

三大地区战略环境评价工作范围包括北京、天津、河北、上海、江苏、浙江、广东四省三市，涵盖京津冀、长三角和珠三角三大城市群，涉及海河、长江、珠江三大流域，总面积61.1万平方公里，占全国国土面积的6.4%。2016年，三大地区人口3.8亿，GDP 30.4万亿元，分别占全国的27.4%和40.9%。近岸海域的评价范围为与沿海省、自治区、直辖市行政区域内的大陆海岸、岛屿、群岛相毗连，《中华人民共和国领海及毗连区法》规定的领海外部界限向陆一侧的海域。重点关注三类地区：一是三大城市群和重要流域；二是重点产业集聚区；三是重要生态功能区和生态环境敏感区。

项目评价基准年为2015年，部分数据更新至2016年；近期评价年为2020年，远期展望年为2030年（表13-1）。

表13-1　三大地区战略环境评价工作范围表

区域名称	涉及省市	重点行政区单元	陆地面积（万km^2）
京津冀地区	北京市、天津市和河北省	北京、天津、石家庄、承德、张家口、秦皇岛、唐山、廊坊、保定、沧州、衡水、邢台、邯郸	21.6
长三角地区	上海市、江苏省和浙江省	上海、南京、苏州、无锡、常州、镇江、扬州、泰州、南通、杭州、宁波、湖州、嘉兴、绍兴、舟山、台州	21.5
珠三角地区	广东省	广州、深圳、珠海、佛山、江门、东莞、中山、惠州、肇庆	18.0

第二节　区域发展特征与重大生态环境问题

一、京津冀地区

（一）区域发展内部差异较大，津冀产业重型化特点突出

京津冀三地之间人口经济不均，北京和天津城市规模日益庞大，而河北社会资源相对不足，区域内部发展严重失衡。京津两市城镇化率已超过80%，位居全国第二、第三位，河北城镇化率仅为51.3%，低于全国平均水平。京津冀地区以北京市区为核心，周边县市区城镇人口和镇化率显著降低，城镇化发展水平差异较大。2015年，46%的城镇人口集中在北京、天津（图13-2）。

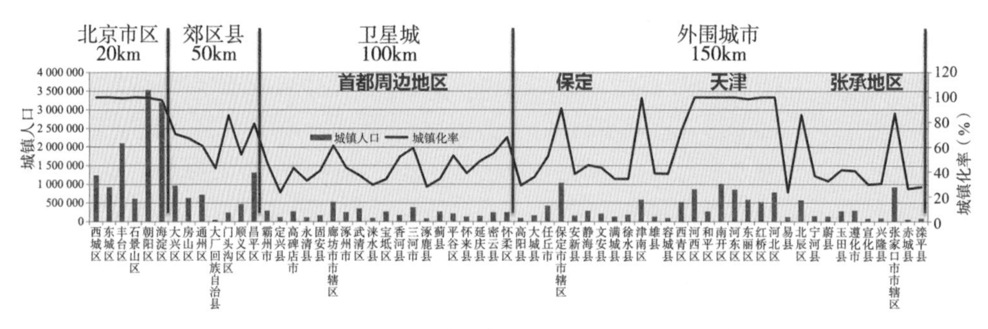

图 13-2　以北京为中心各区县城镇人口空间分布

京津冀地区经济主要集聚在京津唐核心区域，北部山区和河北南部地区经济发展水平较低。2015年京津唐人均GDP突破78000元，其他各市的人均GDP平均值仅36709元，其中天津人均GDP最高（107960元），是最低的邢台（24193元）的4.5倍。从空间上来看，京津为经济发展高地，河北大部分地市经济水平与核心城市具有较大的差距，形成了“环首都贫困带”。

京津冀地区第三产业在GDP中的比重已由2000年的42.3%增加到2015年的56.2%，增长了14个百分点，成为地区重要支柱产业；第二产业比重从2000年的47.0%降到38.1%，呈现出显著的后工业化特征，但地区之间结构差异明显。北京的产业结构呈现显著的“三二一”结构，第三产业比重高达76.9%；天津和河北诸市依然是以第二产业为主。天津工业发展呈现能源基础原材料和装备制造业并重的格局，在能源基础原材料工业中以钢铁和石化工业为主。河北工业则体现出能源基础原材料工业“一头独大”的格局，占到整体工业总产值一半以上，其中又主要以钢铁占据主体（图13-3）。

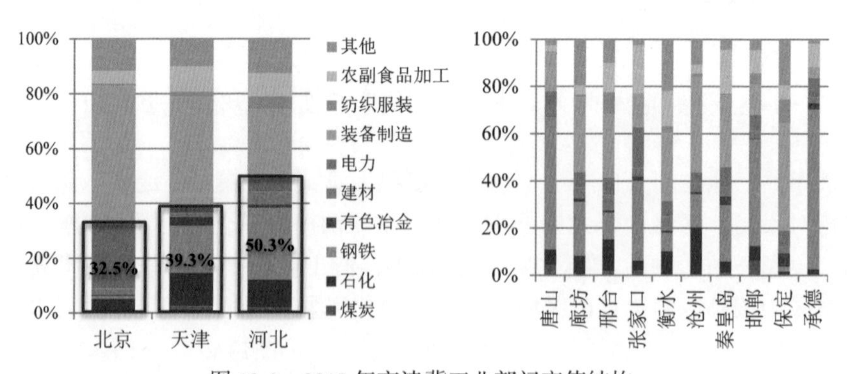

图 13-3　2015 年京津冀工业部门产值结构

（二）规模结构性问题突出，复合型大气污染严重

2000~2015年间，京津冀能源消费总量呈现持续增加的趋势，年均增速达到6.2%。2015年京津冀能源消费总量为4.4亿吨标煤，占全国能源消费总量的比例为10.3%。2015年京津冀地区煤炭、石油、天然气消费比例分贝为68.2%、17.0%、7.7%，河北近20年煤炭消费占比均在75%以上，2015年为77.4%，远高于全国水平（68.5%）。近十年，京津冀工业SO_2排放长期占比超过80%，工业NO_x排放占比近60%，烟粉尘排放占比近70%。区域工业排污集中于钢铁、电力、石化、建材四大产业，机动车贡献逐步增加。

“大气十条”实施以来，京津冀地区环境空气质量得到持续改善，但达标压力仍较大。京津冀地区2013~2016年间$PM_{2.5}$、NO_2和SO_2年均浓度分别下降了33.0%、7.0%和57.8%，但京津冀地区仍然是我国大气污染最重的区域，且冬季改善幅度非常小。北京、天津、石家庄一年中发生重霾污染事件（$PM_{2.5}$ 24小时平均浓度超过150 μg/m^3）分别达33次、41次和70次，冬季重霾发生频率占全年的50%以上（图13-4）。

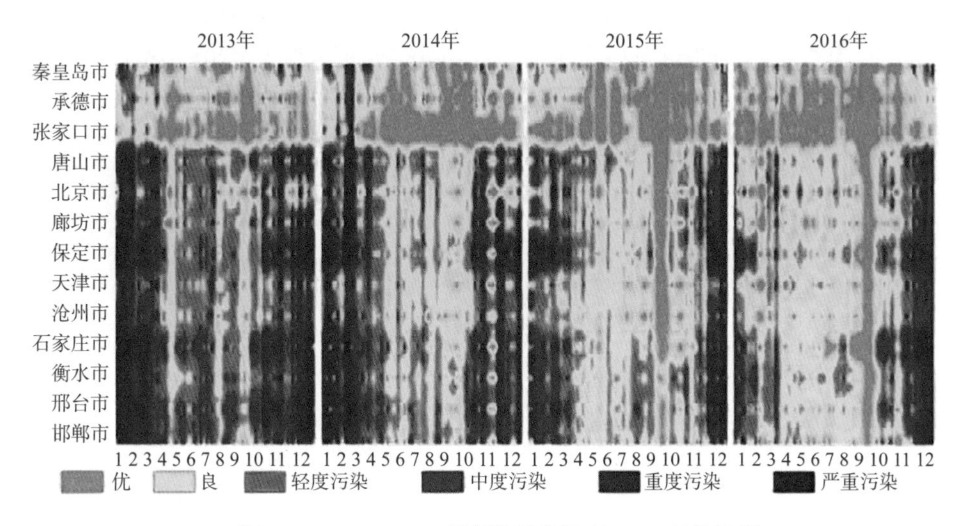

图 13-4 2013~2016 年京津冀各地市 $PM_{2.5}$ 日均浓度

以$PM_{2.5}$、O_3为特征的复合型污染已经成为区域最突出的问题。自2013年按照新环境空气质量标准实施监测以来，首要污染物主要为$PM_{2.5}$和O_3。2015年京津冀地区$PM_{2.5}$为首要污染物的天数占总超标天数比例为68.4%，O_3为首要污染物的天数占总超标天数比例为17.2%。

（三）水资源开发长期透支，水生态环境持续恶化

2015年京津冀三地水资源开发利用强度分别为142.5%、200.8%和138.6%。京津冀地区地下水资源开发利用率为120%~160%，平原区地下水超采严重，形成地下漏斗区面积超过5万平方公里，其中衡水深层地下水漏斗面积达到8815平方公里。2015年，北京南水北调中线工程入境水量8.81亿立方米，占总供水量的20%。2015年天津引滦调水量4.51亿立方米，引江调水量4.00亿立方米，外调水占总供水量的33.15%。河北省自南水北调中线一期工程通水以来已引水4.1亿立方米，同时2015年还启动了引黄入冀补淀工程；外调水量占全省可利用水量的41.4%。

2015年京津冀地区农业用水占比最高，达67.4%，生态用水量30.8亿立方米，仅占用水总量的5.4%；受水资源开发长期透支影响，生态用水被挤占的情况突出。近年来，海河流域中下游地区4000公里以上的河道发生断流，其中65%的河道断流300天以上，常年有水的河段仅16%。白洋淀流域自20世纪70年代以来入淀水量锐减，淀区水面面积缩减26.8%，沼泽面积缩减19.5%，水生态系统显著退化。

近十年来，京津冀地表水质差且改善缓慢。除山区部分流域达标外，城市下游河道水质一直处于严重污染状态，2005~2015年间，劣Ⅴ类河流长度占比一直高于40%，与此同时，Ⅲ类及以上水体占比由2005年的60%降至2015年的40%。滦河及冀东沿海水系水质较好，北三河、永定河、大清河水系下游水质较差；白洋淀全淀水质为劣Ⅴ类，淀区轻度富营养化；黑龙港运东、漳卫南运河、子牙河水系水质较差。

（四）沿海产业和城镇开发强度大，渤海生态环境问题突出

渤海岸线资源开发强度大，自然岸线保有量低，生态功能退化趋势明显。大规模的围填海和港口建设导致区域自然岸线比重不足50%，河北省自然岸线保有量不足15%，天津市已几乎没有自然岸线。另一方面，滨海湿地面积萎缩，生态防护林体系未建成。20世纪50年代的围垦造田、80年代的海水养殖高潮以及2000年以来的围海造地导致渤海滨海湿地中自然湿地面积锐减，津冀地区滨海湿地面积已不足新中国成立初期的30%。自然岸线的破坏与滩涂湿地生境的大量丧失，导致潮间带生物多样性、栖息密度及生物量明显下降。

流域淡水入海量明显减少，海河流域入海水量从20世纪50年代的200亿立方米以上下降到目前30亿立方米左右，导致近岸海域盐度呈明显上升趋势，鱼类、虾类的洄游产卵、育幼受到影响，致使多数产卵场退化或消失，河口和近岸海域生态退化严重，生物多样性丧失。传统的优质渔业经济种类大多数已形不成渔汛，经济鱼类向短周期、低质化和低龄化演化。优质经济鱼类产量减少了90%，低质

鱼类已成为主要捕捞对象。

渤海沿海布局了大量的钢铁、石化、建材项目，加之船舶、钻井采油平台的污水排放和大面积的海水养殖等海源污染，近海海域海水环境质量堪忧。70%以上的入海污染物排入到敏感的海洋类型功能区，导致自然保护区、旅游区和渔业区现状达标率均不到80%。重点海湾沉积物污染严重，特别是汞、铅、砷、铜、石油烃和滴滴涕的污染，使渤海局部海域生物质量下降，多种持久性有机污染物均有检出。

二、长三角地区

（一）处于经济发展转型期，城镇化发展进入中后期阶段

长三角地区自2012年人均GDP突破1万美元，开始步入后工业化时期，已率先进入发展方式转型期。2015年，长三角地区生产总值达到13.8万亿元，人均GDP为91778元，城镇化率为69.5%，三次产业结构调整为3.9 ： 43.8 ： 52.3，总体已呈“三、二、一”的格局。但江苏省和浙江省的三次产业结构比例为5.7 ： 45.7 ： 48.6和4.3 ： 46.0 ： 49.8，第三产业比重低于全国水平，产业结构仍然偏重，经济发展方式尚未根本转变，结构性矛盾依然突出（图13-5）。

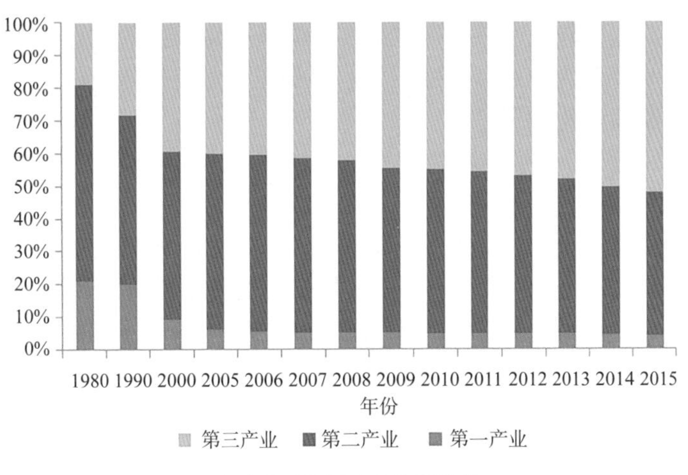

（a）长三角地区三产结构演变

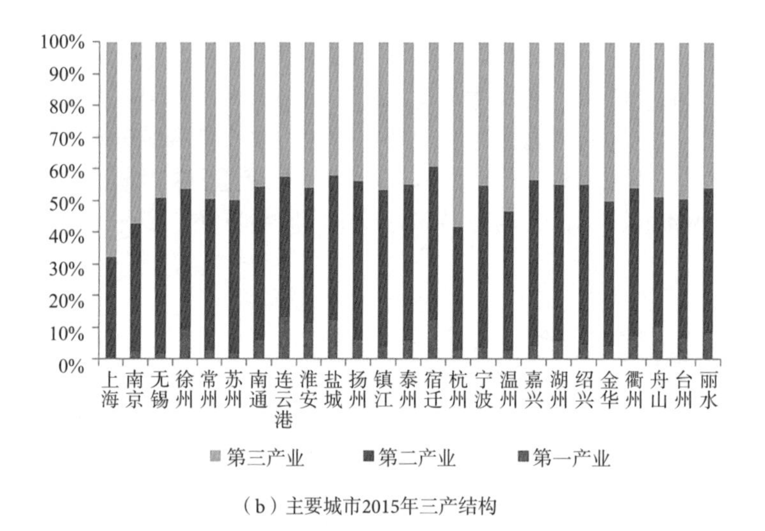

（b）主要城市2015年三产结构

图 13-5　长三角地区三产结构演变（a）与主要城市 2015 年三产结构（b）

长三角地区2015年工业总产值为66431.9亿元，制造业占95.1%，江苏、浙江两省的轻重工业比例约为3 ： 7，重型化特征突出。长三角地区已形成装备制造、化学制造、钢铁、纺织等优势产业。装备制造业是长三角最强产业，纺织服装、石油化工、金属冶炼（包括钢铁和有色）、火电等传统产业仍然具有支柱作用，2015年上述产业产值占区域工业总产值的39.2%。长三角核心区与苏北、浙南两翼地区工业结构差异较大。核心区主导产业与长三角地区的主导产业一致，苏北地区的不同优势产业为农副食品加工、木材加工、水泥等传统行业；浙南地区皮革产业、金属制品业比重高。

2000~2015年长三角地区城镇化率由50.0%提升至69.5%，高于珠三角、京津冀地区。区内城镇化发展空间差异大，核心区的城镇化率73.5%，处于城镇化后期；苏中、苏北、浙南等地区城镇化率都在63%以下，处于城镇化中期。区域城镇体系完善，城镇密集，拥有一批具有很强发展活力的特色城镇，形成以超大、特大、大城市为节点，带动中小城镇全面协调发展的城镇体系。按照戈特曼世界级城市群标准要求，长三角城市群已成为第六大世界级城市群，但与其他世界级城市群相比，仍存在上海作为中心城市首位作用不够突出，城市群内部基础设施尚未实现共建共享，快速城镇化带来的城市病突出，资源环境利用效率偏低等方面问题。

（二）产业和人口高度集聚，化工园区沿江沿海布局特征显著

长三角地区经济社会发展沿长江、沿太湖、沿杭州湾和沿海集聚格局明显。沿长江地区是长三角地区的核心区域，以48.4%的人口提供了57.5%的GDP

和58.4%的工业产值，超过区域的一半；环太湖地区人口比重为18.3%，提供了24.2%的GDP和27.5%的工业产值；环杭州湾地区人口比重32.0%，提供了38.8%的GDP和33.6%的工业产值；沿海地区人口比重达51.9%，GDP、工业产值产出分别占52.1%、46.3%，集聚水平高，未来仍呈现加速集聚态势。

工业产业呈同样的集聚格局。三个国家石化基地布局在长三角地区长江干线和环杭州湾的上海、南京、宁波，其炼油能力约占长三角地区的3/4。钢铁产业重点布局在沿长江的上海、苏州、南京、常州和无锡，其中苏州、上海的生铁产量在长三角地区的比重高达33.9%、19.9%。长三角地区火电总装机容量为16872万千瓦，主要分布在沿江、环杭州湾地区，沿江地区的装机容量超过长三角地区的1/2。

长三角近60%省级以上开发区中的主导产业涉及石化、医药、农药等化工产业，主要分布在沿江、环杭州湾及江苏沿海地区。化工企业入园率低，空间布局与居住区矛盾突出。在国家、地区发展战略的引导下，沿海地区成为新一轮城镇化和工业化发展的热点地区。据不完全统计，长三角地区10个沿海城市中已有26个滨海新区（城、镇）。沿海地区现状城市建设用地面积为5292平方公里，新区规划总面积约4331平方公里，沿海城市建设用地平均将扩容70%~80%，临港新城主要围绕产业园区建设，部分临港产业园以石油化工、精细化工、钢铁、火电等高耗能、高污染、高消耗产业作为主导产业和发展方向，沿海地区将成为新兴的重化产业带。

（三）布局性和持久性水污染问题突出，饮用水安全面临挑战

总体来看，长三角地区江河干流水质较好，支流总体轻度污染，地表水污染未实现根本性扭转，劣Ⅴ类水质断面尚未消除，与区域水环境保护目标仍存在差距。2015年长三角地区省控监测断面中，Ⅰ~Ⅲ类水质断面占55.3%，Ⅳ类水质断面占26.4%，Ⅴ类水质断面占6.6%，劣Ⅴ类水质断面占12.2%。近十年来，由于上游来水及本地排污双重影响，长江干流水质总体呈恶化趋势。长三角地区城市河流、平原河网污染严重，水体黑臭问题依旧突出。2015年浙江省经“五水共治”行动，黑臭水体数量下降，共排查出6条黑臭河道；上海市有56条黑臭水体，总长130公里，占河流27.5%；江苏省设区市建成区共有104条主要黑臭水体，总长度220.0公里。

长三角地区处于江河下游、区内河湖交错水系众多，形成了长江、钱塘江、太湖、太浦河—黄浦江及山丘区水库为主多源互补的饮用水水源地总体布局。在水污染胁迫下，长三角相当一部分城市供水水源地被迫调整、迁移，城市供水格局发生转变，上海、江苏各地城市供水对长江干流的依赖度显著增强。上海市取水量中75%来自长江，江苏省现状供水水量中约80%直接或间接来自长江，沿江8

地市35个河流型水源地取水均直接或间接来自长江。

长江干流开发与保护的矛盾冲突由来已久，岸线持续高强度的开发造成布局性矛盾突出。长三角地区的长江沿岸共有41个地表水饮用水水源地，80多个区域性取水口（包括引江济太、南水北调东线和江水东引北调工程取水口），129个排污口，沿江排污口设置过多且呈现无规划分散布局。沿江各城市的水源地都存在不同程度的安全隐患，普遍存在上游取水、下游排污的情况，加上油品、化工原料和产品等运输繁忙，及饮用水源地规范化建设不足，环境风险事故导致供水危机的事件时有发生。

（四）区域复合型大气污染不容忽视，季节性污染特征突出

“大气十条”实施以来，长三角环境空气质量得到持续改善。与2013年相比，2016年PM_{10}、SO_2、NO_2年均浓度分别下降了27.2%、43.9%和16.7%。长三角地区优良天数比例由2013年的64.2%上升到2016年的76.1%。2016年，长三角地区$PM_{2.5}$年均浓度为46 μg/m^3，与2013年相比下降了31.3%，已提前完成2017年“大气十条”目标，但距离全面达标尚有差距。

2016年，长三角区域25个地级及以上城市$PM_{2.5}$年均浓度为46 μg/m^3，超标31.4%，$PM_{2.5}$污染呈现出北高南低、西高东低的空间分布特征，沿海区域和浙南地区较好，内陆污染水平较高。近年来长三角地区夏季$PM_{2.5}$污染明显改善，但冬季重度及以上污染仍较为突出（图13-6）。

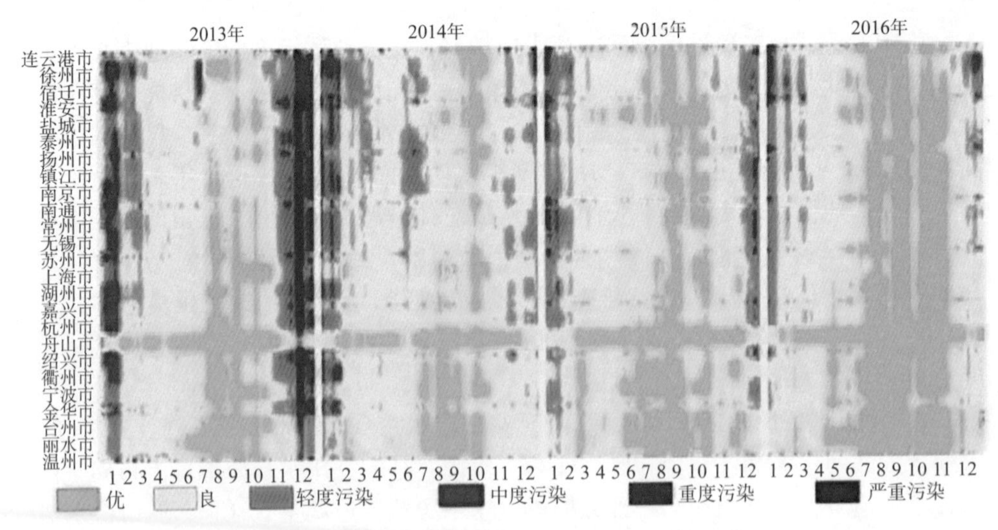

图 13-6　长三角地区 2013~2016 年 $PM_{2.5}$ 日均值

此外，长三角地区区域性O_3污染问题凸显，夏季污染突出。2015年长三角地

区O_3为首要污染物的天数占总超标天数比例为37.2%，O_3日最大8小时均值第90百分位浓度为163 μg/m^3，比2014年（154 μg/m^3）上升5.8%，超标天数达38天。

三、珠三角地区

（一）区域发展不均衡问题突出，处于提质转型关键期

2015年，珠三角地区经济总量继续保持全国首位，实现生产总值72812.6亿元，产业结构转向“三二一”，第三产业占比55.9%（徐健，2018）。2015年年底，珠三角地区常住人口达10849万人，占全国人口总量的7.9%；城镇人口7454万人，城镇化率达到68.7%，在各省（自治区、直辖市）中位居首位，区域进入城镇化中后期，珠三角城市群地区总体步入成熟阶段。但区域发展不均衡问题突出，2015年，珠三角城市群城镇化率为84.6%，而粤东仅为59.9%，粤西为42.0%，粤北为47.2%，核心外围发展差距明显。

（二）国土空间开发总体粗放，三生空间布局性矛盾凸显

珠三角地区空间开发模式相对粗放。部分城镇为吸引投资，随意圈占、盲目开发土地资源，导致建设用地无序快速蔓延，部分地区开发强度过高。1980~2016年，广东省建设用地面积增长超过10倍。特别是珠三角城市群地区，土地开发强度由1980年的0.68%增加至2016年的17.2%；粤北土地开发强度相对较小，2016年仅为3.8%。

区域生产、生活空间与生态保护空间冲突加剧。2016年珠三角地区水源保护区范围内建设用地面积达到1312平方公里，各市均存在建设用地对水源保护区的侵占现象。珠三角城市群最为突出，广州、深圳分别达到497平方公里和193平方公里。2016年生态严控区范围内建设用地面积达203平方公里，与2005年生态严控区划定时相比仍然增长了74平方公里。

产城布局混杂问题突出，人居环境安全存在潜在威胁。由于长期以来粗放型、无序型的建设空间扩张模式和局部区域布局规划不合理或规划执行不到位等原因，生产空间与生活空间混杂问题比较突出，人居环境安全面临潜在威胁。“村村点火，家家冒烟”曾是改革开放初期珠三角地区村镇经济遍地开花、蓬勃发展的经典画面，“小、快、灵”的家庭作坊式企业虽然在市场经济体制下充满活力，但这些陶瓷、纺织、制鞋、制衣、电镀等行业也对消防安全、环境保护、危险化学品管理、人居安全等多方面带来极大的负面影响。

（三）城市水环境污染突出，近岸海域生态系统受损

2015年，广东省195个国省控水质评价监测断面水质优良的比例为78.9%，仍有8.1%的省控断面水质为劣Ⅴ类，包括珠江三角洲网河区的深圳河、茅洲河、淡水河、石马河，粤东诸河流域的练江以及粤西诸河流域的小东江部分河段。根据《珠三角城市河涌治理与生态修复技术指引》，珠江三角洲河网区除主干河流之外的河涌约有12259条，长度29820公里，河流平均长度2.43公里/条，河道密度0.294条/平方公里（0.715公里/平方公里），黑臭水体比例约为1.2%。

珠三角地区近岸海域生物多样性功能下降，典型海洋生态系统红树林面积锐减。受人类活动影响，珠江口海域及局部海湾生态系统多处于亚健康或不健康状态，河口、港湾、滨海湿地等生态系统结构失衡，生物多样性和珍稀濒危物种减少，近岸海域生态恶化，造成红树林、珊瑚礁、海草床等典型海洋生态系统受损严重。根据广东林业局调查，沿岸地区大批的红树林迅速消失，尤其珠三角的河口海湾地区。近40年沿海红树林呈先下降后上升的趋势，面积下降72.1%。

（四）区域累积性环境风险显现，威胁人居环境安全

珠三角地区累积性环境风险增加，主要集中于水和土壤。2015年珠三角地区开展监测的75个城市集中式饮用水水源地中，地表水饮用水源水质达标率和水源达标率均为100%，饮用水水质总体优良。但珠三角地区地表水饮用水源水质监测断面均设于饮用水源一级保护区内，按照《地表水环境质量标准（GB 3838—2002）》规定，饮用水源一级保护区内水质应达到地表水Ⅱ类标准。

农用地存在不同程度重金属和有机物污染。根据相关研究采样监测结果，珠三角地区部分农用地土壤重金属存在不同程度的污染，以Ni、Hg、Cd和Cu污染为主，有机污染物以PAEs为主。历史遗留的污染场地潜在风险较大，存在较多曾受到电子拆解、机械制造、石化、矿山开采及金属冶炼、电镀、钢铁等行业污染的历史遗留场地，如受到电子拆解业污染的清远龙塘镇和石角镇、汕头市贵屿镇等地，受到机械制造业污染的东莞、深圳、佛山和广州部分区域，受到矿山开采和金属冶炼业污染的韶关、河源、梅州一带，受到电镀污染的广州、深圳、东莞、佛山部分区域。这些场地呈现污染面广、污染因子多、环境风险高的特点。

第三节 区域环境与经济社会协调发展的对策建议

一、京津冀地区

（一）发展转型和空间布局优化

（1）构建区域协同的空间新格局。进一步优化区域发展空间格局，弱化北京市单核心定位。在京津冀协同发展战略确定的“一核、双城、三轴、四区、多节点”的基础上，建议弱化北京市单核心定位，加强首都及周边地区协调发展，推动北京市人口疏解和非首都功能转移，强化周边地区统一规划、建设和环境管理。加强重点产业规模控制与调整，引导部分重污染企业搬迁（李天魁等，2017）。

（2）引导差异化城镇发展新模式。合理引导京津冀地区城镇化差异发展模式，中部核心功能区重点建设世界城市群，进一步疏解北京市人口；东部滨海发展区注重产业和人口集聚，加强园区管控力度；南部优化拓展区以建立冀中南城市群为核心，促进中小城镇发展；西北部生态涵养区主要关注生态保护，控制发展规模。高标准推动北京通州副中心建设。统筹水资源、土地资源和能源供给，保障通州副中心与廊坊北三县供水安全。

（3）促进重点产业布局优化和结构调整。构建绿色循环低碳产业体系，实现装备制造业提升。加强科技和创新优势对传统产业改造提升能力，积极促进京津科技优势对天津、河北传统制造业的改造提升，形成产业协作体系。积极推动工业化与信息化融合，统筹京津与河北地区错位发展、合理分工，实现装备制造业优化布局。以环境约束促进能源基础原材料产业规模控制和布局优化。加强重点产业规模控制与调整，推动重污染企业转移搬迁及搬迁后修复工作。加快落后产能淘汰，促进工业绿色转型升级（表13-2）（马丽等，2018a）。

（4）优化区域港口和交通格局体系。优化港口空间布局，合理控制港口发展规模。合理控制地区港口发展规模，包括港口吞吐量以及港口空间范围。加强港口、海域环境风险防范与控制。在规划和建设港口岸线时应当充分考虑生态环境保护的需要，必须避让自然保护区等法定保护区域，加强对现有海上运输的风险防控准备。提倡公交优先，发展城市慢型交通系统，做好干线铁路、城际铁路、市郊铁路和城市轨道交通四层次轨道交通网络的衔接。建立机动车、船舶大气污染物排放的总量铁线，加严车船标准，建立准入机制。

表13-2　京津冀地区重点行业调控路径与措施（马丽等，2018b）

行业	调控措施
钢铁冶金	价格和排放控制，削减粗钢生铁产能，北京淘汰、天津控产、河北1.96亿吨；推动钢铁产能向曹妃甸、渤海新区转移集聚，唐山、邯郸城区钢铁企业搬迁；积极开展国际产能合作，推动优势产能走出去
石油化工	建设集约、高端的曹妃甸、天津石化和渤海三大石化基地，产能7100万吨；促进精细化、高端化发展，提升邯郸、邢台和衡水煤化、盐化生产水平和循环园区建设
建材	京津淘汰产能，河北削减到2亿吨；2020年全部淘汰平拉工艺平板玻璃生产线（含格法）；重点削减石家庄太行山前地区、邯郸邢台南部输风通道沿线水泥产能；延伸产业链，鼓励发展新型水泥、玻璃深加工、新型建材
电力	不再建设新燃煤电厂，市区燃煤替代，热电联产“以大代小”，集中供热；积极发展风能、光伏、地热、生物质能等清洁能源；加强燃煤管理，划定禁止燃煤区

（二）全面深化大气污染治理

（1）建设环首都空气质量清洁区。划定无煤区和禁煤区，力保中部核心区空气质量改善。无煤区要实现所有燃煤锅炉的燃气替代，2020年前消灭所有散煤；禁煤区除煤电、集中供热和原料用煤企业以外，燃料用煤基本逐步“清零”；河北省其余地区为清洁发展区，大力发展天然气等清洁能源，按照煤炭消费总量控制要求逐步削减煤炭消费量。加强交通货运管控，划定货运禁行区、限行区。禁运区全天禁止除生活必需品以外的所有载重汽车、大客车（新能源车除外）驶入；货运限行区实施分时段限行和空气质量预警状态的应急限行措施，加强对过境原材料运输货车的管控和疏导。

（2）深化大气环境精细化管控。在实现环境质量改善（达标）目标前，大气重点管控区严格限制新增污染排放项目。以京津、京石、京唐三大人居安全保障区为核心（李洋阳等，2019），向外扩展到区域大气环境重点管控区，从规模压减、结构调整、布局优化等方面入手，同时辅以错峰生产、重污染天气停产等手段实现大气污染深化治理。逐步调整和转移位于区域重要污染输送通道的邯郸—石家庄—北京—唐山一线能源重化工行业，石化、化工企业向沿海和区域外转移升级。

（3）推动大气污染综合治理工程。重点推动中部核心区清洁空气管控区、冀中南地区重污染企业淘汰搬迁和沿海地区重化工行业改造提升。逐步统一区域大气环境污染防治的标准和制度体系，加强区域大气污染联防联控措施。提高区域燃油品质，逐步淘汰国一、二等老旧机动车。提高农村优质型煤补贴，推广使用新型燃炉具；在有天然气接入条件的农村居民点，实现燃气替代；实现秸秆的100%综合利用。提高区域空气质量预测预报能力，建立大气污染应急联动长效机制。

（三）海陆统筹流域水系统管控

（1）划定水环境控制分区，明确环境保护要求。大清河、黑龙港、子牙河平原流域划为一级管控区，严格控制地下水开采（地下水开采量到2020年压减总量的30%）；落实休耕轮作制度，控制养殖规模；加快污水收集处理系统建设，严格控制涉水企业准入。北三河水系、滦河水系和沿海地区划为水环境二级管控区，完善污水收集处理体系，统筹提高污水厂出水标准，加强农业源治理。区内主要河流上游地区划定为三级管控区，重点加强生态保护与水环境保护，采取保护性发展的策略，确保生态环境质量不恶化（卢熠蕾等，2018；李倩等，2019）。

（2）严格环境质量底线，促进污染物减排。保障2020年海河流域水质优良（达到或优于Ⅲ类）比例总体达到70%以上；2030年区域劣Ⅴ类水体断面比例控制在10%以内。京津冀地区各流域COD和氨氮均需继续削减，其中子牙河、大清河、滦河流域较2014年需要削减COD分别为7.2万吨、6.5万吨和4.8万吨，氨氮4362.3吨、4004.9吨和1293.3吨。

（3）开展重点流域水污染防治工程。加强畜禽养殖的空间管控，划定畜禽养殖禁养区、限养区。禁养区严禁新增规模化畜禽养殖场，现有养殖场实现污水、粪便零排放；限养区严格限制畜禽养殖规模，加强对养殖场污水、粪便处置，严禁在河流两侧、水库周边和城市规划区内建设规模化畜禽养殖场。完善污水收集处理设施，加大雨污分流管网建设投资，尽快实现管网100%覆盖，污水100%收集。

（4）保障沿海生态功能不退化。确保河道和渤海生态用水量。维持河道内最小生态用水，保证渤海入海淡水量。确保现有自然保护区面积不减少，主要生态红线控制区功能不退化，保护等级不降低。确保重要海岸带和湿地不被占用，防止重点产业发展大面积占用自然湿地。控制围填海规模，防止自然岸线无序开发。

二、长三角地区

（一）创新驱动引领产业转型升级

（1）以清洁生产一级水平为标杆，加快传统产业的“绿色化”技术改造、升级换代，提高存量产业的资源环境效率。积极推进限制开发区域、优化开发区域传统产业转型升级。综合运用产业政策、污染物排放特别限值、总量倍量替代、清洁生产、技术改造升级等措施，全方位控制高能耗、高污染、高排放产业的发展。从严控制污染转移。加快产业园区的专业化发展与绿色化改造，率先完成全部国家级园区和50%以上省级园区的循环化改造。对城市建成区、城市规划建设范围的重化产业等工业园区，向技术研发、总部基地、创意产业等方面转型，加快完成园区内的化工、钢铁、造纸等企业退出、转移。严格控制市县级园区无序发展与布局，推进市县级园区工业企业搬迁改造和园区整合。

（2）科学布局绿色化发展沿海发展带。产业转移过程中，鼓励产业链及企业群整体向沿海转移，统筹完善工业产业链，合理分工，错位发展，集中布局。加快推进连云港石化产业基地建设，形成炼油、烯烃、芳烃及衍生产品深加工一体化的产业集群。加快盐城、南通产业布局优化和转型升级，以承接江苏沿江及国内外石化产业转移为主线，推进通州湾江海联动开发示范区建设，重点发展精细及专用化学品、化工中间体、工程塑料、合成橡胶、高性能纤维以及其他功能性新材料，适当发展生物化工。

（3）保障区域人居环境安全的空间管控。以降低大气污染人群健康风险为引导，构建分区管控与节能减排一体的环境质量改善、人居环境安全保障体系。划定燃煤禁限区、化工石化禁限区等。

（二）全方位保障饮用水安全

（1）深化“五水共治”，实施上下游联动、河湖一体的水污染控制。重点推动水体单独考核向河湖一体、上下游联动考核转变，水环境质量考核由COD、氨氮指标向溶解氧和持久性有机污染物指标转变。完善区域水污染防治联动协作机制，实施跨界河流断面达标保障金制度。统筹规划城乡基础设施建设、农业面源控制、畜禽养殖和工业污染治理，保障入湖氮磷营养物持续下降，率先推动长三角地区江湖氮磷同控的区域性污染物排放标准制定，优先制定实施南水北调、引江济太、江水北引受水湖泊的富营养化控制方案。

（2）强化工业集聚区污染治理。沿江全部工业园区、集聚区必须建成污水集中处理设施及自动在线监控装置，并稳定运行。完善城市雨污分流排水系统，苏锡常等城市建设城市暴雨径流截流、处理系统，逐步实现初期雨水径流截流、处理全覆盖。2020年太湖流域城市建成区基本实现污水全收集全处理，行政村污水处理设施全覆盖，建立农村污水处理设施运行保障机制；钱塘江流域县级以上城市建成区污水基本实现全收集、全处理、全达标。浙西南山区农村生活污水和垃圾收集处理全覆盖。建立流域上下游协同的产业准入门槛，探索建立流域统筹的生态服务功能有偿使用的生态补偿机制。加快建设危险货物船锚地、散装液态危险货物船舶公共洗舱站等重点防治船舶污染环保设施。

（3）加强饮用水水源保护和空间管控。全面完成集中式饮用水源地保护区规范化建设，拆除饮用水水源保护区内与水源保护无关的设施。全面评估上下游岸线饮用水水源风险隐患，并制定统筹调控方案。把清除排污口、危化品码头泊位与城市供水取水口交叉布局冲突放在优先位置。统筹优化长江流域水功能区管理。建议提升南水北调、引江济太、通榆河引水工程取水口的保护水平，按城市供水取水口管理设置集中式饮用水水源保护区，并取缔取水口5千米范围内环境风险较大的涉化、涉重废水的排放口和危险化学品码头。调整南京段、苏锡常段的入江支流功能定位，建议长江支流入口以上10~20公里河段按照Ⅲ类水要求进行综合整治。水源涵养重要功能区、区域战略性饮用水水源地（沿岸两侧1公里）、具备城市供水功能的湖库（沿岸3公里）、清水走廊沿岸陆域（沿岸1公里），严禁布局发展化工、涉重污染等行业，不再新建危化品码头和化工园区，现有化工企业和涉重污染企业应关停并转，到2025年沿岸化工企业全面进入化工园区。

（4）强化畜禽养殖场规范管理，划定禁养区和限养区。将饮用水水源地（沿岸两侧1公里）、水源涵养重要功能区、具备城市供水功能的湖库（沿岸3公里）、清水走廊沿岸陆域（沿岸1公里）划定为畜禽养殖禁养区，全面取缔禁养区内所有养殖场（小区）、养殖专业户。具备城市供水功能的湖库划定为网箱养殖禁养区。生态红线区域、太湖流域三级保护区划定为畜禽养殖限养区。严格规范养殖配套环保措施、限制养殖规模。水产养殖严格控制围网养殖面积，规范池塘循环水养殖，建设尾水净化区，严格执行太湖流域池塘养殖水排放标准。

（5）优先实施流域氮、磷和持久性有机污染空间管控。完善区域水污染防治联动协作机制，实施跨界河流断面达标保障金制度。长三角地区的长江干流、长江口、杭州湾、太湖、淀山湖、太浦河等重要水体涉及的区域开展联保共治，从流域层面制定统一的产业结构和工业布局调整要求，加强产业布局协调性，严控高污染产业风险。

（三）强化重点行业大气污染治理

（1）划定燃煤禁限区。将长三角县级以上城市建成区划定为高污染燃料禁燃区，除煤电、集中供热和原料用煤企业外禁止燃用煤炭、重油等高污染燃料。其余非禁燃区分类整治燃煤锅炉。2018年全部淘汰10蒸吨/小时以下燃煤锅炉或实施清洁能源替代，2019年全部淘汰35蒸吨/小时及以下的燃煤锅炉或实施清洁能源替代，65蒸吨/小时及以上的燃煤锅炉全部实现超低排放；制定长三角地区燃煤锅炉特别排放限值，其他燃煤锅炉全部达到特别排放限值要求。禁限燃煤区新建燃油或燃气设施必须采用低氮燃烧技术。

（2）划定石化化工禁限区。在人口密集的城市主城区划定禁化区，搬迁现有的化工、石化企业。率先实现所有化工企业全部进入化工园区，国家和省级化工园区实现绿色化、循环化转型。在长江沿岸、环太湖、环杭州湾等人口密集地区的化工园区和化工集中区，限制高致癌风险物质的生产使用。

（3）划定VOCs严控区。综合考虑$PM_{2.5}$和O_3主要超标现状，VOCs排放负荷和人口密集情况，划定VOCs严控区。VOCs严控区在执行国家的VOCs控制政策和标准基础上，参照国际大都市相关指标实施更严格的控制要求。VOCs严控区实行动态化管理，按照空气质量与国际大都市接轨的要求，逐步扩大。第一批实施VOCs严控区的城市包括上海、苏州、南京、宁波、嘉兴、绍兴、无锡、常州、镇江、扬州、湖州等城市的核心区。VOCs严控区的石化基地、大型化工园区均列入重点监控对象。

（4）明确主要行业大气污染物总量控制目标。实施基于区域环境质量达标的行业污染物总量控制。对于石化化工行业，实施区域环境质量、人群健康风险管控“双约束”的VOCs排放总量控制（表13-3）。

表13-3　长三角主要行业2020年、2030年污染物控制排放量

行业（万吨）		电力	纺织	钢铁	石化化工	水泥	机动车	其他
SO_2	基准	52.2	9.7	9.5	23.8	56.9	0.7	37.6
	2020年	35.4	6.7	6.5	16.1	38.7	0.5	25.8
	2030年	23.7	4.6	4.4	34	2.7	0.3	17.5
NO_x	基准	85.7	2.2	9.9	12.2	40.5	49.5	35.3
	2020年	59.1	1.5	6.9	8.1	27.4	34.4	24.7
	2030年	40.4	1.1	4.7	21.5	2.1	23.7	17.1
$PM_{2.5}$	基准	12.6	0.2	4	1.6	10	5	28.1
	2020年	8.6	0.1	2.8	1.1	6.7	3.4	19.5
	2030年	5.8	0.1	1.9	4.9	0.3	2.3	13.4
VOCs	基准	1.2	26.9	3.1	88.5	0.9	74	155.3
	2020年	0.8	18.8	2.1	61.9	0.6	50.9	108.2
	2030年	0.5	13.1	1.5	27	16.3	34.6	74.9

三、珠三角地区

（一）推进绿色循环低碳发展

（1）优化国土空间开发格局。充分结合主体功能定位、资源禀赋和生态环境承载能力，推进构建“核心优化、双轴拓展、多极增长、绿屏保护”的国土开发总体战略格局。大力推进珠三角城市群优化发展，深化区域内、区域间协调合作与融合发展，增强珠三角城市群对外围地区的辐射带动，促进阳江、云浮、清远、韶关、河源、汕尾等城市对接融入珠三角发展。持续推进粤东西北振兴发展战略，加快发展汕潮揭城市群、北部湾城市群（湛茂阳）和韶关都市圈，建设沿江沿海重点开发经济带，均衡国土开发空间。以主体功能区为基础，推进“多规合一”，引导城镇建设、资源开发、产业发展合理布局，防范污染转移和过度开发。

（2）保持重要生态区域功能与规模不降低。增加陆地自然保护区面积，坚持保护级别不降低。确保天然林面积不减少，生态公益林面积扩大10%，水源保护区面积不减少。保证水产种质资源保护区面积不减少，保护级别不降低。红树林保护区面积扩大6%。重点保护大明山、十万大山、防城金花茶、海南尖峰岭等自然保护区和森林公园及其周边的天然林，保护湛江徐闻、雷州、廉江和北海合浦、涠洲岛和钦州茅尾海、三娘湾和防城北仑河口、珍珠湾和海南临高、儋州等地的红树林、珊瑚礁、海草床等海洋生态系统，以及白碟贝、儒艮、文昌鱼等珍稀海洋生物。

（3）深入推进产业绿色循环低碳发展。深化产业结构调整与转型升级，大力发展高新技术产业和先进制造业、积极培育绿色、低碳、环保的战略性新兴产业，提升改造传统产业，构建现代产业新体系。加大有色、石化、建材、火电、造纸、纺织、家电等传统产业落后产能淘汰与升级改造力度，降低资源能源消耗强度和污染物排放强度，推进实施企业节能、节水、环保领跑者制度。深入推进工业园区循环化改造和工业废物资源化利用。促进重点产业优化布局。统筹布局大型石化基地。推进钢铁产业的集中布局和集约发展。适度发展林浆纸一体化产业。积极发展清洁能源和可再生能源。

（4）推进集约宜居的新型城镇化建设。以耕地红线和生态保护红线为约束，合理划定城市发展边界，调控城镇用地规模。推进节约集约、生态宜居型城镇化建设，强化资源能源节约高效利用和环境综合整治，优化城市功能布局。统筹工业化、城镇化与生态景观建设的合理布局，着力推动低污染、低环境风险产业与城市融合协调发展。城市建成区内现有钢铁、有色金属、造纸、印染、石油化工等污染较重的企业应有序搬迁改造或依法关闭，加快推动广石化、韶冶等特大型企业环保搬迁及茂名石化炼油厂卫生防护距离内居民搬迁安置。全面加强县城和中心镇供水、供电、供气、污水处理、垃圾处置等市政基础设施和教育、文化、医疗等公共服务建设。

（二）加强沿海生态与海岸线保护

（1）合理开发岸线资源，确保水土资源不超载。确保河流多年平均径流量10%的生态基流底线，保证主要河道内生态基流量和河道外生态用水量。严格控制港口工业岸线开发。保持北部湾生态与自然保护岸线长度不低于岸线总长度的

49%，港口工业利用岸线占总岸线比例小于12%，严格控制北海银滩至湛江雷州半岛西侧、涠洲岛、硇洲岛、东海岛南侧、茅尾海、北仑河口、珍珠湾、临高沿岸、儋州沿岸等的港口工业岸线开发与利用。

（2）开展流域水环境整治。应当实施陆海统筹，开展流域性、区域性环境综合整治，削减流域污染物入海量，改善海域环境质量。将有限的湾内岸线及容量资源留给城乡居民生活，为海洋污染控制和海西建设发展创造有利条件。推进珠江口、大亚湾、湛江港、水东湾、汕头港等重点河口、海湾总氮入海总量控制，深圳、惠州等城市适时开展污水排海工程研究。

（3）严格控制围填海规模。围海造地是海西区临港工业建设和城市发展所需土地的主要来源之一，应鼓励重化企业在湾口布置，减少湾内围垦需求。围填海应坚持海洋生态环境保护和资源开发相协调的原则。各临港工业用地围填工程应当严格遵照海湾围填海规划研究成果，选择对海洋环境影响小的围填方式，围填规模应当控制在研究成果框定的范围内。开展湾外围填海规划研究，促进港口和临港工业向湾外布局，有效利用湾外环境资源发展临港工业。

（4）合理利用岸线资源。港口建设应实行深水深用、浅水深用，结合资源环境特点以及社会经济发展趋势，严格控制岸线开发规模，重视生活岸线和旅游岸线的保护和开发，特别是沙滩岸线的保护利用。至2020年海西区沿海港口及临港工业利用岸线应控制在30%以内。

（5）大力实施生态补偿。建立生态赔偿与生态补偿机制，全面实施“污染者付费、利用者补偿、开发者保护、破坏者恢复”政策。促使港口生态资源环境的开发利用有序进行，对港口生态破坏、生态恢复、经济发展进行系统的规划、管理。在发展临港工业的同时，应重视海洋渔业与养殖生态化建设，发展岛礁等增殖区，合理开发利用近海渔业资源。开展涉海工程项目损害海洋资源与生态环境的生态补偿试点。

（三）强化分区环境风险防控

建立“削减、控制、保护”的环境风险分区防范策略，突出“预防为主，防治结合”的思想，保障城市人居环境安全。切实加强土壤污染防治，逐步改善土壤环境质量，有效保障土壤环境安全，全面管控土壤环境风险。建立健全环境风险防控体系，强化区域环境风险联防联控，重点区域加快建立环境风险信息化管理平台。珠三角城市群加强对散乱布局的危险废物处理点和仓库等的统一管理，适时开展老旧工业区与重污染项目周边人居环境安全风险评估。粤东西北地区加强工业园区统一管理和风险监控，严控石化、建材、钢铁、有色等重点行业新增环境风险源。完善环境风险预警体系，强化重污染天气、饮用水水源地、有毒有害气体、核安全等预警工作，开展饮用水水源地水质生物毒性、化工园区有毒有害气体等监测预警试点。

（四）深化城镇群大气污染治理

（1）划定大气环境严控区。识别珠三角地区需要实施大气环境严格管理的区域，将红线区面积占比大于40%的县（区）列为空气质量管理严控区。大气环境管控区内所有新（改、扩）建项目的新增污染物排放实施2倍量替代；调整和优化能源结构，工业园区与产业聚集区全部实施集中供热。原则上建成区全部纳入高污染燃料禁燃区，禁止新建20蒸吨/小时以下的燃煤、重油、渣油锅炉及直接燃用生物质锅炉；禁止新（改、扩）建钢铁、建材、焦化、有色、石化、化工等高污染行业项目；禁止新建涉及有毒有害气体（H_2S、二噁英等）排放的项目；对区域内已建的高污染行业企业实施清洁生产审核和采用最佳技术治理提升，建成区的高污染企业逐步搬迁淘汰实施更严格的总量减排要求（表13-4）。

表13-4 珠三角地区大气环境严控区

所属城市	包含县（区）
广州市	白云区、番禺区、海珠区、花都区、荔湾、萝岗区、天河区、越秀区
佛山市	禅城区、高明区、南海区、三水区、顺德区
韶关市	南雄市、浈江区
东莞市	21个镇及4个街道
中山市	13镇及2个街道
江门市	江海区、蓬江区
肇庆市	德庆县、鼎湖区、封开县、高要市、四会市
清远市	连州市、清城区、英德市

（2）实施基于环境质量的污染物排放总量控制。全面实施能源消耗总量和强度双控，全省能源消费总量控制在3.38亿吨标准煤左右，其中煤炭消费总量控制在1.75亿吨以内，珠三角城市群煤炭消费总量实现负增长；加快完善城市燃气管网，建设通达有用气需求的工业园区和产业聚集区的天然气管道，促进热力生产、工业窑炉等工业使用天然气。

2020年珠三角SO_2、NO_x和$PM_{2.5}$排放总量分别控制在64万吨、128万吨和48万吨，2030年控制在46万吨、110万吨和28万吨。实施严格的VOCs总量减排，2020年珠三角地区排放量比2015年下降18%。强化粤东西北地区火电、钢铁、有色、石油、化工、建材等行业二氧化硫、氮氧化物、颗粒物、特征污染物治理；全面推进石油化工、有机化工、表面涂装、包装印刷、医药化工、塑料制品等行业的可挥发性、半挥发性有机物排放的综合治理。逐步开展农业源氨、废气重金属、持久性有机物等排放控制。

专栏13-1 项目点评

本轮战略环境评价形成专题、子项目、分项目和总项目研究报告共计11份，印发了《关于促进京津冀地区经济社会与生态环境保护协调发展的指导意见》（环办环评〔2018〕24号）、《关于促进长三角地区经济社会与生态环境保护协调发展的指导意见》（环办环评〔2018〕25号）和《关于促进珠三角地区经济社会与生态环境保护协调发展的指导意见》（环办环评〔2018〕26号）。

三大地区战略环境评价工作进一步拓展和完善了区域发展战略环评中中长期生态环境风险评估，特别是人居环境风险的评估方法。同时，首次提出以“生态保护红线、环境质量底线、资源利用上线和环境准入负面清单”（以下简称“三线一单”）为手段，完善空间、总量、准入环境管控体系。基于空间单元，提出国土空间优化、经济绿色转型、资源环境协调发展和环境综合治理的调控对策，为构建我国国土空间生态环境分区管控体系奠定了基础。

思考题

1. 分析三大地区重点产业发展战略环评的工作重点，思考其工作思路及背景成因。

2. 选取一个要素，分析三大地区重大资源环境问题主要存在哪些差异，结合区域经济发展情况和自然地理差异简析产生差异的原因。

3.对比历次区域战略环评工作重点与评价思路的区别，简要分析其原因。

参 考 文 献

陈凤先, 王占朝, 任景明, 等 . 2016. 长江中下游湿地保护现状及变化趋势分析 [J]. 环境影响评价, 38(5): 43-46.

陈吉宁 . 2012. 环渤海沿海地区重点产业发展战略环境评价研究 [M]. 北京 : 中国环境出版社 .

陈吉宁 . 2013. 五大区域重点产业发展战略环境评价 [M]. 北京 : 中国环境出版社 .

韩保新 . 2013. 北部湾经济区沿海重点产业发展战略环境评价研究 [M]. 北京 : 中国环境出版社 .

何坦, 唐庆霞, 郑亚慧 . 2013. 基于卫星遥感技术的鄱阳湖水体面积快速监测 [J]. 价值工程, 32(19): 213-215.

黄沈发 . 2012. 海峡西岸经济区重点产业发展战略环境评价研究 [M]. 北京 : 中国环境出版社 .

霍雨 . 2011. 鄱阳湖形态特征及其对流域水沙变化响应研究 [D]. 南京 : 南京大学 .

金凤君 . 2013. 五大区域重点产业发展战略环境评价研究 [M]. 北京 : 中国环境出版社 .

金凤君, 高超 . 2013. 西北地区重化工产业的结构与布局优化 [J]. 环境保护, 41(18): 28-31.

李倩, 刘毅, 许开鹏, 等 . 2013. 基于生态空间约束的云贵地区可利用坝区面积与空间分布 [J]. 中国环境科学, 33(12): 2215-2219.

李倩, 汪自书, 刘毅, 等 . 2019. 京津冀生态环境管控分区与差别化准入研析 [J]. 环境影响评价, 41(1): 28-33.

李天魁, 刘毅, 王超然, 等 . 2017. 基于离散选择模型的北京市工业疏解环境影响 [J]. 清华大学学报 (自然科学版), 57(11): 1163-1169.

李天威, 任景明, 陈凤先, 等 . 2015a. 以“三大安全”为目标推动中部地区绿色崛起 [J]. 环境影响评价, 37(6): 1-5.

李天威, 任景明, 刘毅, 等 . 2015b. 西部大开发重点区域和行业发展战略环境评价 [M]. 北京 : 中国环境出版社 .

李天威, 任景明, 曾思育, 等 . 2015c. 云贵地区水环境现状特点及未来难点解析 [J]. 环境影响评价, 37(3): 40-44.

李天威, 赵立腾, 徐鹤, 等 . 2015d. 五大区重点产业发展战略环境评价有效性研究 [J]. 未来与发展, (11): 44-49.

李天威, 任景明, 金凤君, 等 . 2018. 中部地区发展战略环境评价 [M]. 北京 : 中国环境出版社 .

李天威, 任景明, 刘小丽, 等 . 2013a. 区域性战略环评推动经济发展转型探析 [J]. 环境保护,

41(10): 41-43.
李天威，任景明，徐文新，等. 2013b. 西部大开发重点区域和行业发展战略环境评价研究 [J]. 环境保护，41(18): 46-49.
李彦武，李小敏，杨荣金，等. 2013. 西北重点区域发展战略环评实践研究 [J]. 环境保护，41(18): 36-39.
李彦武. 2018. 中原经济区发展战略环境评价研究 [M]. 北京：中国环境出版社.
李洋阳，汪自书，刘毅，等. 2019. 京津冀地区产城空间布局特征与人居风险评估 [J]. 环境工程技术学报，9(2): 194-200.
刘小丽，刘毅，任景明，等. 2015a. 云贵地区生态环境现状及演变态势风险分析 [J]. 环境影响评价，37(1): 27-30.
刘小丽，任景明，李天威. 2015b. 缓解中原经济区水资源危机的对策建议 [J]. 环境影响评价，37(6): 17-21.
刘小丽，王占朝，任景明，等. 2013. 区域性战略环评项目管理模式及经验 [J]. 环境保护，41(18): 58-60.
刘毅. 2016. 西南（云贵）重点区域和行业发展战略环境评价研究 [M]. 北京：中国环境出版社.
刘毅，李王锋，张嘉琪，等. 2019. 长江中下游城市群发展战略环境评价研究 [M]. 北京：中国环境出版社.
卢熠蕾，孙傅，曾思育，等. 2018. 基于适水发展分区的京津冀精细化水管理对策 [J]. 环境影响评价，40(5): 34-38.
马建锋，李彦武，史聆聆，等. 2016. 中原经济区平原区地下水脆弱性评价 [J]. 环境工程，34(8): 149-153, 148.
马丽，康蕾，金凤君. 2018a. 京津冀工业发展与大气污染物排放时空耦合关系分析 [J]. 环境影响评价，40(5): 43-48.
马丽，王云，金凤君. 2018b. 基于京津冀协同发展目标的产业发展格局预测 [J]. 环境影响评价，40(5): 1-6.
任景明. 2013. 区域开发生态风险评价理论与方法研究 [M]. 北京：中国环境出版社.
任景明，李天威，李彦武，等. 2015. 甘青新地区大气环境未来风险预测及应对 [J]. 环境影响评价，37(4): 32-35.
舒俭民. 2012. 成渝经济区重点产业发展战略环境评价研究 [M]. 北京：中国环境出版社.
舒俭民. 2016. 西北（甘青新）重点区域和行业发展战略环境评价研究 [M]. 北京：中国环境出版社.
向伟玲，王自发，刘毅，等. 2016. 云贵地区大气污染趋势分析及防控对策 [J]. 环境影响评价，38(1): 23-27.
谢丹，刘小丽，刘毅，等. 2014. 云贵可持续发展定位挑战与对策 [J]. 环境影响评价，(2): 29-31.
徐健，李莉，安静宇，等. 2018. 中国三大城市群经济能源交通结构对比及其对大气污染的影响分析 [J]. 中国环境管理，10(1): 43-55.
杨荣金，李彦武，刘国华，等. 2013. 甘青新区域生态安全与保护战略探讨 [J]. 环境保护，41(18):

50-52.
尹辉，杨波，蒋忠诚，等. 2012. 近 60 年洞庭湖泊形态与水沙过程的互动响应 [J]. 地理研究，31(3): 471-483.
曾琳，张天柱，曾思育，等. 2013. 资源环境承载力约束下云贵地区的产业结构调整 [J]. 环境保护，41(18): 43-45.
张嘉琪，王春艳，宁雄，等. 2017. 长江中下游城市群“三大安全”水平分析 [J]. 环境影响评价，39(4): 31-35.
赵玉婷，李彦武，马建锋，等. 2015. 中原经济区发展的主要资源环境约束及破解对策 [J]. 环境与可持续发展，40(4): 27-30.
周能福. 2012. 黄河中上游能源化工区重点产业发展战略环境评价研究 [M]. 北京：中国环境出版社.
朱洪利，潘丽君，李巍，等. 2013. 十年来云贵两省水资源利用与经济发展脱钩关系研究 [J]. 南水北调与水利科技，11(5): 1-5.
邹广迅，李彦武，李小敏. 2015. 天山北坡经济带城市发展与环境风险的防范研究 [J]. 环境工程，33(S1): 733-736.
Lin L, Liu Y, Chen J, et al. 2011. Comparative analysis of environmental carrying capacity of the Bohai Sea Rim Area in China[J]. Journal of Environmental Monitoring, 13(11): 3178-3184.